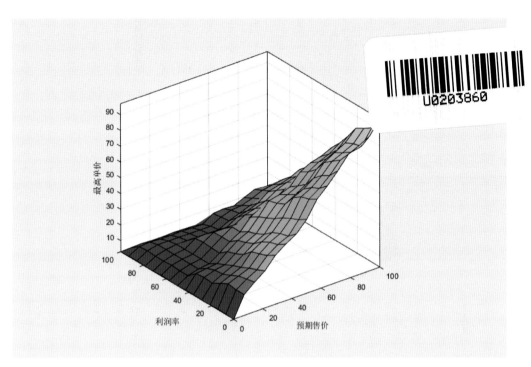

图 9.23 案例 9.2 中 SFS 的输出曲面

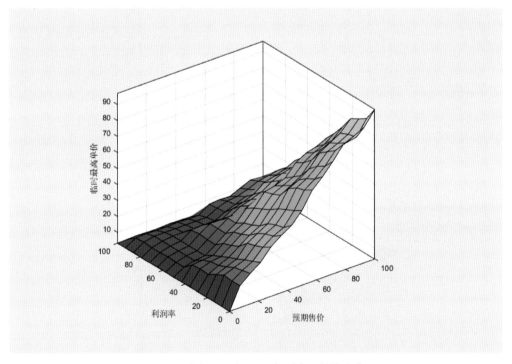

图 9.24 案例 9.2 中 HFS 规则库一的输出曲面

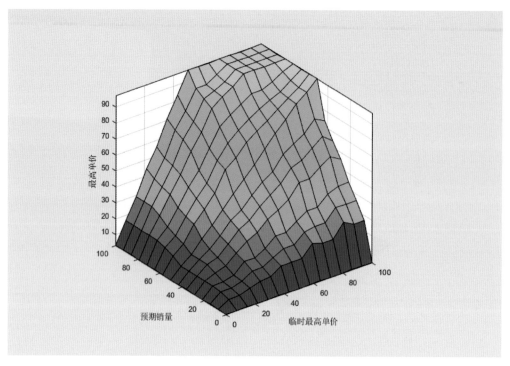

图 9.25　案例 9.2 中 HFS 规则库二的输出曲面

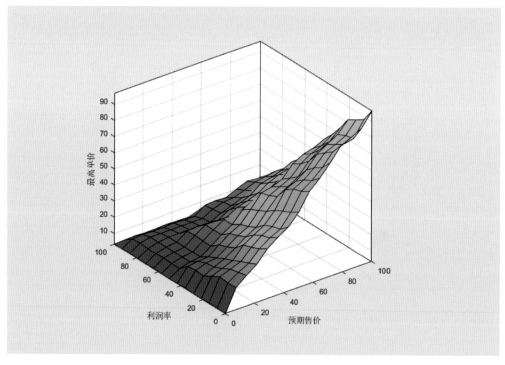

图 9.26　案例 9.2 中 FN 的输出曲面

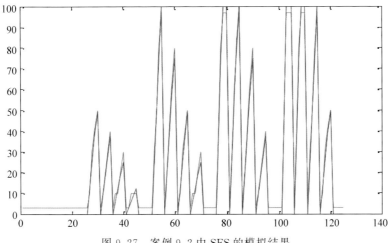

图 9.27　案例 9.2 中 SFS 的模拟结果

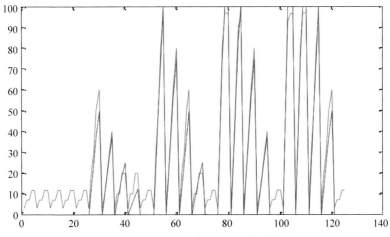

图 9.28　案例 9.2 中 HFS 的模拟结果

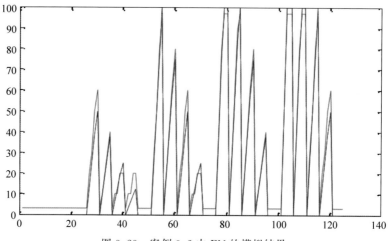
图 9.29　案例 9.2 中 FN 的模拟结果

Fuzzy Networks for Complex Systems
复杂系统的模糊网络

[英] 亚历山大·吉戈夫（Alexander Gegov） 著

王小巍 译

清华大学出版社

北京

内 容 简 介

本书提出了一种新的理论——模糊网络，该理论是离散数学和系统理论的新应用。全书共 10 章，主要内容包括概论、模糊系统的分类、模糊网络的形式模型、模糊网络的基本运算、基本运算的结构特性、模糊网络的高级运算、前馈型模糊网络、反馈型模糊网络、模糊网络评估以及结论。

本书理论与实践相结合，每一个理论知识点都配有深入浅出的示例，第 9 章还配有两个实际应用案例。本书可作为计算机科学、控制科学、管理科学、应用数学等专业的教材，也可供相关专业的工程人员阅读参考。

北京市版权局著作权合同登记号　图字：01-2023-3562

First published in English under the title

Fuzzy Networks for Complex Systems: A Modular Rule Base Approach

by Alexander Gegov

Copyright © Springer-Verlag Berlin Heidelberg 2010

This edition has been translated and published under licence from Springer.

图书在版编目（CIP）数据

复杂系统的模糊网络 /（英）亚历山大·吉戈夫
（Alexander Gegov）著；王小巍译. -- 北京：清华大学出版社，2024. 9. -- ISBN 978-7-302-67298-2

Ⅰ. TP393

中国国家版本馆 CIP 数据核字第 2024YD8097 号

责任编辑：安　妮
封面设计：刘　键
责任校对：申晓焕
责任印制：沈　露

出版发行：清华大学出版社
　　　网　　　址：https://www.tup.com.cn，https://www.wqxuetang.com
　　　地　　　址：北京清华大学学研大厦 A 座　　　　邮　　　编：100084
　　　社　总　机：010-83470000　　　　　　　　　　邮　　　购：010-62786544
　　　投稿与读者服务：010-62776969，c-service@tup.tsinghua.edu.cn
　　　质量反馈：010-62772015，zhiliang@tup.tsinghua.edu.cn
　　　课件下载：https://www.tup.com.cn，010-83470236
印　装　者：三河市少明印务有限公司
经　　　销：全国新华书店
开　　　本：185mm×260mm　　印　　张：12.75　　插　页：2　　字　　　数：303 千字
版　　　次：2024 年 9 月第 1 版　　　　　　　　　　　　　印　　　次：2024 年 9 月第 1 次印刷
印　　　数：1～1500
定　　　价：79.00 元

产品编号：102429-01

推　荐　序

非常感谢王小巍博士花费大量的时间和精力来翻译我的书。虽然我不会说中文，但小巍是该领域的知名研究人员，对书中使用的英文术语有很好的理解，并发表了多篇相关主题的英文研究文章，我对高质量的翻译充满信心。

我的书由 Springer 在多年前出版。写作动机是我对人工智能的好奇心。正是在那时，人工智能开始得到广泛关注，神经网络开始在科学家中流行起来。然而，我想介绍一种与神经网络类似的但更激进的人工智能新方法——模糊网络。

当时，人工智能研究主要是提高预测模型和分类模型的准确性、效率。最近，人们意识到，为了理解人工智能模型并使其更受开发人员和用户信赖，透明度和可解释性等其他性能评估指标也非常重要。

上述进展导致了可解释性人工智能这一新领域的创建，该领域在过去几年中迅速扩展，与之相关的已经发表的研究论文和受到资助的研究项目数量呈指数级增长。此外，许多国际组织和联盟，如欧盟和北约，已经引入了基于可解释性人工智能的道德与法律政策。

模糊网络由于其模块化结构和"白盒"性质，为可解释性人工智能提供了巨大的机会。与其他具有复杂结构和"黑盒"性质的人工智能模型（如神经网络）相比，模糊网络能够通过规则库交互来表示足够复杂的互连过程，这使得它本质上是透明的和可解释的。

我希望本书对中国的学者和研究人员起到促进作用，能帮助大家在不久的将来为该领域的新发展铺平道路。毕竟，人工智能已经在全球范围内成为 21 世纪的主导技术。在这种情况下，模糊网络作为一种强大的基于人工智能的方法，是一种很有前景的神经网络的替代方法。

最后，我想借此机会邀请感兴趣的读者通过邮件 alexander. gegov@port. ac. uk 和我联系，包括对本书内容的任何评论、问题或建议。模糊网络是一种非常新的基于人工智能的方法，具有巨大的潜力；而学术研究通常需要团队间的合作，我很乐意和中国的研究团队一起开展各种形式的合作，共同推进该领域的研究。

Alexander Gegov

2024 年 6 月于英国朴茨茅斯

译 者 序

本书提出了一种新的理论——模糊网络理论。作者为朴茨茅斯大学的 Alexander Gegov 博士。Alex 博士是一位在智能计算领域深耕近 40 年的资深学者，理论功底深厚，担任该领域多本权威期刊的副主编，如 IEEE *Transactions on Fuzzy Systems*、*International Journal of Intelligent Systems*、*Journal of Fuzzy Sets and Systems* 等。他还是 IEEE Society of Systems，Man and Cybernetics 软计算技术委员会成员、IEEE 智能计算学会杰出论文奖委员会成员，以及 Explainable Artificial Intelligence and Fuzzy Markup Language 工作组和 IEEE Task Forces on Explainable Fuzzy Systems and Fuzzy Systems Software 工作组的成员。除此之外，他还撰写或编著了多部与复杂系统及网络建模相关的著作。

本书是一本针对研究生与工程人员的专业书籍，适合作为计算机科学、控制科学、管理科学、应用数学等专业的参考书。模糊网络理论是一种基于模糊系统的理论框架，也是离散数学和系统理论的新应用。模糊网络理论引入了系统理论中广泛应用的串并联子系统等概念，并使用布尔矩阵和二元关系作为形式模型。本书理论与实践相结合，每一个理论知识点都配有深入浅出的示例，第 9 章还配有两个实际应用案例。模糊网络理论虽深奥，但在作者由浅入深、循循善诱的讲解下，读者在看完本书后定会学有所获。

我于 2015 年在 Alex 博士的邀请及国家留学基金委员会的资助下，作为访问学者在朴茨茅斯大学研究模糊网络理论。作为一名长者，Alex 博士很负责任地把我看作一名博士生。他在每周的交流中不厌其烦地解答我的各种问题，哪怕有些问题非常的"naïve"。该理论的最重要的教材就是本书的英文版，在研读过程中，我因查阅不到该理论的中文文献，就产生了翻译此书的想法。因各种原因所限，整整 7 年过去了才实现这个小目标。这得益于我所工作的学校通过学术带头人项目对本书出版的资助。由于自己的数学理论功底浅薄，翻译过程进展缓慢，在遇到诸多专业术语时无法准确把握其理论思想，必须通过查阅大量相关文献来做出选择。为了方便读者对照理解与查证比对，将一些重要术语的中英文对应关系列成表格放在了附录。因为本书属于工程科技类书籍，所以在翻译中我尽可能遵从直译原则以保留作者原意。为了语言表达上的简练及语义上的连贯，对一些重复出现的严谨而复杂的术语进行了缩略，并在脚注中进行了说明。另外，书中变量按照原书统一为正体，未作区分。

本书的翻译分工如下：我负责主要章节的翻译、整体排版、索引和目录的建立、两遍校对和最后的定稿；严砚华讲师负责第 1～3 章公式的录入及附图的绘制，全书公式和附图的校对；詹晓琳副教授对全书的文字翻译进行了对照校对；谭振讲师负责第 4～9 章的附图绘制，刘娜讲师负责第 4～9 章的公式录入；姬文苏、徐建国、张宝华、姜成鹏、刘鹏安、田鑫鑫、张晓康、安海燕、吴恒与张敏参与了附录编写与两遍校对工作。本书在出版过程中得到了清华大学出版社的大力支持，在此要特别感谢信息分社的安妮编辑，她对本书进行了细致入微的编辑，感谢清华大学出版社的员工帮助校对和发行本书。我要感谢 Alex 博士对本书出版的祝福及推荐,感谢海军工程大学金家善教授与陈砚桥副教授提供的独立而安静的学习与翻译场所,感谢陆军工程大学军械士官学校给我提供的求学与出版支持。我还要特别感谢家人的支持,让我能够全身心地投入学习与研究中,并得以完成翻译工作。

　　虽然本书经过几轮修订,在通顺性与简练性上已有所改进,但书中不当之处在所难免,欢迎广大同行和读者批评指正。

王小巍

2024 年 5 月于耀华楼

前　言

本书介绍模糊网络理论，是我的前一本专著《模糊系统的复杂性管理》内容上的扩展。2007年，我在Springer出版了图书《模糊系统的复杂性管理》，它属于模糊性和软计算研究系列。

本书内容来源于我在国际学术活动中所做的演讲。这些演讲包括2007年在EPSRC国际复杂性科学暑期学校的特邀演讲、2007年和2010年在IEEE国际模糊系统会议上的讲座、2008年和2010年在IEEE国际智能系统会议上的讲座、2009年在IFSA世界大会上的讲座，以及2008年在WSEAS国际模糊系统会议和2009年在人工智能会议上给全体人员所做的报告。

复杂性已经成为多学科背景下科学研究的严峻挑战。例如，在生物学、宇宙学、工程、计算机、金融和其他领域中，复杂系统经常困扰我们。然而，对复杂系统的理解往往是一项困难的任务。

复杂性可分为定量与定性两个方面。定量方面的特点通常与一个大规模实体或这个实体中的大量元素有关。定性方面的特点通常是与实体中数据、信息或知识的不确定性有关。

应对定量复杂性的通用方法是引入广义网络（general network）。广义网络由节点和连接组成，节点代表一个实体的元素，连接反映了这些元素之间的相互作用。在这种情况下，实体的规模由网络总体规模反映，而元素的数量则由节点数量决定。

处理定性复杂性的有效方法是引入模糊网络。模糊网络也由节点和连接组成，其中节点是模糊系统，连接反映了这些模糊系统之间的相互作用。在这种情况下，与实体有关的数据、信息及知识的不确定性由相应模糊系统的规则库及其隐含的模糊逻辑来反映。

在上面的分析中，模糊网络与神经网络形成天然的对应关系。神经网络和模糊网络都是基于智能计算的网络，都具有节点和连接。然而，神经网络中的节点由神经元表示，模糊网络中的节点则由规则库表示。

感谢Mathworks公司将本书列入其图书计划，并提供了MATLAB模糊逻辑工具箱的免费个人许可。该软件用于验证模糊网络理论。

还要感谢Springer出版社丛书编辑Janusz Kacprzyk教授对本书内容框架的指导，他的反馈意见对于最终版本的改进非常有帮助。

非常感谢Springer出版社的助理编辑Heather King在本书编辑方面的合作。从开始写作一直到最后交稿我都得到了她的热情帮助。

非常感谢朴茨茅斯大学计算机学院院长Annette Wilson，感谢她作为管理者对本书的支持，让作者的教学和管理职责保持在合理的范围内，这有助于本书的及时出版。

非常感谢朴茨茅斯大学的博士生Nedyalko Petrov和布鲁内尔大学的博士生Emil Gegov在MATLAB软件中验证了书中的一些理论成果。没有他们的帮助，这本书可能就只会有理论上的阐述。

感谢业历山大·冯·洪堡(Alexander von Humboldt)基金会和欧盟委员会给予的访问研究奖学金。我在德国杜伊斯堡大学和伍珀塔尔大学及荷兰代尔夫特理工大学的访学为书中的一些观点奠定了早期基础。

感谢我的妻子、父母和妹妹的精神支持。如果没有他们的支持，写作过程会更加困难，也会更加耗费时间。

最后，感谢我的朋友 Diana Koleva 在校对过程中的帮助，感谢朴茨茅斯大学摇滚乐队 Discovery 的伙伴们多年来帮助我从音乐中迸发灵感，感谢我最喜欢的乐队和音乐频道在本书文字输入过程中所带来的愉悦。

Alexander Gegov

2010 年 6 月于英国朴茨茅斯

缩 略 语

AGG   聚合(Aggregation)

AI   准确度指标(Accuracy Index)

App   应用(Application)

CFS   链式模糊系统(Chained Fuzzy System)

DEF   解模糊(Deffuzzification)

EI   效率指标(Efficiency Index)

FI   可行性指标(Feasibility Index)

FID   模糊化-推理-解模糊(Fuzzification-Inference-Defuzzification)

FN   模糊网络(Fuzzy Network)

FNN   模糊神经网络(Fuzzy Neural Network)

FUZ   模糊化(Fuzzification)

HFS   递阶模糊系统(Hierarchical Fuzzy System)

IMP   蕴含(Implication)

NFS   网络化模糊系统(Networked Fuzzy System)

SFS   标准模糊系统(Standard Fuzzy System)

TI   透明度指标(Transparency Index)

目　　录

第1章

概　论

1.1　系统复杂性的特征

过程（process）是人类研究的对象，通常被称为系统（system）。此时，系统一词具有相当普遍的含义，它既可与一个独立运行的过程相关联，也可与人类干预下的过程相关联。在本书中，系统与一个独立运行的过程相关联。

人类对过程的研究通常是为了建模（modeling）、模拟①（simulation）和控制（control），管理这些过程是为了人类的利益。在本书中，过程的建模、模拟和控制称为系统管理（system management）。在更广泛的背景下，系统管理也可能包括其他活动，如诊断、分类和识别。

复杂性（complexity）是现有系统的一种相当通用的特征，因为它不能用一个单一的定义来描述。然而，复杂性通常与一些特性相关，如非线性（non-linearity）、不确定性（uncertainty）、维度（dimensionality）和结构（structure），使得具有这些特性的系统的管理更加困难。

因此，一个给定系统的复杂性可通过列出其与复杂性相关的特性来说明。在一个更普遍的环境中，也需考虑与复杂性相关的其他特性，如多层次的抽象或多种运算模式。

1.2　模糊逻辑复杂性管理

系统管理的有效性取决于系统的输出受其输入影响的方式。这些影响可用名为非线性特性的非线性函数映射来描述。由于难以处理建模、模拟与控制的非线性映射，因此非线性特性对系统管理提出了严峻挑战。

系统管理的有效性还取决于处理相关数据、信息和知识的方式。这些数据、信息和知识可能不精确、不完整、含糊（vagueness）或存在歧义（ambiguity），通常统称为不确定性，它

---

① 译者注：在《高级汉语大词典》中，"模拟"对应的英文为 simulation，"仿真"对应的英文也是 simulation。在《现代英汉综合大词典》中，simulation 一词的解释是："n. 假装；模拟；装病；装疯；【生】拟态；拟色；仿真"，并举例：computer simulation 计算机模拟；digital simulation 数字仿真；dynamic simulation 动态仿真；real-time simulation 实时仿真；system simulation 系统模拟等。译者认为，simulation 译为"模拟"或"仿真"均可。考虑到部分计算机相关专业的学者倾向于 simulation 译为"模拟"，emulation 译为"仿真"，因此本书将 simulation 译为"模拟"。

们可能会在安全性第一的场景下导致潜在问题。产生不确定性的原因可能是测量设备不精确、传感器故障、通信信道噪声、专家主观知识等。总体而言，因为可能无法在可接受的安全范围内获得解决方案，所以数据、信息和知识的不确定性是系统管理面临的另一个严峻挑战。

影响系统管理有效性的第三个因素是维度的处理方式。一个系统中的输入变量越多，在时效性第一的场景下的潜在问题就难以处理。因为可能无法在合理的时间范围内获得解决方案，所以此类问题还可能会危及系统的可靠性。

影响系统管理有效性的第四个因素是结构的表达方式。在很多情况下，许多系统由相互作用的子系统组成。明确表达这种结构的能力是理解系统如何运行的关键，也是改进其功能的先决条件。

一般来说，模糊逻辑已经证明了自己在处理非线性和不确定性问题上的效力。在这种情况下，模糊性的概念非常适合用于根据系统输入与输出之间的非线性和非解析函数映射来逼近（approximate）强非线性[22,29,38,42,71,96,126,141,144,145,146,152,153,174]。模糊性也非常适合表达非概率不确定性，如不精确、不完整、含糊和歧义[27,44,49,54,58,86,101,118,154,164,167]。

但是，模糊逻辑在处理维度和结构方面并不是很有效。维度通常与模糊规则的数量相关，模糊规则是系统输入变量数和每个输入的语言术语（linguistic term）数量的指数函数[18,19,20,26,28,134,156,157]。结构通常用于描述模块间的交互关系，但是，因模糊规则的"黑盒"性质，无法明确地考虑这些交互关系[87,163,172,175]。

1.3 本书章节说明

本书共 10 章。第 1 章讨论了作为系统特性之一的复杂性，以及模糊系统处理不同复杂特性的能力。第 2 章回顾系统复杂性背景下的几类模糊系统，包括具有单个、多个和网络化规则库的系统。第 3 章通过形式模型介绍模糊网络的概念，如 if-then 规则与整数表、布尔矩阵和二元关系、网格结构和互连结构、关联矩阵和邻接矩阵及方框图和拓扑表达式。第 4 章介绍模糊网络中节点的基本运算，包括水平、垂直和输出的合并与拆分。第 5 章描述模糊网络中节点运算的结构特性，如合并的结合性，以及水平、垂直和输出拆分运算的可变性。第 6 章介绍模糊网络中节点的高级运算，包括输入扩充中的节点变换、输出置换与等价反馈，以及水平合并、垂直合并和输出合并中的节点识别。第 7～8 章展示第 4～6 章的理论结果在单级或多级前馈模糊网络、单级或多级局部（或全局）反馈模糊网络中的应用。第 9 章通过结构复杂性的评估、递阶模糊系统的组成、标准模糊系统的分解、模型的性能指标与应用案例的分析，对模糊网络进行了全面评估。第 10 章强调模糊网络的理论意义、应用领域和方法论影响及书中所述内容的哲学思想。

第 2 章

模糊系统的分类

2.1 模糊系统简介

模糊系统（fuzzy system）以规则库（rule base）的形式用输入-输出 if-then 规则来描述。输入输出采用如 small、big、low 和 high 的语言术语值。此时，规则库 if 部分中的输入及其语言术语称为"前件"（antecedent），而规则库 then 部分中的输出及其语言术语则称为"后件"（consequent）。

一个模糊系统有两个输入 x_1、x_2，从集合{small，big}中获得语言术语；有两个输出 y_1、y_2，从集合{low，high}中获得语言术语。以上内容可用式(2.1)～式(2.4)中详细的规则库形式描述。

$$\text{if } x_1 \text{ is small and/or } x_2 \text{ is small, then } y_1 \text{ is high and } y_2 \text{ is high} \tag{2.1}$$

$$\text{if } x_1 \text{ is small and/or } x_2 \text{ is big, then } y_1 \text{ is high and } y_2 \text{ is low} \tag{2.2}$$

$$\text{if } x_1 \text{ is big and/or } x_2 \text{ is small, then } y_1 \text{ is low and } y_2 \text{ is high} \tag{2.3}$$

$$\text{if } x_1 \text{ is big and/or } x_2 \text{ is big, then } y_1 \text{ is low and } y_2 \text{ is low} \tag{2.4}$$

根据逻辑连接"和/或"的类型，前件之间可以是合取（conjunctive）关系，也可以是析取（disjunctive）关系。然而，后件之间总是合取关系，因为任何多输出（multiple-output）模糊系统都可等价地表示为单输出（single-output）模糊系统的合取集。不同模糊规则之间通常是析取关系，因为假设模糊系统中的所有规则同时适用显然不合理。

一个具有前件合取关系的模糊系统，有两个输入 x_1、x_2 和两个输出 y_1、y_2，从任何许可集合中获得语言术语，可用式(2.5)以紧凑的规则库形式描述。

$$\text{if } x_1 \text{ and } x_2, \text{ then } y_1 \text{ and } y_2 \tag{2.5}$$

一个具有前件析取关系的模糊系统，有两个输入 x_1、x_2 和两个输出 y_1、y_2，从任何许可集合中获得语言术语，可用式(2.6)以紧凑的规则库形式描述。

$$\text{if } x_1 \text{ or } x_2, \text{ then } y_1 \text{ and } y_2 \tag{2.6}$$

一个多输出模糊系统，有两个输入 x_1、x_2 和两个输出 y_1、y_2，从任何许可集合中获得语言术语，可用式(2.7)以紧凑的规则库形式描述。

$$\text{if } x_1 \text{ and/or } x_2, \text{ then } y_1 \text{ and } y_2 \tag{2.7}$$

上述多输出模糊系统可等价地表示为两个单输出模糊系统的合集，它们以紧凑的规则库形式由式(2.8)和式(2.9)描述。

$$\text{if } x_1 \text{ and/or } x_2, \text{ then } y_1 \tag{2.8}$$

$$\text{if } x_1 \text{ and/or } x_2, \text{ then } y_2 \tag{2.9}$$

模糊系统[①]以模糊化-推理-解模糊(Fuzzification-Inference-Defuzzification，FID)序列为特征，该序列适用于每个输出。此序列中，首先将输入的精确值模糊化为以模糊隶属度(fuzzy membership degree)表示的模糊值，然后将这些模糊隶属度映射到以模糊隶属函数(fuzzy membership function)表示的模糊输出值，最后将此模糊隶属函数解模糊为单个精确输出值。在多输出的情况下，模糊化和推理初始部分只应用一次，而推理后继部分和解模糊部分必须分别应用于每个输出。

FID 模糊化阶段基于输入的模糊隶属函数。每个函数都表示对输入的语言术语的数学描述。根据输入的模糊隶属函数的形状，应用不同的模糊化公式。

对于式(2.1)～式(2.4)所描述的模糊系统，可用一个函数来描述模糊化阶段，该函数将输入 x_1、x_2 的精确值 x_{1C}、x_{2C} 映射到每个规则中的模糊隶属度 x_{1F}^i、x_{2F}^i，$i=1,\cdots,4$。该函数记为 FUZ，并由式(2.10)和式(2.11)表示两个输入。

$$\text{FUZ}_1(x_{1C}) = (x_{1F}^1, x_{1F}^2, x_{1F}^3, x_{1F}^4) \tag{2.10}$$

$$\text{FUZ}_2(x_{2C}) = (x_{2F}^1, x_{2F}^2, x_{2F}^3, x_{2F}^4) \tag{2.11}$$

FID 推理阶段由 3 个子阶段组成——应用(application)、蕴含(implication)和聚合(aggregation)。应用子阶段将每条规则中各输入的隶属度映射到表示此条规则触发强度(firing strength)的单值隶属度，后者在蕴含子阶段映射到该规则中输出的隶属函数，该隶属函数表示原始隶属函数的修正映像(amended image)。聚合子阶段将所有规则的修正隶属函数映射到表示整个规则库中输出的单值隶属度。

对于式(2.1)～式(2.4)描述的模糊系统，应用子阶段可用函数来描述，该函数将每条规则中的输入隶属度 x_{1F}^i，x_{2F}^i，$i=1,\cdots,4$ 映射到该规则的触发强度 x_F^i，$i=1,\cdots,4$。该函数记为 APP，并由式(2.12)～式(2.15)给出以下 4 个规则。

$$\text{APP}_1(x_{1F}^1, x_{2F}^1) = x_F^1 \tag{2.12}$$

$$\text{APP}_2(x_{1F}^2, x_{2F}^2) = x_F^2 \tag{2.13}$$

$$\text{APP}_3(x_{1F}^3, x_{2F}^3) = x_F^3 \tag{2.14}$$

$$\text{APP}_4(x_{1F}^4, x_{2F}^4) = x_F^4 \tag{2.15}$$

对于式(2.1)～式(2.4)描述的模糊系统，推理阶段的蕴含子阶段可用一个函数来描述，该函数将每条规则的触发强度 x_F^i，$i=1,\cdots,4$ 映射到输出 y_1、y_2 的每条规则中的模糊隶属函数 y_{1F}^i，y_{2F}^i，$i=1,\cdots,4$。该函数记为 IMP，并由式(2.16)和式(2.17)给出两个输出。

$$\text{IMP}_1(x_F^1, x_F^2, x_F^3, x_F^4) = (y_{1F}^1, y_{1F}^2, y_{1F}^3, y_{1F}^4) \tag{2.16}$$

$$\text{IMP}_2(x_F^1, x_F^2, x_F^3, x_F^4) = (y_{2F}^1, y_{2F}^2, y_{2F}^3, y_{2F}^4) \tag{2.17}$$

对于式(2.1)～式(2.4)描述的模糊系统，推理阶段的聚合子阶段可用一个函数来描述，该函数将每条规则中的输出隶属函数 y_{1F}^i，y_{2F}^i，$i=1,\cdots,4$ 映射到每个输出的单值隶属函数 y_{jF}，$j=1,2$。该函数表示为 AGG，并由式(2.18)和式(2.19)给出两个输出。

---

① 译者注：可参考清华大学出版社出版的《基于不确定规则的模糊逻辑系统：导论与新方向》。该书第100页有相关概念的具体表述。

$$AGG_1(y_{1F}{}^1, y_{1F}{}^2, y_{1F}{}^3, y_{1F}{}^4) = y_{1F} \tag{2.18}$$

$$AGG_2(y_{2F}{}^1, y_{2F}{}^2, y_{2F}{}^3, y_{2F}{}^4) = y_{2F} \tag{2.19}$$

FID 解模糊阶段基于输出的模糊隶属函数。每个函数都表示对输出的语言术语的数学描述。根据输出模糊隶属函数的形状,应用不同的解模糊公式。

对于式(2.1)～式(2.4)描述的模糊系统,解模糊阶段可用一个函数来描述,该函数将每个输出的单个模糊隶属度函数 $y_{jF}, j = 1,2$ 映射到该输出的精确值 $y_{jC}, j = 1,2$。此函数记为 DEF,并由式(2.20)和式(2.21)给出两个输出。

$$DEF_1(y_{1F}) = y_{1C} \tag{2.20}$$

$$DEF_2(y_{2F}) = y_{2C} \tag{2.21}$$

式(2.10)～式(2.21)描述的 FID 序列适用于 Mamdani 模糊系统,该模糊系统的输入和输出均以语言术语表示。该 FID 序列的变体适用于 Sugeno 模糊系统,Sugeno 模糊系统的输入也由语言术语表示,但输出的精确值由输入精确值的线性函数表示。

2.2 具有单规则库的系统

单规则库(single rule base)[5, 11, 53, 123, 127, 137]的模糊系统最为常见。这类系统通常称为标准模糊系统(Standard Fuzzy System,SFS),具有"黑盒"(black-box)性质,即输入直接映射到输出,而不考虑任何中间变量。SFS 的运算基于单个 FID 序列。

假设有一个 Mamdani 型 SFS,有 r 条规则,m 个从输入集 $\{A_{11}, \cdots, A_{1r}\}, \cdots, \{A_{m1}, \cdots, A_{mr}\}$ 获取语言术语的输入 $x_1 \cdots x_m$,n 个从输出集 $\{B_{11}, \cdots, B_{1r}\}, \cdots, \{B_{n1}, \cdots, B_{nr}\}$ 获取语言术语的输出 $y_1 \cdots y_n$。该 SFS 用式(2.22)以通用规则库的形式描述。

if x_1 is A_{11} and/or $\cdots$ and x_m is A_{m1}, then y_1 is B_{11} and $\cdots$ and y_n is B_{n1} $\qquad$ (2.22)

....

if x_1 is A_{1r} and/or $\cdots$ and/or x_m is A_{mr}, then y_1 is B_{1r} and $\cdots$ and y_n is B_{nr}

SFS 类型的输出建模往往具有较高的准确性(accuracy),因为它反映了所有输入同时对输出的影响。然而,这种准确性取决于模型的可行性(feasibility),由于难以反映大量输入的同时影响,因此模型的可行性可能会受到制约。此外,SFS 的效率(efficiency)和透明度(transparency)随着输入数量与每个输入的语言术语数量的增加而恶化。主要原因是模糊规则的数量是输入量及其语言术语数量的指数函数。因此,随着规则数增加,不仅需要更长的时间来拟合(simulate)输出,而且理解输入如何影响输出也变得更加困难。

2.3 具有多规则库的系统

另一种类型的模糊系统具有多规则库(multiple rule bases)[15, 76, 81, 95, 105, 129, 136, 140, 155, 162, 166, 173, 177]。这类系统通常由级联规则库描述,其最常见的形式称为链式模糊系统(Chained Fuzzy System,CFS)或递阶模糊系统(Hierarchical Fuzzy System,HFS)。后者具有"白盒"(white-box)性质,即通过一些中间变量将输入映射到输出。CFS/HFS 的运算基于多个 FID 序列,其中每个中间变量连接两个相邻规则库的 FID 序列。

就子系统及其之间的连接而言，CFS 可能具有任意结构[12，66，74]。在这种情况下，如式（2.22）所述，每个子系统表示一个单独的规则库，而每个交互（interaction）由一个连接相邻规则库的中间变量表示。这个中间变量与第一个规则库的输出和第二个规则库的输入相同。2.4 节将讨论网络化规则库（一种特殊类型的多规则库）中多规则库之间连接的表示方法。

CFS 通常作为 SFS 的详细表示方法，通过显式地考虑所有子系统及其交互来提高透明度。此外，由于单个规则库的输入数量较少，因此效率得到了提高。在可行性方面也有类似的正面作用，输入数量的减少更易于分析对单个规则库的影响。然而，在多个 FID 序列中重复应用模糊化、推理和解模糊化，会导致误差累积，从而准确性有所损失。

HFS 是一种特殊类型的 CFS，具有特定结构[2，4，13，24，25，30，36，39，64，70，75，79，90，94，139，143，151，169]。HFS 中的每个子系统都有两个输入和一个输出，中间变量表示可跨子系统传播的恒等映射。

HFS 通常用作 SFS 的简化表示，以提高效率和透明度。通过减少规则总数来提高效率，规则总数是子系统输入数量和每个输入的语言术语数量的线性函数。通过直接考虑所有子系统及其交互，透明度也得到了提高。可行性也因为单个规则库输入数量的减少而得到了提升。然而，这些改进是以损失准确性为代价的，原因同 CFS。

2.4 具有网络化规则库的系统

第三类模糊系统具有网络化规则库（networked rule bases）。该类系统称为网络化模糊系统（Networked Fuzzy System，NFS），具有"白盒"特性，通过一些中间变量将输入映射到输出。NFS 中的每个子系统都由一个节点表示，而子系统之间的交互是这些节点之间的连接。

假设有一个 Mamdani 型 NFS，具有 $p \times q$ 个节点 $\{N_{11} \cdots N_{p1}\}, \cdots, \{N_{1q} \cdots N_{pq}\}$，$p \times q$ 个节点的输入 $\{x_{11} \cdots x_{p1}\}, \cdots, \{x_{1q} \cdots x_{pq}\}$ 从任何许可的输入集中获取语言术语，$p \times q$ 个节点的输出 $\{y_{11} \cdots y_{p1}\}, \cdots, \{y_{1q} \cdots y_{pq}\}$ 从任何许可的输出集获取语言术语，此 NFS 的基础网格结构（underlying grid structure）水平分布为 p 级、垂直分布为 q 层，可用式（2.23）来描述。

$$
\begin{array}{ll}
\text{Layer 1} \dots\dots\dots\dots \text{Layer q} & (2.23) \\
\text{Level 1} \quad N_{11}(x_{11}, y_{11}) \dots\dots\dots N_{1q}(x_{1q}, y_{1q}) \\
\dots\dots\dots\dots\dots\dots\dots\dots\dots\dots\dots\dots\dots \\
\text{Level p} \quad N_{p1}(x_{p1}, y_{p1}) \dots\dots\dots N_{pq}(x_{pq}, y_{pq})
\end{array}
$$

式（2.23）中的网格结构指定了节点的位置及其输入和输出。在这种情况下，每个输入及输出既可是标量也可是矢量。该网格结构中的"级"表示节点在空间上具有从属关系的空间级次，而"层"表示时间上具有连续性的时间层次。

然而，式（2.23）没有给出关于网格结构中节点之间连接的任何信息。此类信息包含在式（2.24）中的互连结构中，其中 $p \times (q-1)$ 个节点的连接 $\{z_{11,12} \cdots z_{p1,p2}\}, \cdots, \{z_{1q-1,1q} \cdots z_{pq-1,pq}\}$ 从相关节点的输出和输入的许可集合中获取语言术语。

$$
\begin{array}{ll}
\text{Layer 1} \dots\dots\dots\dots\dots \text{Layer q-1} & (2.24) \\
\text{Level 1} \quad z_{11,12} = y_{11} = x_{12} \dots\dots\dots z_{1q-1,1q} = y_{1q-1} = x_{1q} \\
\dots\dots\dots\dots\dots\dots\dots\dots\dots\dots\dots\dots\dots \\
\text{Level p} \quad z_{p1,p2} = y_{p1} = x_{p2} \dots\dots\dots z_{pq-1,pq} = y_{pq-1} = x_{pq}
\end{array}
$$

为了保持一致性,式(2.23)~式(2.24)中描述的 NFS 系统假设基础网格结构的每个位置都存在一个节点。当然,其他 NFS 并非所有位置都必须由节点填充。简单起见,以上 NFS 系统中的所有连接都位于同级相邻层的节点之间。当然,其他 NFS 中的某些连接可能位于不同级或非连续层的节点之间。

NFS 是 SFS 和 CFS/HFS 之间的混合体。一方面,NFS 在结构上具有与 CFS/HFS 类似的子系统的直接表示及子系统之间的交互。另一方面,NFS 的运算类似于 SFS,可将原来的多个规则库简化为等效单规则库[①]。这种简化基于 NFS 的核心——语言合成方法(linguistic composition approach),本书后续将作进一步介绍。

作为一种混合体,NFS 可同时具备 SFS 与 CFS/HFS 的优缺点。从正面来看,由于初始的多规则库表示,NFS 可具备与 CFS/HFS 一样的可行性和透明度。由于可用等效单规则库来表示,因此 NFS 也可与 SFS 一样高效。然而,从负面来看,NFS 在准确性方面相对于 SFS 或 CFS/HFS 可能不具有优势。例如,独立运用一个 FID 序列时,NFS 可能比 CFS/HFS 更准确,但是,由于语言合成方法的逼近效应,NFS 的准确性可能不如 SFS。

2.5 模糊系统的比较

本节讨论系统复杂性(systemic complexity),并与本章前面所介绍的模糊系统比较各自的优势。例如,SFS 通常适合于非线性和不确定性场合,但可能在维度和结构表示上存在困难。CFS/HFS 通常适合于非线性、维度和结构方面的表示,但可能会遇到不确定性表示的问题。NFS 适合于非线性、不确定性和结构上的表示,但可能在维度表示方面存在问题。

模糊系统的特性,如可行性、准确性、效率和透明度,与系统复杂性的特性(如非线性、不确定性、维度和结构)直接相关。在这方面,非线性影响可行性,这是因为要反映输入对输出[21,45,59,82,102,124,135,138]的同步非线性影响比较困难。另外,不确定性对准确性也构成挑战,因为在不确定性环境下建立一个准确的模型[69,78,93,97,100,108,148,160,170,171]更难。此外,维度影响效率,因为大量的规则[1,32,51,56,57,65,68,73,80,109,117,128,142,161]使得减少 FID 序列的计算量变得更难。最后,结构影响透明度,没有明确的子系统间的交互关系使得理解"黑盒"模型变得更难[16,35,43,46,62,63,67,83,91,107,116,149,178]。表 2.1 总结了系统复杂性的不同特性和模糊系统的相关性质之间的关系。

表 2.1 系统复杂性的特性和模糊系统的性质

系统复杂性的特性	模糊系统的性质
非线性	可行性
不确定性	准确性
维度	效率
结构	透明性

本书有 3 个主要目标:一是详细介绍 NFS 的理论框架,二是展示通过此框架构建不同

---

① 译者注:linguistically equivalent single rule base 在本书译为等效单规则库,指的是将多规则库按照语言合成的方法转换为一个单规则库。

类型 NFS 的方法,三是通过一些应用案例来比较 NFS、SFS 和 CFS/HFS。

简洁起见,在本书中 NFS 称为模糊网络(Fuzzy Network,FN)。FN 与模糊神经网络(Fuzzy Neural Network,FNN)是不同的概念。尽管 FN 和 FNN 之间有相似之处,但 FNN 的节点是模糊逻辑神经元,而不是模糊规则库[9,23,34,48,60,72,85,92,98,106,115,119,176]。

本书的重点是 Mamdani 型模糊系统,在模糊化、推理和解模糊化各阶段中,由合取前件、析取规则、多输出及任意类型的 FID 序列来描述。就推理阶段的应用、蕴含和聚合子阶段而言,序列也可以是任意类型的。选择 Mamdani 型是经过深思熟虑的,因为 Mamdani 型模糊系统不仅应用广泛,而且适用于本书所使用的语言合成方法。

第 3 章介绍 FN 的理论框架中的一些基本概念,并讨论 FN 的几种形式模型。

第 3 章

模糊网络的形式模型

3.1 形式模型简介

形式模型(formal model)通常以数学形式体系(mathematical formalism)为特征,目的是避免在非形式模型中出现歧义。例如,软件工程中的形式模型用来指定对软件产品特有的要求。这些模型经常采用不同的数学知识,这些数学知识已经证明了自己作为形式化建模工具的效力。

本章将介绍几类 FN 形式模型。其中一些模型已经存在了较长时间,为模糊圈内所熟知[6,7,33,37,41,52,61,77,88,111,112,113,121,130]。其他模型虽然在数学、计算机和工程领域已有应用,但在模糊系统和 FN 方面的应用还比较少见,且只是在近些年才作为 FN 中网络化规则库的形式模型。

由于 FN 代表了模糊系统的扩展,所以一些基础性 FN 的形式模型与模糊系统的形式模型相似。还有一些与模糊系统模型不同的更先进 FN 形式模型,它们可反映网络化规则库中各节点(node)之间的连接(connection),便于将这些规则库简化为等效单规则库。除此之外,更先进 FN 形式模型通常表示这些网络的压缩映像(compressed image),只保留节点和连接等最基本的信息,删除所有不必要的细节。

3.2 if-then 规则与整数表

if-then 规则(if-then rule)和整数表(integer table)是广为人知的模糊系统形式模型,可表示 FN 中无连接的节点,此处用作模糊系统与 FN 之间的桥梁。

假定一个 FN 有 4 个分布于两级两层中的节点 N_{11}、N_{12}、N_{21} 与 N_{22}。在初始阶段中,这些节点是独立的,可用式(3.1)~式(3.12)中的 if-then 规则来描述。

Rule 1 for N_{11} : if x_{11} is small, then y_{11} is low	(3.1)
Rule 2 for N_{11} : if x_{11} is medium, then y_{11} is high	(3.2)
Rule 3 for N_{11} : if x_{11} is big, then y_{11} is average	(3.3)
Rule 1 for N_{12} : if x_{12} is low, then y_{12} is moderate	(3.4)
Rule 2 for N_{12} : if x_{12} is average, then y_{12} is heavy	(3.5)
Rule 3 for N_{12} : if x_{12} is high, then y_{12} is light	(3.6)

Rule 1 for N_{21}: if x_{21} is small, then y_{21} is average $\hspace{3cm}$ (3.7)

Rule 2 for N_{21}: if x_{21} is medium, then y_{21} is low $\hspace{3cm}$ (3.8)

Rule 3 for N_{21}: if x_{21} is big, then y_{21} is high $\hspace{3cm}$ (3.9)

Rule 1 for N_{22}: if x_{22} is low, then y_{22} is heavy $\hspace{3cm}$ (3.10)

Rule 2 for N_{22}: if x_{22} is average, then y_{22} is light $\hspace{3cm}$ (3.11)

Rule 3 for N_{22}: if x_{22} is high, then y_{22} is moderate $\hspace{3cm}$ (3.12)

上述的 4 个节点也可用整数表来描述,表中的每一行代表一条规则。在这种情况下,语言术语 small、low、light 用 1 表示,语言术语 medium、average、moderate 用 2 表示,语言术语 big、high、heavy 用 3 表示。这些整数表如表 3.1～表 3.4 所示。

表 3.1 节点 N_{11} 的整数表

输入 x_{11} 的语言术语	输出 y_{11} 的语言术语
1	1
2	3
3	2

表 3.2 节点 N_{12} 的整数表

输入 x_{12} 的语言术语	输出 y_{12} 的语言术语
1	2
2	3
3	1

表 3.3 节点 N_{21} 的整数表

输入 x_{21} 的语言术语	输出 y_{21} 的语言术语
1	2
2	1
3	3

表 3.4 节点 N_{22} 的整数表

输入 x_{22} 的语言术语	输出 y_{22} 的语言术语
1	3
2	1
3	2

上面介绍的 if-then 规则和整数表非常适合具有单规则库的模糊系统的形式化建模,如 SFS。但是,因为 if-then 规则和整数表不考虑网络化规则库中节点之间的连接,所以不大适合具有多个(网络化)规则库的模糊系统的形式化建模。另外,在使用语言合成方法将网络化规则库简化为等效单规则库的过程中,if-then 规则和整数表也不便于运算。

3.3 布尔矩阵和二元关系

布尔矩阵(Boolean matrix)和二元关系(binary relation)是新的模糊系统形式模型,可代表 FN 中的节点。与 if-then 规则和整数表类似,这些模型可表示无连接的节点。

布尔矩阵压缩了由节点代表的规则库的信息。在这种情况下,布尔矩阵的行标签和列标签为正整数的按序排列,这些正整数表示该规则库对应整数表的输入与输出的语言术语。布尔矩阵的元素要么是0,要么是1,每个1反映了规则库中的一条规则。

式(3.1)~式(3.12)中的独立节点 N_{11}、N_{12}、N_{21}、N_{22} 所代表的规则库可用式(3.13)~式(3.16)中的布尔矩阵描述。

$$N_{11}: \quad y_{11} \quad 1 \quad 2 \quad 3 \tag{3.13}$$

x_{11}			
1	1	0	0
2	0	0	1
3	0	1	0

$$N_{12}: \quad y_{12} \quad 1 \quad 2 \quad 3 \tag{3.14}$$

x_{12}			
1	0	1	0
2	0	0	1
3	1	0	0

$$N_{21}: \quad y_{21} \quad 1 \quad 2 \quad 3 \tag{3.15}$$

x_{21}			
1	0	1	0
2	1	0	0
3	0	0	1

$$N_{22}: \quad y_{22} \quad 1 \quad 2 \quad 3 \tag{3.16}$$

x_{22}			
1	0	0	1
2	1	0	0
3	0	1	0

二元关系进一步压缩了由节点表示的规则库中布尔矩阵的信息。在这种情况下,一个关系对是两个正整数的组合,此正整数分别表示输入与输出的语言术语,也表示规则所对应布尔矩阵的行标签与列标签。因此,二元关系中的每一对都反映了规则库中的一条规则。式(3.1)~式(3.12)中的独立节点 N_{11}、N_{12}、N_{21}、N_{22} 所代表的规则库可用式(3.17)~式(3.20)中的二元关系描述。

$$N_{11}: \quad \{(1,1),(2,3)(3,2)\} \tag{3.17}$$

$$N_{12}: \quad \{(1,2),(2,3)(3,1)\} \tag{3.18}$$

$$N_{21}: \quad \{(1,2),(2,1)(3,3)\} \tag{3.19}$$

$$N_{22}: \quad \{(1,3),(2,1)(3,2)\} \tag{3.20}$$

上面介绍的布尔矩阵和二元关系适用于具有多个(网络化)规则库的模糊系统的形式化建模。它们适合在较低的抽象水平上对模糊系统进行形式化建模,从而为独立的单个节点指定详细的输入-输出映射关系。除此之外,布尔矩阵和二元关系与其他形式模型配合得很好,可考虑 FN 中节点之间的连接。本书将进一步介绍这一问题更详细的解决方法。

3.4 网格结构和互连结构

网格结构(grid structure)和互连结构(interconnection structure)是新的形式模型,代表 FN 整体结构的压缩映像。这些模型描述了节点位置和节点间的连接。第 2 章简要介绍了这些模型,本节对此展开讨论。式(3.1)～式(3.12)中的独立节点 N_{11}、N_{12}、N_{21}、N_{22} 所代表的规则库可用式(3.21)中的网格结构描述。

$$
\begin{array}{lll}
& \text{Layer 1} & \text{Layer 2} & \quad\quad\quad (3.21) \\
\text{Level 1} & N_{11}(x_{11}, y_{11}) & N_{12}(x_{12}, y_{12}) \\
\text{Level 2} & N_{21}(x_{21}, y_{21}) & N_{22}(x_{22}, y_{22})
\end{array}
$$

该两级两层网格结构是 FN 的形式模型,有一个节点集 $\{N_{11}, N_{12}, N_{21}, N_{22}\}$、一个输入集 $\{x_{11}, x_{12}, x_{21}, x_{22}\}$ 和一个输出集 $\{y_{11}, y_{12}, y_{21}, y_{22}\}$。该网格结构指定了节点位置及其输入与输出,但没有考虑节点之间的任何连接。

因此,假设式(3.1)～式(3.12)中的节点 N_{11}、N_{12}、N_{21}、N_{22} 不再是独立的,它们的连接由连接集 $\{z_{11,12}, z_{21,22}\}$ 描述。在这种情况下,假定第一个连接与 N_{11} 的输出和 N_{12} 的输入相同,第二个连接与 N_{21} 的输出和 N_{22} 的输入相同。式(3.22)中的两级一层的互连结构可表示这些连接。

$$
\begin{array}{ll}
& \text{Layer 1} & \quad\quad\quad (3.22) \\
\text{Level 1} & z_{11,12} = y_{11} = x_{12} \\
\text{Level 2} & z_{21,22} = y_{21} = x_{22}
\end{array}
$$

上面介绍的网格结构和互连结构适用于具有多个(网络化)规则库的模糊系统的形式化建模。这些结构特别适合在较高的抽象水平上进行 FN 形式化建模,即只指定单个节点的位置、输入、输出和连接。

网格结构和互连结构在整体网络层面上描述 FN。它们与在单节点层面上描述 FN 的布尔矩阵和二元关系完美契合。然而,在用语言合成方法将网络化规则库简化为等效单规则库的过程中,网格结构和互连结构不便于操作。因此本书没有进一步考虑这些结构。

3.5 关联矩阵和邻接矩阵

关联矩阵(incidence matrix)和邻接矩阵(adjacency matrix)是新的形式模型,代表 FN 整体结构的压缩映像。与网格结构和互连结构类似,这些模型描述了节点的位置和节点之间的连接。此时,需要引入用于虚拟生成输入的起始节点 S 和用于虚拟接收输出的结束节点 E。这两类节点使得 FN 可转换为用关联矩阵与邻接矩阵进行分析性描述的等价图。

关联矩阵描述了各规则库间的交互,其中行标签指定了规则库,列标签指定了相关联的交互。在关联矩阵中,一对有序节点间的连接都由一对元素(1, -1)表示,而缺失的连接则由 0 表示。对于每个连接,相关联的一对元素中的 1 指定出站节点,-1 指定入站节点。式(3.21)～式(3.22)中的 FN 可由式(3.23)中的关联矩阵描述。

$$(3.23)$$

Connection	x_{11}	$z_{11,12}$	y_{12}	x_{21}	$z_{21,22}$	y_{22}
Node						
S	1	0	0	1	0	0
N_{11}	-1	1	0	0	0	0
N_{12}	0	-1	1	0	0	0
N_{21}	0	0	0	-1	1	0
N_{22}	0	0	0	0	-1	1
E	0	0	-1	0	0	-1

邻接矩阵以一种稍有不同的方式展示了关联矩阵的信息。在这种情况下,邻接矩阵中的行、列标签都指定了规则库。一对有序节点之间的现有连接用 1 表示,而缺失的连接则用 0 表示。与直接指定连接和相关节点对的关联矩阵不同,邻接矩阵只指定了哪些节点对是由连接进行关联的。式(3.21)~式(3.22)中的 FN 可用式(3.24)中的邻接矩阵描述。

$$(3.24)$$

Node	S	N_{11}	N_{12}	N_{21}	N_{22}	E
Node						
S	0	1	0	1	0	0
N_{11}	0	0	1	0	0	0
N_{12}	0	0	0	0	0	1
N_{21}	0	0	0	0	1	0
N_{22}	0	0	0	0	0	1
E	0	0	0	0	0	0

上面介绍的关联矩阵和邻接矩阵适用于具有多个(网络化)规则库的模糊系统的形式化建模,特别适合在较高的抽象水平上对模糊系统进行形式化建模,即只指定单个节点的输入、输出和连接。

与网格结构和互连结构一样,关联矩阵和邻接矩阵在整个网络层面上描述 FN。它们与在单个节点层面上描述 FN 的布尔矩阵和二元关系完美契合。然而,在用语言合成方法将网络化规则库简化为等效单规则库的过程中,关联矩阵和邻接矩阵不便于操作。因此本书没有进一步介绍这些结构。

3.6　方框图和拓扑表达式

方框图(block scheme)和拓扑表达式(topological expression)是先进的新型形式模型,代表着 FN 整体结构的压缩映像。与网格结构和互连结构类似,这些模型描述了节点的位置及节点之间的连接。在这种情况下,每个节点的下标指定其在网络中的位置,其中第一个下标为级数,第二个下标为层数。除此之外,方框图和拓扑表达式指定了所有的输入、输出和与节点相关的连接。式(3.21)~式(3.22)中的四节点 FN 如图 3.1 所示。

图 3.1 中的箭头指定了第一层节点的输入集{x_{11}, x_{21}}和第二层节点的输出集{y_{12}, y_{22}}。另外,箭头为互连节点对指定连接集{$z_{11,12}$, $z_{21,22}$},在互连节点对中,第一个节点在第一层,第二个节点在第二层。

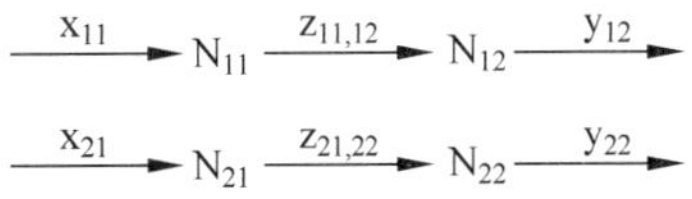

图 3.1　四节点 FN 的方框图

式(3.21)～式(3.22)中的 FN 可用式(3.25)的拓扑表达式来描述。

$$\{[N_{11}](x_{11}\,|\,z_{11,12})\ H\ [N_{12}](z_{11,12}\,|\,y_{12})\}V\{[N_{21}](x_{21}\,|\,z_{21,22})\ H\ [N_{22}](z_{21,22}\,|\,y_{22})\}$$

$$(3.25)$$

上述拓扑表达式中的每个节点都位于方括号［　］内。每个节点的输入和输出都位于节点后面的圆括号（　）内。在这种情况下，输入和输出用垂线｜分隔。顺序排列的节点用符号 H 表示其水平相对位置，而并行排列的节点则用符号 V 表示其垂直相对位置。在式(3.25)中，水平相对位置与垂直相对位置的优先级由花括号｛　｝来指定。

上面介绍的方框图和拓扑表达式适用于具有多个（网络化）规则库的模糊系统的形式化建模。它们特别适用于在较高的抽象水平上对 FN 进行形式化建模，即只指定单个节点的输入、输出和连接。

与网格结构和互连结构一样，方框图和拓扑表达式在整体网络层面上描述 FN。它们与在单个节点层面上描述 FN 的布尔矩阵和二元关系完美契合。除此之外，在使用语言合成方法将网络化规则库简化为等效单规则库的过程中，方框图和拓扑表易于操作。因此，本书对此将作进一步的介绍。

3.7　形式模型的比较

本章介绍的形式模型在不同类型的 FN 上有着不同的优势。例如，if-then 规则和整数表主要适用于相对简单且无连接 FN 的节点的形式化建模。布尔矩阵和二元关系适用于更复杂且有连接 FN 的节点的形式化建模。网格结构和互连结构适合整个 FN 的形式化建模，但主要是与布尔矩阵或二元关系一起适用于静态场景。如果 FN 结构不变，关联矩阵和邻接矩阵也具有同样的特征。然而，当将网络化规则库简化为等效单规则库时，其 FN 结构会变化。此时方框图和拓扑表达式是最适合的形式模型，二者适合在动态场景下与布尔矩阵或二元关系一起对整个 FN 进行形式化建模。

表 3.5 总结了不同类型的形式模型在处理 FN 中的节点、连接和动态特性方面的特征。

表 3.5　与 FN 相关的形式模型的特征

形　式　模　型	节　　　点	连　　　接	动　态　特　性
if-then 规则	是	否	否
整数表	是	否	否
布尔矩阵	是	否	是
二元关系	是	否	是
网格结构	否	是	否
互连结构	否	是	否
关联矩阵	否	是	否
邻接矩阵	否	是	否
方框图	否	是	是
拓扑表达式	否	是	是

本书的重点是用于节点形式化建模的布尔矩阵和二元关系。就连接的形式化建模而言，重点是方框图和拓扑表达式。选择这些形式模型的理由是它们能够动态处理 FN，从而确保本书中的语言合成方法可达到预期的效果。

第 4 章将进一步介绍 FN 理论框架中的基本概念，重点是 FN 的几种基本运算。

第4章

模糊网络的基本运算

4.1 基本运算简介

将网络化规则库简化为等效单规则库的过程,是本书所采用的语言合成方法的核心。这种方法基于节点的几种基本运算(basic operation),这些运算可以是二元的或一元的,因为它们可应用于一对节点或一个节点。在这方面,每个二元运算都有一个与之相对应的一元运算,该一元运算是此二元运算的逆运算。简单起见,在与这些运算相关的示例中,节点的输入、输出和中间变量均为标量,当然,将它们扩展到矢量运算也不难。

一些众所周知的基本运算可在数学中找到,而另一些运算则是近年才引入的,在基础理论方面具有相当的新颖性。这些运算将布尔矩阵或二元关系作为节点级 FN 的形式模型。这些形式模型在语言合成方法中具有很强的操作性。因此,这些基本运算可被看作基本构建模块,用于将任意复杂的 FN 简化为模糊系统。

4.2 节点的水平合并

水平合并(horizontal merging)是一种可应用于两个顺序节点的二元运算。顺序节点是指位于 FN 同一级中两个相邻的节点。该运算将这对节点的操作数合并为一个单一的结果节点。当第一个节点的输出以中间变量的形式作为第二个节点的输入时,就可应用该运算。在这种情况下,结果节点的输入与第一个操作数节点的输入相同,输出与第二个操作数节点的输出相同,而中间变量不出现在结果节点中。

当将布尔矩阵作为操作数节点的形式模型时,水平合并运算与布尔矩阵乘法是相同的。后者类似于传统的矩阵乘法,即"最小"运算取代算术乘法,"最大"运算取代算术加法。在这种情况下,结果矩阵的行标签为第一操作数矩阵的行标签,结果矩阵的列标签为第二操作数矩阵的列标签。

当将二元关系作为操作数节点的形式模型时,水平合并运算也可应用于二元关系。在这种情况下,水平合并运算与标准的关系合成运算是相同的。

例 4.1

本例针对两个顺序操作数节点 N_{11} 和 N_{12},它们位于图 3.1 所示的四节点 FN 中的第一级。该两节点由式(3.13)和式(3.14)中的布尔矩阵和式(3.17)~式(3.18)中的二元关系描述。两节点之间的连接由式(3.22)中的互连结构给出。在这种情况下,节点 N_{11} 与 N_{12} 构成一个双节点 FN,它是四节点 FN 的一个子网络。该双节点 FN 可通过图 4.1 和式(4.1)中的拓扑表达式来描述。

$$\xrightarrow{x_{11}} N_{11} \xrightarrow{z_{11,12}} * \xrightarrow{z_{11,12}} N_{12} \xrightarrow{y_{12}}$$

图 4.1 操作数节点 N_{11} 与 N_{12} 构成的双节点 FN

$$[N_{11}](x_{11}|z_{11,12}) * [N_{12}](z_{11,12}|y_{12}) \tag{4.1}$$

图 4.1 和式(4.1)中的符号 * 意味着操作数节点 N_{11} 和 N_{12} 可执行水平合并运算。也就是说,符号 * 的使用使得节点 N_{11} 和 N_{12} 的水平合并的前提条件生效。

操作数节点 N_{11} 和 N_{12} 的水平合并运算产生了一个单一的结果节点 N_{11*12},该节点以单节点 FN 形式代表了双节点 FN 的简化映像[①](simplified image)。后者可通过图 4.2 和式(4.2)中的拓扑表达式来描述。

$$\xrightarrow{x_{11}} N_{11*12} \xrightarrow{y_{12}}$$

图 4.2 操作数节点 N_{11*12} 构成的单节点 FN

$$[N_{11*12}](x_{11}|y_{12}) \tag{4.2}$$

图 4.2 和式(4.2)中的符号 * 意味着水平合并运算生成了结果节点 N_{11*12}。这是合理的,因为中间变量 $z_{11,12}$ 消失了,而且结果节点的输入 x_{11} 与第一个操作数节点的输入相同,结果节点的输出 y_{12} 与第二个操作数节点的输出相同。在这种情况下,符号 * 的使用使得作为水平合并结果的节点 N_{11*12} 的后置条件生效。

最后,结果节点 N_{11*12} 可由式(4.3)中的布尔矩阵和式(4.4)中的二元关系来描述。

$$N_{11*12}: \quad y_{12} \quad 1 \quad 2 \quad 3 \tag{4.3}$$

$$\begin{array}{c|ccc} x_{11} & & & \\ 1 & 0 & 1 & 0 \\ 2 & 1 & 0 & 0 \\ 3 & 0 & 0 & 1 \end{array}$$

$$N_{11*12}: \{(1,2),(2,1)(3,3)\} \tag{4.4}$$

例 4.2

本例针对两个顺序操作数节点 N_{21} 和 N_{22},它们位于图 3.1 所示的四节点 FN 中的第二级。此两节点由式(3.15)~式(3.16)中的布尔矩阵和式(3.19)~式(3.20)中的二元关系描述。两节点间的连接由式(3.22)中的互连结构给出。在这种情况下,节点 N_{11} 与 N_{12} 构成一个双节点 FN,它是四节点 FN 的一个子网络。该双节点 FN 可通过图 4.3 和式(4.5)中的拓扑表达式来描述。

$$[N_{21}](x_{21}|z_{21,22}) * [N_{22}](z_{21,12}|y_{22}) \tag{4.5}$$

图 4.3 和式(4.5)中的符号 * 意味着操作数节点 N_{21} 和 N_{22} 可执行水平合并运算。也

---

① 译者注:简化映像(simplified image)与复杂化映像(complexified image)相对应。

$$x_{21} \longrightarrow N_{21} \xrightarrow{z_{21,22}} * \xrightarrow{z_{21,22}} N_{22} \xrightarrow{y_{22}}$$

图 4.3 操作数节点 N_{21} 与 N_{22} 构成的双节点 FN

就是说,符号*的使用使得节点 N_{21} 和 N_{22} 的水平合并的前提条件生效。

操作数节点 N_{21} 和 N_{22} 的水平合并运算生成了一个单一的结果节点 N_{21*22},该节点以单节点 FN 的形式代表双节点 FN 的简化映像。这个单节点 FN 可通过图 4.4 和式(4.6)中的拓扑表达式来描述。

$$\xrightarrow{x_{21}} N_{21*22} \xrightarrow{y_{22}}$$

图 4.4 操作数节点 N_{21*22} 构成的单节点 FN

$$[N_{21*22}](x_{21}|y_{22}) \tag{4.6}$$

图 4.4 和式(4.6)中的符号*意味着水平合并运算生成了结果节点 N_{21*22}。这是合理的,因为中间变量 $z_{21,22}$ 消失了,而且结果节点的输入 x_{21} 与第一个操作数节点的输入相同,结果节点的输出 y_{22} 与第二个操作数节点的输出相同。在这种情况下,符号*的使用使得作为水平合并结果的节点 N_{21*22} 的后置条件生效。

最后,结果节点 N_{21*22} 可由式(4.7)中的布尔矩阵和式(4.8)中的二元关系来描述。

$$
\begin{array}{cccc}
N_{21*22}: & y_{22} & 1 & 2 & 3 \\
\end{array} \tag{4.7}
$$

x_{21}			
1	1	0	0
2	0	0	1
3	0	1	0

$$N_{21*22}: \{(1,1),(2,3)(3,2)\} \tag{4.8}$$

4.3 节点的水平拆分

水平拆分(horizontal splitting)是一元运算,可应用于 FN 中的单个节点。该运算将一个操作数节点拆分成一对连续的结果节点,其中第一个结果节点的输入与操作数节点的输入相同,第二个结果节点的输出与操作数节点的输出相同。在这种情况下,一个中间变量出现在结果节点之间,其形式是第一结果节点的输出前馈给第二结果节点作为输入。

当将布尔矩阵作为操作数节点的形式模型时,水平拆分运算等同于布尔矩阵因式分解。后者类似于传统的矩阵因式分解,即两个因子相乘得到被分解的矩阵。在这种情况下,第一个结果矩阵的行标签与操作数矩阵的行标签相同,第二个结果矩阵的列标签则与操作数矩阵的列标签相同。由于任何布尔矩阵都可分解成矩阵本身与适当维度的单位矩阵,因此至少在这种特殊情况下,水平拆分运算总是有解的。

当将二元关系作为操作数节点的形式模型时,水平拆分运算也可应用在二元关系中。在这种情况下,水平拆分运算等同于标准关系分解运算。由于任何二元关系都可分解成此关系自身与适当基数[①](cardinality)的恒等关系,因此至少在此特殊情况下,水平拆分运算

---

① 译者注:cardinality 简单理解是指集合中包含的元素的"个数"。"有限集的基数"的数学定义:若 A 与 $\{k \in N | 1 \leqslant k \leqslant n\}$ 能建立双射,则 A 为有限集,且基数为 n。所谓双射,就是一一对应的关系,A 的一个元素对应一个自然数。

一定有解。

例 4.3

本例针对操作数节点 $N_{11/12}$，它与例 4.1 中的结果节点 $N_{11 \cdot 12}$ 相同。该节点由式(4.3)中的布尔矩阵和式(4.4)中的二元关系描述。在这种情况下，节点 $N_{11 \cdot 12}$ 以单节点 FN 的形式代表双节点 FN 的简化映像。节点 $N_{11 \cdot 12}$ 可通过图 4.5 和式(4.9)的拓扑表达式来描述。

$$\xrightarrow{x_{11}} \boxed{N_{11/12}} \xrightarrow{y_{12}}$$

图 4.5　操作数节点 $N_{11/12}$ 构成的单节点 FN

$$[N_{11/12}](x_{11} | y_{12}) \tag{4.9}$$

图 4.5 和式(4.9)中的符号/表明操作数节点 $N_{11/12}$ 可执行水平拆分运算。也就是说，符号/的使用使得节点 $N_{11/12}$ 的水平拆分运算的前提条件生效。

操作数节点 $N_{11/12}$ 水平拆分的结果是一对顺序结果节点 N_{11} 和 N_{12}，它们以双节点 FN 的形式代表了单节点 FN 的复杂化映像[①]（complexified image）。双节点 FN 可通过图 4.6 和式(4.10)中的拓扑表达来描述。

$$\xrightarrow{x_{11}} \boxed{N_{11}} \xrightarrow{z_{11,12}} / \xrightarrow{z_{11,12}} \boxed{N_{12}} \xrightarrow{y_{12}}$$

图 4.6　操作数节点 N_{11} 与 N_{12} 构成的双节点 FN

$$[N_{11}](x_{11} | z_{11,12}) / [N_{12}](z_{11,12} | y_{12}) \tag{4.10}$$

图 4.6 和式(4.10)中的/意味着结果节点 N_{11} 和 N_{12} 可执行水平拆分运算。这是合理的，因为出现了中间变量 $z_{11,12}$，第一个结果节点的输入 x_{11} 与操作数节点的输入相同，第二个结果节点的输出 y_{12} 与操作数节点的输出相同。此时，符号/的使用使得作为水平拆分结果的节点 N_{11} 和 N_{12} 形成的后置条件生效。

最后，结果节点 N_{11} 和 N_{12} 可由式(3.13)～式(3.14)中的布尔矩阵和式(3.17)～式(3.18)中的二元关系描述。然而，由于存在一个以恒等节点作为结果节点之一的特殊解，因此水平拆分运算有解但不唯一。例如，以 3×3 维恒等节点 N_{I3} 作为第一结果节点的特殊解，可通过图 4.7、式(4.11)中的拓扑表达式、式(4.12)～式(4.13)中的布尔矩阵和式(4.14)～式(4.15)中的二元关系来描述。

$$\xrightarrow{x_{11}} \boxed{N_{I3}} \xrightarrow{z_{I3,11/12}} / \xrightarrow{z_{I3,11/12}} \boxed{N_{11/12}} \xrightarrow{y_{12}}$$

图 4.7　操作数节点 N_{I3} 与 $N_{11/12}$ 构成的双节点 FN

$$[N_{I3}](x_{11} | z_{I3,11/12}) / [N_{11/12}](z_{I3,11/12} | y_{12}) \tag{4.11}$$

$$N_{I3}: \quad z_{I3,11/12} \quad 1 \quad 2 \quad 3 \tag{4.12}$$

x_{11}	1	2	3
1	1	0	0
2	0	1	0
3	0	0	1

---

① 译者注：complexified image 与 simplified image 相对应。

$$N_{11/12}: \qquad y_{12} \quad 1 \quad 2 \quad 3 \tag{4.13}$$

$z_{I3,11/12}$			
1	0	1	0
2	1	0	0
3	0	0	1

$$N_{I3}: \{(1,1),(2,2)(3,3)\} \tag{4.14}$$

$$N_{11/12}: \{(1,2),(2,1)(3,3)\} \tag{4.15}$$

例 4.4

本例针对操作数节点 $N_{21/22}$,它与例 4.2 中的结果节点 N_{21*22} 相同。该节点由式(4.7)中的布尔矩阵和式(4.8)中的二元关系描述。在这种情况下,节点 N_{21*22} 以单节点 FN 的形式代表双节点 FN 的简化映像。节点 N_{21*22} 可通过图 4.8 和式(4.16)中的拓扑表达式来描述。

$$\xrightarrow{x_{21}} N_{21/22} \xrightarrow{y_{22}}$$

图 4.8　操作数节点 $N_{21/22}$ 构成的单节点 FN

$$[N_{21/22}](x_{21}|y_{22}) \tag{4.16}$$

图 4.8 和式(4.16)中的符号/表明操作数节点 $N_{21/22}$ 可执行水平拆分运算。也就是说,符号/的使用使得节点 $N_{21/22}$ 的水平拆分运算的前提条件生效。

操作数节点 $N_{21/22}$ 的水平拆分结果是一对顺序结果节点 N_{21} 和 N_{22},它们以双节点 FN 的形式代表单节点 FN 的复杂化映像,双节点 FN 可用图 4.9 和式(4.17)中的拓扑表达式来描述。

$$\xrightarrow{x_{21}} N_{21} \xrightarrow{z_{21,22}} / \xrightarrow{z_{21,22}} N_{22} \xrightarrow{y_{22}}$$

图 4.9　结果节点 N_{21} 与 N_{22} 构成的双节点 FN

$$[N_{21}](x_{21}|z_{21,22}) / [N_{22}](z_{21,22}|y_{22}) \tag{4.17}$$

图 4.9 和式(4.17)中的符号/意味着结果节点 N_{21} 和 N_{22} 可执行水平拆分运算。这是合理的,因为出现了中间变量 $z_{21,22}$,第一个结果节点的输入 x_{21} 与操作数节点的输入相同,第二个结果节点的输出 y_{22} 与操作数节点的输出相同。在这种情况下,符号/的使用使得作为水平拆分结果的节点 N_{21} 和 N_{22} 形成的后置条件生效。

最后,结果节点 N_{21} 和 N_{22} 可由式(3.15)~式(3.16)中的布尔矩阵和式(3.19)~式(3.20)中的二元关系描述。然而,由于存在一个以恒等节点作为两个结果节点之一的特殊解,因此水平拆分有解但不唯一。例如,以 3×3 维恒等节点 N_{I3} 作为第二个结果节点的特殊解,可通过图 4.10、式(4.18)中的拓扑表达式、式(4.19)~式(4.20)中的布尔矩阵和式(4.21)~式(4.22)中的二元关系描述。

$$\xrightarrow{x_{21}} N_{21/22} \xrightarrow{z_{21/22,I3}} / \xrightarrow{z_{21/22,I3}} N_{I3} \xrightarrow{y_{22}}$$

图 4.10　结果节点 $N_{21/22}$ 与 N_{I3} 构成的双节点 FN

$$[N_{21/22}](x_{21}|z_{21/22,I3}) / [N_{I3}](z_{21/22,I3}|y_{22}) \tag{4.18}$$

$$N_{21/22}: \quad z_{21/22,I3} \quad 1 \quad 2 \quad 3 \tag{4.19}$$

$$
\begin{array}{cccc}
x_{21} & & & \\
1 & 1 & 0 & 0 \\
2 & 0 & 0 & 1 \\
3 & 0 & 1 & 0
\end{array}
$$

$$N_{I3}: \quad y_{22} \quad 1 \quad 2 \quad 3 \tag{4.20}$$

$$
\begin{array}{cccc}
z_{21/22,I3} & & & \\
1 & 1 & 0 & 0 \\
2 & 0 & 1 & 0 \\
3 & 0 & 0 & 1
\end{array}
$$

$$N_{11/12}: \{(1,1),(2,3)(3,2)\} \tag{4.21}$$

$$N_{I3}: \{(1,1),(2,2)(3,3)\} \tag{4.22}$$

4.4　节点的垂直合并

垂直合并(vertical merging)是一种可应用于一对并行节点的二元运算。并行节点是指两个位于 FN 中同一层不同级的节点。该运算把这对节点的操作数合并为一个单一的结果节点。在这种情况下,结果节点的输入代表操作数节点输入的并集(union),而结果节点的输出代表操作数节点输出的并集。由于能够连接①(concatenate)任意两个并行节点的输入及输出,因此垂直合并运算的执行无任何前提条件。

当将布尔矩阵用作操作数节点的形式模型时,垂直合并运算可理解为沿第一个操作数矩阵的行和列进行扩展,即将第一个操作数矩阵中的每个非零元素扩展为第二个操作数矩阵,将第一个操作数矩阵中的每个零元素扩展为零矩阵(维度同第二个操作数矩阵),从而可得到结果矩阵。在这种情况下,结果矩阵的行标签是两个操作数矩阵行标签的全排列,结果矩阵的列标签是两个操作数矩阵列标签的全排列。

当将二元关系用作操作数节点的形式模型时,垂直合并运算也可应用于二元关系。此时,垂直合并运算代表一种特殊类型的关系合成,关系合成的形式是改进型笛卡儿积,分别应用于操作数关系对中的第一个元素和第二个元素。

例 4.5

本例针对并行操作数节点 N_{11} 和 N_{21},它们位于图 3.1 中四节点 FN 的第一层。这两个节点由式(3.13)与式(3.15)中的布尔矩阵和式(3.17)与式(3.19)中的二元关系来描述。这两个节点与该 FN 第二层节点的连接由式(3.22)中的互连结构给出。在这种情况下,节点 N_{11} 和 N_{21} 代表该 FN 的一个双节点子网络。这个双节点 FN 可通过图 4.11 和式(4.23)中的拓扑表达式来描述。

$$[N_{11}](x_{11}|y_{11}) + [N_{21}](x_{21}|y_{21}) \tag{4.23}$$

图 4.11 和式(4.23)中的符号＋的使用意味着操作数节点 N_{11} 和 N_{21} 可执行垂直合并运算。也就是说,符号＋的使用使得节点 N_{11} 和 N_{21} 垂直合并的前提条件生效。

---

① 译者注:concatenate 的名词形式为 concatenation,与 deconcatenate(分离)相对应。

操作数节点 N_{11} 和 N_{21} 的垂直合并运算生成一个单一的结果节点 N_{11+21}，它以单节点 FN 的形式代表双节点 FN 的简化映像。单节点 FN 可通过图 4.12 和式(4.24)中的拓扑表达式来描述。

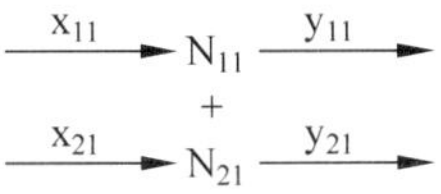

图 4.11　操作数节点 N_{11} 与 N_{21} 构成的双节点 FN 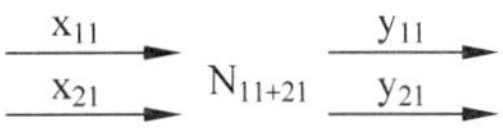　　　图 4.12　结果节点 N_{11+21} 构成的单节点 FN

$$[N_{11+21}]\ (x_{11}，x_{21}|y_{11}，y_{21}) \tag{4.24}$$

图 4.12 式(4.24)中符号＋的使用意味着垂直合并运算生成了结果节点 N_{11+21}。这是合理的，因为操作数节点的输入合并为结果节点的输入 x_{11} 与 x_{21}，操作数节点的输出合并为结果节点的输出 y_{11} 与 y_{21}。符号＋的使用使得作为垂直合并结果的节点 N_{11+21} 形成的后置条件生效。

最后，结果节点 N_{11+21} 可由式(4.25)中的布尔矩阵和式(4.26)中的二元关系来描述。

$$N_{11+21}: \tag{4.25}$$

$x_{11}，x_{21}$ \ $y_{11}，y_{21}$	11	12	13	21	22	23	31	32	33
11	0	1	0	0	0	0	0	0	0
12	1	0	0	0	0	0	0	0	0
13	0	0	1	0	0	0	0	0	0
21	0	0	0	0	0	0	0	1	0
22	0	0	0	0	0	0	1	0	0
23	0	0	0	0	0	0	0	0	1
31	0	0	0	0	1	0	0	0	0
32	0	0	0	1	0	0	0	0	0
33	0	0	0	0	0	1	0	0	0

$$N_{11+21}:\{(11，12)，(12，11)，(13，13)， \tag{4.26}$$
$$(21，32)，(22，31)，(23，33)，$$
$$(31，22)，(32，21)，(33，23)\}$$

例 4.6

本例针对并行操作数节点 N_{12} 和 N_{22}，它们位于图 3.1 中四节点 FN 的第二层。这两个节点由式(3.14)与式(3.16)中的布尔矩阵和式(3.18)与式(3.20)中的二元关系来描述。这两个节点与该 FN 第二层节点的连接由式(3.22)中的互连结构给出。在这种情况下，节点 N_{12} 和 N_{22} 代表该 FN 的一个双节点子网络。这个双节点 FN 可通过图 4.13 和式(4.27)中的拓扑表达式来描述。

$$[N_{12}]\ (x_{12}|y_{12})＋[N_{22}]\ (x_{22}|y_{22}) \tag{4.27}$$

图 4.13 和式(4.27)中符号＋的使用意味着操作数节点 N_{12} 和 N_{22} 可执行垂直合并运算。也就是说，符号＋的使用使得节点 N_{12} 和 N_{22} 垂直合并的前提条件生效。

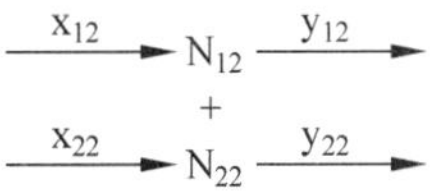

图 4.13　操作数节点 N_{12} 与 N_{22} 构成的双节点 FN

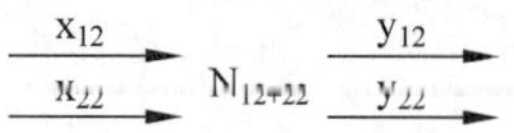

$$\xrightarrow{x_{12}} \atop \xrightarrow{x_{22}} \quad \boxed{N_{12+22}} \quad \xrightarrow{y_{12}} \atop \xrightarrow{y_{22}}$$

图 4.14　结果节点 N_{12+22}
构成的单节点 FN

操作数节点 N_{12} 和 N_{22} 的垂直合并运算生成了一个单一的结果节点 N_{12+22}，它以单节点 FN 的形式代表双节点 FN 的简化映像。单节点 FN 可通过图 4.14 和式(4.28)中的拓扑表达式来描述。

$$[N_{12+22}]\,(x_{12},x_{22}|y_{12},y_{22}) \tag{4.28}$$

图 4.14 和式(4.28)中符号＋的使用意味着垂直合并运算产生了结果节点 N_{12+22}。这是合理的，因为操作数节点的输入合并为结果节点的输入 x_{12} 与 x_{22}，操作数节点的输出合并为结果节点的输出 y_{12} 与 y_{22}。符号＋的使用使得作为垂直合并结果的节点 N_{12+22} 形成的后置条件生效。

最后，结果节点 N_{12+22} 可由式(4.29)中的布尔矩阵和式(4.30)中的二元关系来描述。

N_{12+22}: y_{12},y_{22}	11	12	13	21	22	23	31	32	33	
x_{12},x_{22}										(4.29)
11	0	0	0	0	0	1	0	0	0	
12	0	0	0	1	0	0	0	0	0	
13	0	0	0	0	1	0	0	0	0	
21	0	0	0	0	0	0	0	0	1	
22	0	0	0	0	0	0	1	0	0	
23	0	0	0	0	0	0	0	1	0	
31	0	0	1	0	0	0	0	0	0	
32	1	0	0	0	0	0	0	0	0	
33	0	1	0	0	0	0	0	0	0	

$$N_{12+22}:\{(11,23),(12,21),(13,22),$$
$$(21,33),(22,31),(23,32),$$
$$(31,13),(32,11),(33,12)\} \tag{4.30}$$

4.5　节点的垂直拆分

垂直拆分(vertical splitting)是一元运算，可应用于 FN 中的单个节点。该运算将一个操作数节点拆分成一对并行的结果节点，该结果节点所有输入的并集为操作数节点的输入，结果节点所有输出的并集代表操作数节点的输出。

当将布尔矩阵作为操作数节点的形式模型时，垂直拆分运算可视为此矩阵行和列的压缩。如果操作数矩阵包含一些相同的非零块，即具有非 0 元素的相同的二维块，那么就可应用这种压缩。另外，该操作数矩阵还必须包含一些与非零块维度相同的零块。从以上分析可看出，垂直拆分运算不一定有解，因为不是任何代表多输入多输出节点的布尔矩阵都只包含相同的非零块和相同维度的零块。

操作数矩阵中的每个非零块压缩成第一个结果矩阵中的 1，操作数矩阵中的每个零块压缩成第一个结果矩阵中的 0，从而得到第一个结果矩阵。第二个结果矩阵则为操作数矩阵中的非零块。在这种情况下，第一个结果矩阵的行标签是表示操作数矩阵行标签的排列中的项；而第二个结果矩阵的列标签是表示操作数矩阵列标签的排列中的项。

当将二元关系作为操作数节点的形式模型时,垂直拆分运算也可应用于二元关系中。在这种情况下,垂直拆分运算代表了一种特殊类型的关系分解,其形式是改进型笛卡儿积的逆运算,独立应用于来自操作数关系的第一元素和第二元素。从以上分析可看出,垂直拆分运算不一定有解,因为并不是任何代表多输入多输出节点的二元关系都可通过改进型笛卡儿积的逆运算来分解。

例 4.7

本例针对操作数节点 N_{11-21},它与例 4.5 中的结果节点 N_{11+21} 相同。该节点由式(4.25)中的布尔矩阵和式(4.26)中的二元关系来描述。在这种情况下,节点 N_{11-21} 以单节点 FN 的形式代表了双节点 FN 的简化映像。单节点 FN 可通过图 4.15 和式(4.31)中的拓扑表达式来描述。

$$[N_{11-21}]\,(x_{11},\,x_{21}\,|\,y_{11},\,y_{21}) \tag{4.31}$$

图 4.15 和式(4.31)中符号-的使用意味着结果节点 N_{11-12} 可执行垂直拆分运算。在这种情况下,符号-的使用使得节点 N_{11-21} 的垂直拆分的前提条件生效。

操作数节点 N_{11-12} 的垂直拆分结果是一对并行结果节点 N_{11} 与 N_{21},它们以双节点 FN 的形式代表了单节点 FN 的复杂化映像。双节点 FN 可通过图 4.16 和式(4.32)中的拓扑表达式来描述。

图 4.15　结果节点 N_{11-21} 构成的单节点 FN 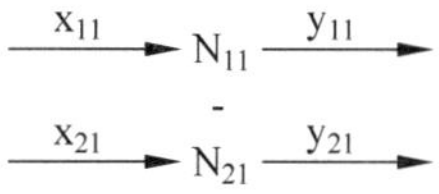　　图 4.16　由结果节点 N_{11} 与 N_{21} 构成的双节点 FN

$$[N_{11}]\,(x_{11}\,|\,y_{11})\,\text{-}\,[N_{21}]\,(x_{21}\,|\,y_{21}) \tag{4.32}$$

图 4.16 和式(4.32)中符号-的使用意味着垂直拆分运算生成了两个结果节点 N_{11} 与 N_{21}。这是合理的,因为操作数节点的输入分离①(deconcatenate)成两个结果节点各自的输入 x_{11}、x_{21},操作数节点的输出分离为两个结果节点各自的输出 y_{11}、y_{21}。符号-的使用使得作为垂直拆分结果的节点 N_{11} 与 N_{21} 形成的后置条件生效。

最后,结果节点 N_{11} 与 N_{21} 可由式(3.13)与式(3.15)中的布尔矩阵、式(3.17)与式(3.19)中的二元关系描述。

例 4.8

本例针对操作数节点 N_{12-22},与例 4.6 中的结果节点 N_{12+22} 相同。该节点由式(4.29)中的布尔矩阵和式(4.30)中的二元关系描述。在这种情况下,节点 N_{12-22} 以单节点 FN 的形式代表双节点 FN 的简化映像。单节点 FN 可通过图 4.17 和式(4.33)中的拓扑表达式来描述。

$$[N_{12-22}]\,(x_{12},\,x_{22}\,|\,y_{12},\,y_{22}) \tag{4.33}$$

图 4.17 和式(4.33)中符号-的使用意味着操作数节点 N_{12-22} 可执行垂直拆分运算。在

---

①　译者注:deconcatenate 的名词形式为 deconcatenation,与 concatenate(连接)相对应。

这种情况下,符号-的使用使得节点 $N_{12\text{-}22}$ 的垂直拆分的前提条件生效。

操作数节点 $N_{12\text{-}22}$ 垂直拆分的结果是一对并行的结果节点 N_{12} 与 N_{22},它们以双节点 FN 的形式代表了单节点 FN 的复杂化映像。双节点 FN 可通过图 4.18 和式(4.34)中的拓扑表达式来描述。

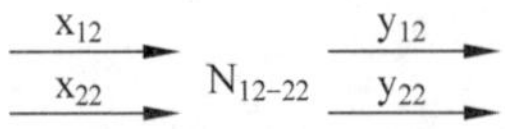

图 4.17　操作数节点 $N_{12\text{-}22}$ 构成的单节点 FN 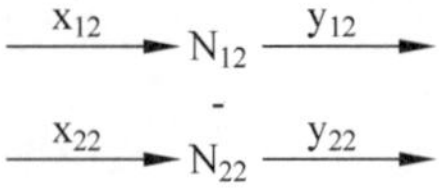　　图 4.18　由结果节点 N_{12} 与 N_{22} 构成的双节点 FN

$$[N_{12}](x_{12}\,|\,y_{12}) - [N_{22}](x_{22}\,|\,y_{22}) \tag{4.34}$$

图 4.18 和式(4.32)中符号-的使用意味着垂直拆分运算生成了两个结果节点 N_{12} 与 N_{22}。这是合理的,因为操作数节点的输入分离成两个结果节点各自的输入 x_{12}、x_{22},操作数节点的输出分离为两个结果节点各自的输出 y_{12}、y_{22}。符号-的使用使得作为垂直拆分结果的节点 N_{12} 与 N_{22} 形成的后置条件生效。

最后,结果节点 N_{12} 与 N_{22} 可由式(3.14)与式(3.16)中的布尔矩阵、式(3.18)与式(3.20)中的二元关系来描述。

4.6　节点的输出合并

输出合并(output merging)是一种二进制运算,可应用于一对具有共同输入的并行节点上。此运算将这对节点的操作数合并为一个单一的结果节点。在此情况下,结果节点的输入与操作数节点的共同输入相同,而结果节点的输出代表操作数节点输出的并集。由于能够将任何两个具有共同输入的并行节点的输出合并起来,因此输出合并运算总是可执行的。

当将布尔矩阵作为操作数节点的形式模型时,输出合并运算就像是对第一个操作数矩阵沿其列进行扩展。具体来说,将第一个操作数矩阵的每个非零元素扩展成第二个操作数矩阵对应行构成的行块(row-block),将第一个操作数矩阵的每个零元素扩展成与第二个结果矩阵的行具有相同维度的零行块,即可得到结果矩阵。在这种情况下,结果矩阵的行标签与操作数矩阵的对应行标签相同,而结果矩阵的列标签是两个操作数矩阵列标签所有可能的排列。

当将二元关系用作操作数节点的形式模型时,输出合并运算也可在二元关系中应用。在这种情况下,输出合并运算代表了一种特殊类型的关系组合,其形式是部分改进型笛卡儿积运算,该笛卡儿积运算只适用于操作数关系对中的第二个元素,而第一个元素保持不变。

例 4.9

本例针对修改后的并行操作数节点 N_{11} 和 N_{21},它们位于图 3.1 中四节点 FN 的第一层。具体来说,这些节点的两个独立输入 x_{11} 和 x_{21} 被一个共同的输入 $x_{11,21}$ 所取代。这些节点由式(3.13)与式(3.15)中的布尔矩阵和式(3.17)与式(3.19)中的二元关系来描述。这些节点与该 FN 第二层节点的连接由式(3.22)中的互连结构给出。在这种情况下,节点

N_{11} 和 N_{21} 代表该 FN 修订后的双节点子网络。该双节点 FN 可通过图 4.19 和式(4.35)中的拓扑表达式来描述。

$$[N_{11}](x_{11,21}|y_{11}) ; [N_{21}](x_{11,21}|y_{21}) \tag{4.35}$$

图 4.19 和式(4.35)中使用的符号；表明输出合并运算可应用于操作数节点 N_{11} 和 N_{21}。在此情况下，符号；的使用使得节点 N_{11} 与 N_{21} 输出合并的前提条件生效。

操作数节点 N_{11} 和 N_{21} 的输出合并产生单个结果节点 $N_{11;21}$，它以单节点 FN 的形式表示双节点 FN 的简化映像。单节点 FN 可通过图 4.20 和式(4.36)中的拓扑表达式进行描述。

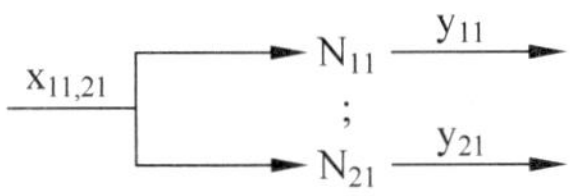

图 4.19　由结果节点 N_{11}、N_{21} 和共同输入
构成的双节点 FN

图 4.20　只有一个结果节点 $N_{11;21}$
的单节点 FN

$$[N_{11;21}](x_{11,21}|y_{11}, y_{21}) \tag{4.36}$$

图 4.20 和式(4.36)中符号；的使用表明输出合并运算的结果为结果节点 $N_{11;21}$。这是合理的，因为操作数节点的输出可级联为结果节点的输出 y_{11}、y_{21}，同时保留操作数节点的共同输入来作为结果节点的一个输入 $x_{11,21}$。在此情况下，符号；的使用使得作为输出合并结果的节点 $N_{11;21}$ 生成时的后置条件生效。

最后，结果节点 $N_{11;21}$ 可通过式(4.37)中的布尔矩阵和式(4.38)中的二元关系来描述。

$$N_{11;21}: \quad y_{11}, y_{21} \quad 11 \quad 12 \quad 13 \quad 21 \quad 22 \quad 23 \quad 31 \quad 32 \quad 33 \tag{4.37}$$

$x_{11,21}$	11	12	13	21	22	23	31	32	33
1	0	1	0	0	0	0	0	0	0
2	0	0	0	0	0	0	1	0	0
3	0	0	0	0	0	1	0	0	0

$$N_{11;21}: \{(1, 12), (2, 31), (3, 23)\} \tag{4.38}$$

例 4.10

本例针对修改后的并行操作数节点 N_{12} 和 N_{22}，它们位于图 3.1 中的四节点 FN 的第二层。具体来说，这些节点的两个独立输入 x_{12} 与 x_{22} 被一个共同输入 $x_{12,22}$ 所取代。这些节点由式(3.14)与式(3.16)中的布尔矩阵和式(3.18)和式(3.20)中的二元关系描述。在这种情况下，节点 N_{12} 与 N_{22} 表示该 FN 修订后的双节点子网络。该双节点 FN 可通过图 4.21 和式(4.39)中的拓扑表达式来描述。

$$[N_{12}](x_{12,22}|y_{12}) ; [N_{22}](x_{12,22}|y_{22}) \tag{4.39}$$

图 4.21 和式(4.39)中符号；的使用表明输出合并运算可应用于操作数节点 N_{12} 与 N_{22}。在此情况下，符号；的使用使得节点 N_{12} 与 N_{22} 的输出合并的前提条件生效。

操作数节点 N_{12} 与 N_{22} 的输出合并运算生成了单个结果节点 $N_{12;22}$，$N_{12;22}$ 以单节点 FN 的形式表示双节点 FN 的简化映像。单节点 FN 可通过图 4.22 和式(4.40)中的拓扑表达式来描述。

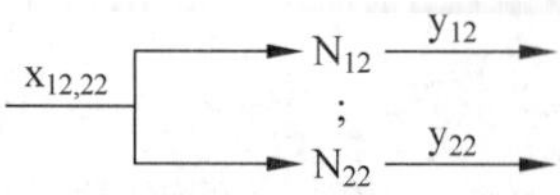

图 4.21 由结果节点 N_{12}、N_{22} 和共同输入
构成的双节点 FN

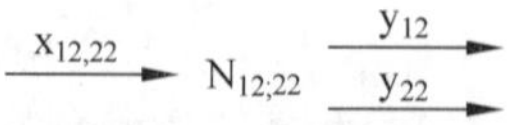

图 4.22 由结果节点 $N_{12;22}$ 构成的
单节点 FN

$$[N_{12;22}] (x_{12,22} | y_{12}, y_{22}) \tag{4.40}$$

图 4.22 和式(4.40)中符号;的使用表明输出合并运算生成了结果节点 $N_{12;22}$。这是合理的,因为操作数节点的输出可级联为结果节点的输出 y_{12}、y_{22},同时保留操作数节点的共同输入来作为结果节点的输入 $x_{12,22}$。在此情况下,符号;的使用使得作为输出合并结果的节点 $N_{12;22}$ 生成时的后置条件生效。

最后,结果节点 $N_{12;22}$ 可通过式(4.41)中的布尔矩阵和式(4.42)中的二元关系来描述。

$$N_{12;22}: \quad y_{12}, y_{22} \quad 11 \quad 12 \quad 13 \quad 21 \quad 22 \quad 23 \quad 31 \quad 32 \quad 33 \tag{4.41}$$

$x_{12,22}$	11	12	13	21	22	23	31	32	33
1	0	0	0	0	0	1	0	0	0
2	0	0	0	0	0	0	1	0	0
3	0	1	0	0	0	0	0	0	0

$$N_{12;22}: \{(1, 23), (2, 31), (3, 12)\} \tag{4.42}$$

4.7 节点的输出拆分

输出拆分(output splitting)是一元运算,可应用于 FN 中的单个节点。此运算将操作数节点分解为一对并行的结果节点,此时,结果节点的输入与操作数节点的输入相同,结果节点输出的并集表示操作数节点的输出。

当将布尔矩阵用作操作数节点的形式模型时,输出拆分运算可视为此矩阵按列进行压缩。如果操作数矩阵包含不同的同维度非零行块,如元素数量相同的一维块,且不是所有元素都为 0,则可应用此运算。此外,操作数矩阵必须包含与非零行块同维度的零行块。从以上分析可看出,输出拆分运算总是可执行的,因为表示多输出节点的任何布尔矩阵都包含不同的同维度非零行块和与非零块同维度的零块。

将操作数矩阵中的每个非零块收缩为第一个结果矩阵中的 1,将操作数矩阵中的每个零块收缩为第一个结果矩阵的 0,第二个结果矩阵的行与操作数矩阵的对应非零块相同,从而得到两个结果矩阵。在这种情况下,两个结果矩阵的行标签与操作数矩阵的行标签相同;而结果矩阵的列标签是表示操作数矩阵的列标签的排列中的项。

当将二元关系作为操作数节点的形式模型时,输出拆分运算也可应用于二元关系中。在此情况下,输出拆分运算表示一种特殊的关系分解,其形式为改进型笛卡儿积的部分逆运算,该运算应用于操作数关系对中的第二个元素,而第一个元素保持不变。以上分析再次表明,输出拆分运算总是可执行的,因为表示多个输出节点的任何二元关系都可通过修正笛卡儿积的部分逆来分解。

例 4.11

本例假设操作数节点 $N_{11;21}$ 与例 4.9 中的结果节点 $N_{11;21}$ 相同。该节点由式(4.37)中的布尔矩阵和式(4.38)中的二元关系描述。在这种情况下,节点 $N_{11;21}$ 以单节点 FN 的形式表示双节点 FN 的简化映像。单节点 FN 可通过图 4.23 和式(4.43)中的拓扑表达式来描述。

$$[N_{11;21}](x_{11;21}|y_{11}, y_{21}) \tag{4.43}$$

图 4.23 和式(4.43)中符号:的使用表明输出拆分运算可应用于操作数节点 $N_{11;21}$。在此情况下,符号:的运用使得节点 $N_{11;21}$ 输出拆分的前提条件生效。

操作数节点 $N_{11;21}$ 的输出拆分运算生成了一对并行结果节点 N_{11} 和 N_{21},它们以双节点 FN 的形式来表示单节点 FN 的复杂化映像。该双节点 FN 可通过图 4.24 和式(4.44)中的拓扑表达式来描述。

图 4.23 只有一个操作数节点 $N_{11;21}$ 的
单节点 FN

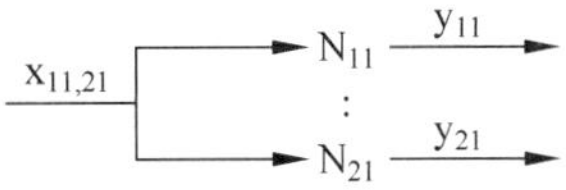

图 4.24 由结果节点 N_{11}、N_{21} 和共同输入
构成的双节点 FN

$$[N_{11}](x_{11;21}|y_{11}):[N_{21}](x_{11;21}|y_{21}) \tag{4.44}$$

图 4.24 和式(4.44)中符号:的使用表明输出拆分运算生成了结果节点 N_{11} 和 N_{21}。这是合理的,因为操作数节点的输出被解耦为结果节点的输出 y_{11}、y_{21},同时保留操作数节点的输入来作为结果节点的共同输入 $x_{11;21}$。

最后,结果节点 N_{11}、N_{21} 可通过式(3.13)与式(3.15)中的布尔矩阵和式(3.17)与式(3.19)中的二元关系来描述。

例 4.12

本例假设操作数节点 $N_{12;22}$ 与例 4.10 中的结果节点 $N_{12;22}$ 相同。该节点由式(4.41)中的布尔矩阵和式(4.42)中的二元关系描述。在这种情况下,节点 $N_{12;22}$ 以单节点 FN 的形式表示双节点 FN 的简化映像。该单节点 FN 可通过图 4.25 和式(4.45)中的拓扑表达式来描述。

$$[N_{12;22}](x_{12;22}|y_{12}, y_{22}) \tag{4.45}$$

图 4.25 和式(4.45)中符号:的使用意味着输出拆分运算可应用于操作数节点 $N_{12;22}$。在这种情况下,符号:的应用使得节点 $N_{12;22}$ 的输出拆分的前提条件生效。

操作数节点 $N_{12;22}$ 的输出拆分运算生成了一对并行结果节点 N_{12} 和 N_{22},它们以双节点 FN 的形式表示单节点 FN 的复杂化映像。该双节点 FN 可通过图 4.26 和式(4.46)中的拓扑表达式来描述。

$$[N_{12}](x_{12;22}|y_{12}):[N_{22}](x_{12;22}|y_{22}) \tag{4.46}$$

图 4.26 和式(4.46)中符号:的使用表明输出拆分运算生成了结果节点 N_{12} 和 N_{22}。这是合理的,因为操作数节点的输出被分离成结果节点的输出 y_{12}、y_{22},同时操作数节点的

输入保留为结果节点的共同输入 $x_{12,22}$。

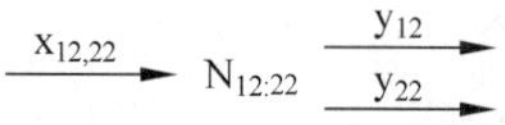

图 4.25 只有一个操作数节点 $N_{12:22}$ 的单节点 FN

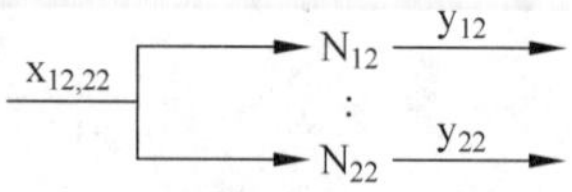

图 4.26 由结果节点 N_{12}、N_{22} 和共同输入构成的双节点 FN

最后，结果节点 N_{12}、N_{22} 可通过式(3.14)与式(3.16)中的布尔矩阵和式(3.18)与式(3.20)中的二元关系来描述。

4.8 节点的组合运算

本章所介绍的节点基本运算都属于原子运算[①](atomic operation)，即运算只作用于节点本身。当然，这些运算可与其他运算组合运用，可从左至右执行合并运算，从右至左执行拆分运算，用括号指定原子运算顺序的除外。

本节介绍组合运算(combined operation)。简便起见，假设这些运算仅包含两个同类型的原子运算，如节点的合并或拆分。当然，将这些运算扩展到更复杂的组合运算也不难，包括任意两个原子运算或任意两个以上类型的原子运算的其他排列。

与原子运算类似，组合运算可在网络级用方框图和拓扑表达式来描述，也可在节点级用布尔矩阵和二元关系来描述。简便起见，这里仅通过方框图和拓扑表达式来描述组合运算，并假设关联的布尔矩阵和二元关系隐含在描述中。

此外，在本节，方框图和拓扑表达式还可应用于改进型组合运算中。此时，节点可占据特定级别中的多个位置，并且节点在网格结构中位置的下标没有指定。这些改进旨在便于读者理解组合运算的复杂性质。

为了保持一致性，所有的组合运算分为 3 个阶段。第一阶段描述在应用原子运算之前操作数节点组合运算的初始状态。第二阶段描述执行原子运算后所生成临时节点的运算的中间状态。第三阶段描述在执行所有原子运算之后结果节点组合运算的最终状态。

例 4.13

本例对 A、B、C 3 个操作数节点进行水平-垂直合并组合运算。首先，将节点 A 与节点 B 水平合并为临时节点 A * B。然后，节点 A * B 与节点 C 垂直合并为结果节点 A * B+C。图 4.27～图 4.29 和式(4.47)～式(4.49)中的拓扑表达式描述了该组合运算的 3 种状态。

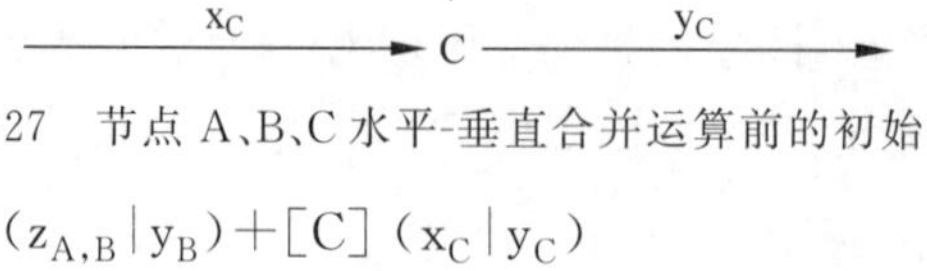

图 4.27 节点 A、B、C 水平-垂直合并运算前的初始状态

$$[A]\ (x_A \mid z_{A,B}) * [B]\ (z_{A,B} \mid y_B) + [C]\ (x_C \mid y_C) \tag{4.47}$$

---

① 译者注：atomic operation 指不可被中断的一个或一系列运算。

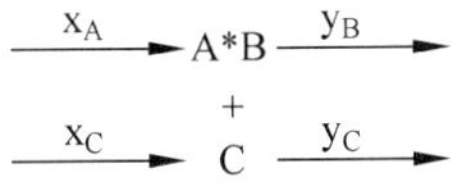

$$\xrightarrow{\quad x_A \quad} \begin{array}{c} A*B \\ + \\ C \end{array} \xrightarrow{\quad y_B \quad}$$
$$\xrightarrow{\quad x_C \quad} \qquad \xrightarrow{\quad y_C \quad}$$

图 4.28 节点 A、B、C 水平-垂直合并运算的中间状态

$$[A * B](x_A | y_B) + [C](x_C | y_C) \tag{4.48}$$

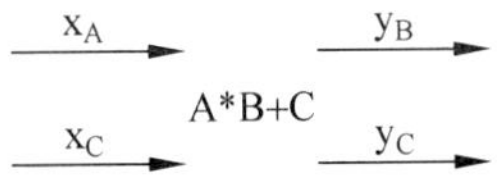

$$\xrightarrow{\quad x_A \quad} \qquad \xrightarrow{\quad y_B \quad}$$
$$\qquad A*B+C$$
$$\xrightarrow{\quad x_C \quad} \qquad \xrightarrow{\quad y_C \quad}$$

图 4.29 节点 A、B、C 水平-垂直合并运算的最终状态

$$[A * B+C](x_A, x_C | y_B, y_C) \tag{4.49}$$

例 4.14

本例对操作数节点 A/B-C 进行垂直-水平拆分组合运算。首先,该节点被垂直分解为临时节点 A/B 和结果节点 C。然后,节点 A/B 水平分解为结果节点 A 和 B。该组合运算的 3 种状态由图 4.30~图 4.32 和式(4.50)~式(4.52)中的拓扑表达式描述。

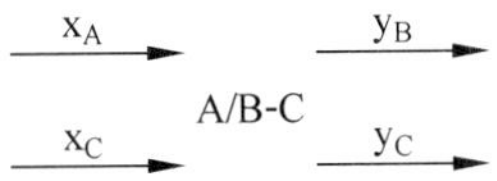

$$\xrightarrow{\quad x_A \quad} \qquad \xrightarrow{\quad y_B \quad}$$
$$\qquad A/B\text{-}C$$
$$\xrightarrow{\quad x_C \quad} \qquad \xrightarrow{\quad y_C \quad}$$

图 4.30 节点 A/B-C 垂直-水平拆分组合运算前的初始状态

$$[A/B\text{-}C](x_A, x_C | y_B, y_C) \tag{4.50}$$

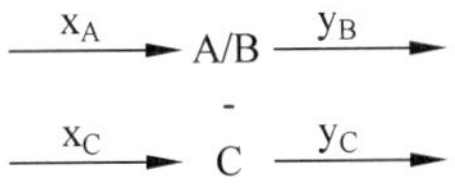

$$\xrightarrow{\quad x_A \quad} \begin{array}{c} A/B \\ - \\ C \end{array} \xrightarrow{\quad y_B \quad}$$
$$\xrightarrow{\quad x_C \quad} \qquad \xrightarrow{\quad y_C \quad}$$

图 4.31 节点 A/B-C 垂直-水平拆分组合运算的中间状态

$$[A/B](x_A | y_B)\text{-}[C](x_C | y_C) \tag{4.51}$$

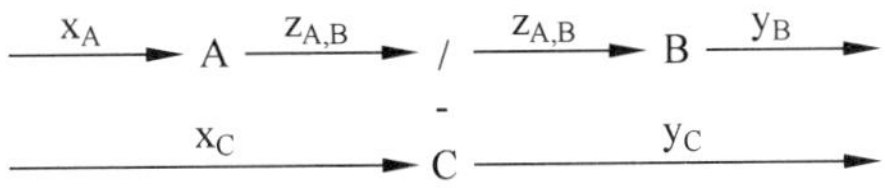

$$\xrightarrow{\quad x_A \quad} A \xrightarrow{\quad z_{A,B} \quad} / \xrightarrow{\quad z_{A,B} \quad} B \xrightarrow{\quad y_B \quad}$$
$$\qquad\qquad\qquad -$$
$$\xrightarrow{\quad x_C \quad} \qquad C \qquad \xrightarrow{\quad y_C \quad}$$

图 4.32 节点 A/B-C 垂直-水平拆分组合运算的最终状态

$$[A](x_A | z_{A,B})/[B](z_{A,B} | y_B)\text{-}[C](x_C | y_C) \tag{4.52}$$

例 4.15

本例对 A、B、C 3 个操作数节点进行水平输出合并组合运算。首先,将节点 A 与节点 B 水平合并为临时节点 A*B。然后,节点 A*B 与节点 C 输出合并为结果节点 A*B;C。图 4.33~图 4.35 和式(4.53)~式(4.55)中的拓扑表达式描述了此组合运算的 3 种状态。

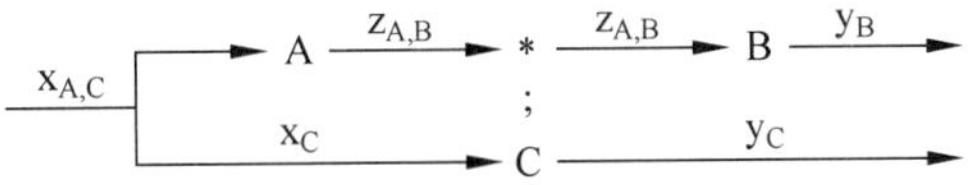

$$\xrightarrow{\quad x_{A,C} \quad} \begin{array}{c} \xrightarrow{\quad} A \xrightarrow{\quad z_{A,B} \quad} * \xrightarrow{\quad z_{A,B} \quad} B \xrightarrow{\quad y_B \quad} \\ ; \\ \xrightarrow{\quad} C \qquad\qquad \xrightarrow{\quad y_C \quad} \end{array}$$
$$\qquad\qquad\qquad x_C$$

图 4.33 节点 A、B、C 水平输出合并组合运算前的初始状态

$$[A](x_{A,C} | z_{A,B})*[B](z_{A,B} | y_B);[C](x_C | y_C) \tag{4.53}$$

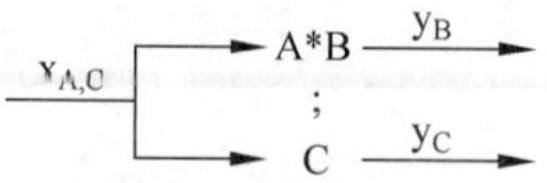

图 4.34 节点 A、B、C 水平输出合并组合运算的中间状态

$$[A * B](x_{A,C}|y_B);[C](x_{A,C}|y_C) \tag{4.54}$$

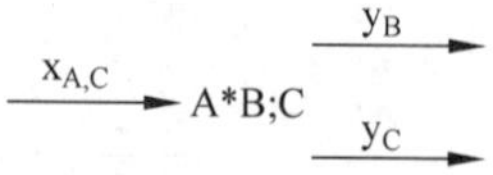

图 4.35 节点 A、B、C 水平输出合并组合运算的最终状态

$$[A * B;C](x_{A,C}|y_B,y_C) \tag{4.55}$$

例 4.16

本例对操作数节点 A/B:C 进行水平输出拆分组合运算。首先,该节点的输出被拆分为临时节点 A/B 和结果节点 C。然后,节点 A/B 水平分解为结果节点 A 和 B。该组合运算的 3 种状态由图 4.36～图 4.38 和式(4.56)～式(4.58)中的拓扑表达式描述。

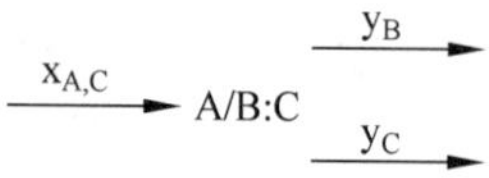

图 4.36 节点 A/B:C 水平输出拆分组合运算前的初始状态

$$[A/B:C](x_{A,C}|y_B,y_C) \tag{4.56}$$

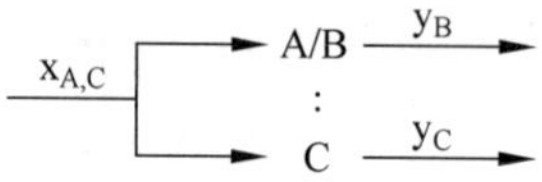

图 4.37 节点 A/B:C 水平输出拆分组合运算的中间状态

$$[A/B](x_{A,C}|y_B):[C](x_{A,C}|y_C) \tag{4.57}$$

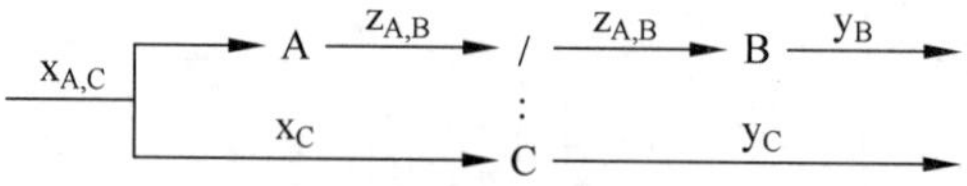

图 4.38 节点 A/B:C 水平输出拆分组合运算的最终状态

$$[A](x_{A,C}|z_{A,B})/[B](z_{A,B}|y_B):[C](x_C|y_C) \tag{4.58}$$

例 4.17

本例对 A、B、C 3 个操作数节点进行垂直输出合并组合运算。首先,将节点 A 与节点 B 垂直合并为临时节点 A+B。然后,节点 A+B 与节点 C 输出合并为结果节点 A+B;C。图 4.39～图 4.41 与式(4.59)～式(4.61)中的拓扑表达式描述了此组合运算的 3 种状态。

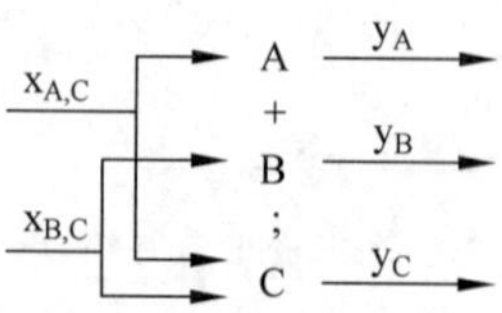

图 4.39 节点 A、B、C 垂直输出合并运算前的初始状态

$$[A]\,(x_{A,C}\,|\,y_A) + [B]\,(x_{B,C}\,|\,y_B)\,;\,[C]\,(x_{A,C},\,x_{B,C}\,|\,y_C) \tag{4.59}$$

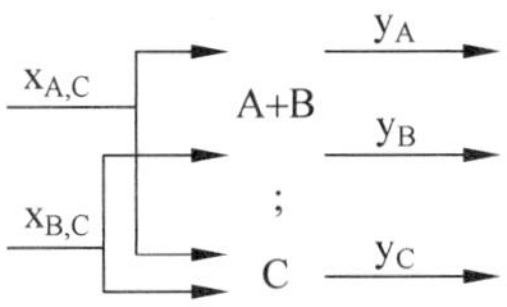

图 4.40 节点 A、B、C 垂直输出合并运算的中间状态

$$[A{+}B]\,(x_{A,C},\,x_{B,C}\,|\,y_A,\,y_B)\,;\,[C]\,(x_{A,C},\,x_{B,C}\,|\,y_C) \tag{4.60}$$

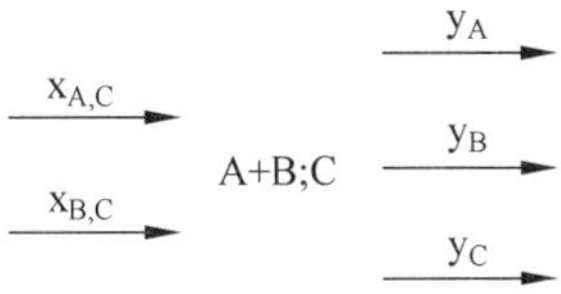

图 4.41 节点 A、B、C 垂直输出合并运算的最终状态

$$[A{+}B;C]\,(x_{A,C},\,x_{B,C}\,|\,y_A,\,y_B,\,y_C) \tag{4.61}$$

例 4.18

本例对操作数节点 A-B;C 进行垂直输出拆分组合运算。首先,该节点的输出被拆分为临时节点 A-B 和结果节点 C。然后,节点 A-B 垂直分解为结果节点 A 和 B。该组合运算的 3 种状态由图 4.42~图 4.44 和式(4.62)~式(4.64)中的拓扑表达式描述。

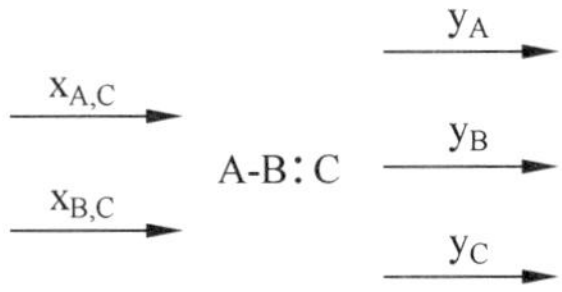

图 4.42 节点 A-B;C 垂直输出拆分组合运算前的初始状态

$$[A{-}B;C]\,(x_{A,C},\,x_{B,C}\,|\,y_A,\,y_B,\,y_C) \tag{4.62}$$

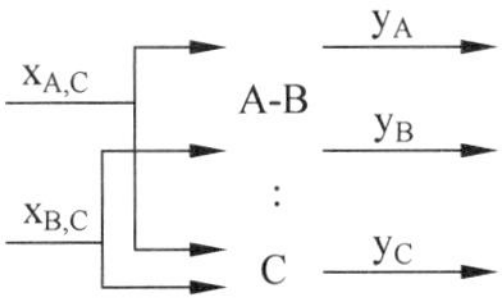

图 4.43 节点 A-B;C 垂直输出拆分组合运算的中间状态

$$[A{-}B]\,(x_{A,C},\,x_{B,C}\,|\,y_A,\,y_B)\,:\,[C]\,(x_{A,C},\,x_{B,C}\,|\,y_C) \tag{4.63}$$

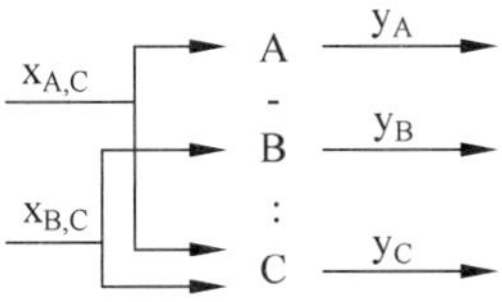

图 4.44 节点 A-B;C 垂直输出拆分组合运算的最终状态

$$[A]\,(x_{A,C}\,|\,y_A){-}[B]\,(x_{B,C}\,|\,y_B)\,:\,[C]\,(x_{A,C},\,x_{B,C}\,|\,y_C) \tag{4.64}$$

4.9 基本运算的比较

本章介绍的基本运算是本书所使用的语言合成方法的核心内容。合并运算旨在将 FN 内的网络化规则库组合成模糊系统的等效单规则库。相反,拆分运算旨在将模糊系统的单个规则库分解为 FN 中的语言等效网络化规则库。然而,在某些情况下,拆分运算可能有助于在语言合成过程中执行合并运算,这在本书的一些示例中得到了进一步说明。

大多数基本运算往往有解,唯一例外的是垂直拆分运算。然而,只有合并运算有唯一解,拆分运算通常有多个解。

表 4.1 总结了 FN 中不同类型基本运算解的特点。

第 5 章将从 FN 理论框架的角度介绍一些深层次的概念,值得一提的是,第 5 章还将讨论 FN 基本运算的几种结构特性。

表 4.1　FN 中不同类型基本运算解的特点

基本运算	组合性	存在性	唯一性
水平合并	是	是	是
水平拆分	否	是	否
垂直合并	是	是	是
垂直拆分	否	否	否
输出合并	是	是	是
输出拆分	否	是	否

第5章

基本运算的结构特性

5.1 结构特性简介

第 4 章介绍的基本运算可应用于单节点或双节点的简单 FN。然而，复杂 FN 中可能存在大量节点，因此为了使用语言合成方法，必须对所有节点执行运算。因此，知道如何在这种现实的复杂环境中执行基本运算非常重要。

解决上述问题的关键是了解基本运算的结构特性（structural property）。这些特性使得对复杂 FN 结构中节点的操作非常灵活。在这方面，每个合并运算的特性都具有与之相对应的拆分运算的特性。此时，拆分运算的特性与合并运算的特性具有逆向效应（inverse effect）。结构特性具有类似于数学运算的一些性质。然而，这些特性都与 FN 的运算相关，因为 FN 是一个新颖的概念，所以这些特性也具有新颖性。

所有的结构特性都会通过示例加以证明和说明，这些示例中的节点带有标量输入、输出和中间变量。这些证明和示例可直接扩展到向量。在证明和示例中，将布尔矩阵或二元关系作为节点级 FN 的形式模型，因为这些形式模型在语言合成方法中易于操作。因此，结构特性可视为一种黏合剂，把由复杂 FN 简化而来的模糊系统的基本模块（即节点上的基本运算）黏在一起。

5.2 水平合并的结合性

当 3 个连续节点水平合并为单个节点时，结合性（associativity）①是一种与水平合并运算相关的特性。具体来说，将 3 个操作数节点 A、B、C 合并为结果节点 A * B * C 时，既可从左至右也可从右至左地合并两个元运算序列。来自第一节点 A 的输出以中间变量的形式作为输入前馈到第二节点 B，第二节点 B 的输出以中间变量的形式作为输入前馈到第三节点 C。此时，结果节点 A * B * C 具有与第一操作数节点 A 相同的输入、与第三操作数节点 C 相同的输出，而两个中间变量不出现在结果节点中。

---

① 译者注：在数学中，结合律（associative laws）是二元运算的一种性质，指在一个包含两个以上的可结合算子的表示式中，只要算子的位置没有改变，其运算的顺序就不会对运算结果有影响。

证明 5.1

根据式(5.1),这里证明水平合并运算具备结合性。此时,任意 3 个操作数节点 A、B、C 从左至右的水平合并应等价于从右至左的水平合并。

$$(A * B) * C = A * (B * C) = A * B * C \tag{5.1}$$

该证明使用二元关系作为操作数节点 A、B、C 的形式模型,如式(5.2)~式(5.4)所示。此时,关系对的元素由 A 中的字母 a、B 中的字母 a 和 c、C 中的字母 c 来表示。简单起见,假设关系 B 中的所有对都可与左关系 A 和右关系 C 中的对合并。因此,B 中每对的第一个和第二个元素分别用 a 和 c 表示,而不是用 B 表示。

$$A = \{(a_1{}^1, a_2{}^1), \cdots, (a_1{}^p, a_2{}^p)\} \tag{5.2}$$

$$B = \{(a_2{}^1, c_1{}^1), \cdots, (a_2{}^1, c_1{}^q), \cdots, (a_2{}^p, c_1{}^1), \cdots, (a_2{}^p, c_1{}^q)\} \tag{5.3}$$

$$C = \{(c_1{}^1, c_2{}^1), \cdots, (c_1{}^q, c_2{}^q)\} \tag{5.4}$$

A 和 C 中关系对的第一个、第二个元素分别由下标 1 与 2 表示。A 和 C 中任何关系对的第一个、第二个元素的上标相同,因为它们表示每个关系对相应的序号。假设关系 A 有 p 对,关系 C 有 q 对。B 中任何关系对的第一个、第二个元素的下标分别为 2 与 1。也就是说,B 中每对元素的第一个元素必须与 A 中每对元素的第二个元素相同,而 B 中每对元素的第二个元素必须与 C 中每对元素的第一个元素相同。此时,关系 B 具有 p×q 对,B 中关系对元素的上标不必相同。

操作数关系 A 和 B 的水平合并得到临时关系 A * B,如式(5.5)所示。

$$A * B = \{(a_1{}^1, c_1{}^1), \cdots, (a_1{}^1, c_1{}^q), \cdots, (a_1{}^p, c_1{}^1), \cdots, (a_1{}^p, c_1{}^q)\} \tag{5.5}$$

此外,临时关系 A * B 和操作数关系 C 水平合并得到结果关系(A * B) * C,如式(5.6)所示。

$$(A * B) * C = \{(a_1{}^1, c_2{}^1), \cdots, (a_1{}^1, c_2{}^q), \cdots, (a_1{}^p, c_2{}^1), \cdots, (a_1{}^p, c_2{}^q)\} \tag{5.6}$$

另一方面,操作数关系 B 和 C 水平合并得到临时关系 B * C,如式(5.7)所示。

$$B * C = \{(a_2{}^1, c_2{}^1), \cdots, (a_2{}^1, c_2{}^q), \cdots, (a_2{}^p, c_2{}^1), \cdots, (a_2{}^p, c_2{}^q)\} \tag{5.7}$$

此时,操作数关系 A 和临时关系 B * C 水平合并得到结果关系 A * (B * C),与式(5.6)中的结果关系(A * B) * C 相同。这表明了式(5.1)的有效性,证毕。

例 5.1

本例中的 FN 含有 3 个顺序操作数节点。第一个、第二个节点 N_{11} 与 N_{12} 来自图 3.1 所示的四节点 FN。节点 N_{11}、N_{12} 由式(3.13)~式(3.14)中的布尔矩阵和式(3.17)~式(3.18)中的二元关系描述,而第三个节点 N_{13} 由式(5.8)中的布尔矩阵和式(5.9)中的二元关系描述。3 个节点之间的连接由式(5.10)~式(5.11)给出。

$$N_{13}: \qquad y_{13} \quad 1 \quad 2 \quad 3 \tag{5.8}$$

$$
\begin{array}{cccc}
x_{13} & & & \\
1 & 0 & 0 & 1 \\
2 & 0 & 1 & 0 \\
3 & 1 & 0 & 0 \\
\end{array}
$$

$$N_{13}: \quad \{(1, 3), (2, 2)(3, 1)\} \tag{5.9}$$

$$z_{11,12} = y_{11} = x_{12} \tag{5.10}$$

$$z_{12,13} = y_{12} = x_{13} \tag{5.11}$$

由节点 N_{11}、N_{12} 和 N_{13} 表示的三节点 FN 是图 3.1 中的四节点 FN 的扩展子网络。该三节点 FN 可通过图 5.1 和式(5.12)中的拓扑表达式来描述。

$$\xrightarrow{x_{11}} N_{11} \xrightarrow{z_{11,12}} * \xrightarrow{z_{11,12}} N_{12} \xrightarrow{z_{12,13}} * \xrightarrow{z_{12,13}} N_{13} \xrightarrow{y_{13}}$$

图 5.1 由节点 N_{11}、N_{12} 和 N_{13} 表示的 FN

$$[N_{11}](x_{11}|z_{11,12}) * [N_{12}](z_{11,12}|z_{12,13}) * [N_{13}](z_{12,13}|y_{13}) \tag{5.12}$$

图 5.1 中的第一个操作数节点 N_{11} 和第二个操作数节点 N_{12} 水平合并运算得到一个临时节点 N_{11*12}，该节点以双节点 FN 的形式与第三个操作数节点 N_{13} 右连接。该双节点 FN 可通过图 5.2 和式(5.13)中的拓扑表达式来描述。

$$\xrightarrow{x_{11}} N_{11*12} \xrightarrow{z_{11*12,13}} * \xrightarrow{z_{11*12,13}} N_{13} \xrightarrow{y_{13}}$$

图 5.2 由临时节点 N_{11*12} 和操作数节点 N_{13} 表示的 FN

$$[N_{11*12}](x_{11}|z_{11*12,13}) * [N_{13}](z_{11*12,13}|y_{13}) \tag{5.13}$$

此外，图 5.2 中的临时节点 N_{11*12} 和操作数节点 N_{13} 水平合并运算得到一个以单节点 FN 形式表示的结果节点 $N_{(11*12)*13}$。该单节点 FN 可通过图 5.3 和式(5.14)中的拓扑表达式来描述。

$$\xrightarrow{x_{11}} N_{(11*12)*13} \xrightarrow{y_{13}}$$

图 5.3 由结果节点 $N_{(11*12)*13}$ 表示的 FN

$$[N_{(11*12)*13}](x_{11}|y_{13}) \tag{5.14}$$

至此，结果节点 $N_{(11*12)*13}$ 可由式(5.15)中的布尔矩阵和式(5.16)中的二元关系描述。

$$N_{(11*12)*13}: \tag{5.15}$$

y_{13}	1	2	3
x_{11}			
1	0	1	0
2	0	0	1
3	1	0	0

$$N_{(11*12)*13}: \{(1, 2), (2, 3)(3, 1)\} \tag{5.16}$$

另一方面，图 5.1 中的第二个操作数节点 N_{12} 和第三个操作数节点 N_{13} 水平合并运算得到一个临时节点 N_{12*13}，该节点以双节点 FN 的形式与第一个操作数节点 N_{11} 左连接。该双节点 FN 可通过图 5.4 和式(5.17)中的拓扑表达式来描述。

$$\xrightarrow{x_{11}} N_{11} \xrightarrow{z_{11,12*13}} * \xrightarrow{z_{11,12*13}} N_{12*13} \xrightarrow{y_{13}}$$

图 5.4 由操作数节点 N_{11} 与临时节点 N_{12*13} 表示的 FN

$$[N_{11}](x_{11}|z_{11,12*13}) * [N_{12*13}](z_{11,12*13}|y_{13}) \tag{5.17}$$

此外，图 5.4 中的操作数节点 N_{11} 和临时节点 N_{12*13} 水平合并运算得到一个以单节点 FN 形式表示的结果节点 $N_{11*(12*13)}$。该单节点 FN 可通过图 5.5 和式(5.18)中的拓扑表达式来描述。

$$\xrightarrow{\quad x_{11} \quad} \boxed{N_{11*(12*13)}} \xrightarrow{\quad y_{13} \quad}$$

图 5.5　由结果节点 $N_{11*(12*13)}$ 表示的 FN

$$[N_{11*(12*13)}](x_{11} \mid y_{13}) \tag{5.18}$$

此时,结果节点 $N_{11*(12*13)}$ 也可由式(5.15)中的布尔矩阵和式(5.16)中的二元关系来描述。因此,$N_{11*(12*13)}$ 与 $N_{(11*12)*13}$ 相等,根据证明 5.1 中的式(5.1),该恒等式由式(5.19)定义。

$$N_{(11*12)*13} = N_{11*(12*13)} = N_{11*12*13} \tag{5.19}$$

例 5.2

本例中的 FN 含有 3 个顺序操作数节点。第一个、第二个节点 N_{21} 和 N_{22} 取自图 3.1 所示的四节点 FN。这两个节点由式(3.15)~式(3.16)中的布尔矩阵和式(3.19)~式(3.20)中的二元关系描述,而第三个节点 N_{23} 由式(5.20)中的布尔矩阵和式(5.21)中的二元关系描述。3 个节点之间的连接由式(5.22)~式(5.23)给出。

$$N_{23}: \quad y_{23} \quad 1 \quad 2 \quad 3 \tag{5.20}$$

$$
\begin{array}{cccc}
x_{23} & & & \\
1 & 0 & 0 & 1 \\
2 & 0 & 1 & 0 \\
3 & 1 & 0 & 0 \\
\end{array}
$$

$$N_{23}: \quad \{(1,3),(2,2)(3,1)\} \tag{5.21}$$

$$z_{21,22} = y_{21} = x_{22} \tag{5.22}$$

$$z_{22,23} = y_{22} = x_{23} \tag{5.23}$$

节点 N_{21}、N_{22} 和 N_{23} 表示的三节点 FN,是图 3.1 中四节点 FN 的扩展子网络。该三节点 FN 可通过图 5.6 和式(5.24)中的拓扑表达式来描述。

$$\xrightarrow{\ x_{21}\ } \boxed{N_{21}} \xrightarrow{z_{21,22}} * \xrightarrow{z_{21,22}} \boxed{N_{22}} \xrightarrow{z_{22,23}} * \xrightarrow{z_{22,23}} \boxed{N_{23}} \xrightarrow{\ y_{23}\ }$$

图 5.6　由操作数节点 N_{21}、N_{22} 和 N_{23} 表示的 FN

$$[N_{21}](x_{21} \mid z_{21,22}) * [N_{22}](z_{21,22} \mid z_{22,23}) * [N_{23}](z_{22,23} \mid y_{23}) \tag{5.24}$$

图 5.1 中的第一个操作数节点 N_{21} 和第二个操作数节点 N_{22} 水平合并运算得到一个临时节点 N_{21*22},该节点以双节点 FN 的形式与第三个操作数节点 N_{23} 右连接。该双节点 FN 可通过图 5.7 和式(5.25)中的拓扑表达式来描述。

$$\xrightarrow{\ x_{21}\ } \boxed{N_{21*22}} \xrightarrow{z_{21*22,23}} * \xrightarrow{z_{21*22,23}} \boxed{N_{23}} \xrightarrow{\ y_{23}\ }$$

图 5.7　由临时节点 N_{21*22} 和操作数节点 N_{23} 表示的 FN

$$[N_{21*22}](x_{21} \mid z_{21*22,23}) * [N_{23}](z_{21*22,23} \mid y_{23}) \tag{5.25}$$

此外,图 5.7 中的临时节点 N_{21*22} 和操作数节点 N_{23} 的水平合并运算得到一个以单节点 FN 形式表示的结果节点 $N_{(21*22)*23}$。该单节点 FN 可通过图 5.8 和式(5.26)中的拓扑表达式来描述。

$$[N_{(21*22)*23}](x_{21} \mid y_{23}) \tag{5.26}$$

此时,结果节点 $N_{(21*22)*23}$ 由式(5.27)中的布尔矩阵和式(5.28)中的二元关系描述。

$$\xrightarrow{\quad x_{21}\quad} N_{(21*22)*23} \xrightarrow{\quad y_{23}\quad}$$

图 5.8 由结果节点 $N_{(21*22)*23}$ 表示的 FN

$$N_{(21*22)*23}: \qquad y_{23} \quad 1 \quad 2 \quad 3 \qquad\qquad\qquad (5.27)$$

x_{21}			
1	0	0	1
2	1	0	0
3	0	1	0

$$N_{(21*22)*23}: \{(1,3),(2,1)(3,2)\} \qquad\qquad\qquad (5.28)$$

另一方面,图 5.6 中的第二个操作数节点 N_{22} 和第三个操作数节点 N_{23} 水平合并运算得到一个临时节点 N_{22*23},该节点以双节点 FN 的形式与第一个操作数节点 N_{21} 左连接。该双节点 FN 可通过图 5.9 和式(5.29)中的拓扑表达式来描述。

$$\xrightarrow{\quad x_{21}\quad} N_{21} \xrightarrow{\ z_{21,22*23}\ } * \xrightarrow{\ z_{21,22*23}\ } N_{22*23} \xrightarrow{\quad y_{23}\quad}$$

图 5.9 由操作数节点 N_{21} 与临时节点 N_{22*23} 表示的 FN

$$[N_{21}](x_{21}|z_{21,22*23}) \cdot [N_{22*23}](z_{21,22*23}|y_{23}) \qquad\qquad (5.29)$$

此外,图 5.9 中的操作数节点 N_{21} 和临时节点 N_{22*23} 水平合并运算得到一个以单节点 FN 形式表示的结果节点 $N_{21*(22*23)}$。该单节点 FN 可通过图 5.10 和式(5.30)中的拓扑表达式来描述。

$$\xrightarrow{\quad x_{21}\quad} N_{21*(22*23)} \xrightarrow{\quad y_{23}\quad}$$

图 5.10 由结果节点 $N_{21*(22*23)}$ 表示的 FN

$$[N_{21*(22*23)}](x_{21}|y_{23}) \qquad\qquad\qquad (5.30)$$

此时,结果节点 $N_{21*(22*23)}$ 也由式(5.27)中的布尔矩阵和式(5.28)中的二元关系来描述。因此,$N_{21*(22*23)}$ 与 $N_{(21*22)*23}$ 相同,根据证明 5.1 中的式(5.1),该恒等式由式(5.31)定义。

$$N_{(21*22)*23} = N_{21*(22*23)} = N_{21*22*23} \qquad\qquad (5.31)$$

5.3 水平拆分的可变性

当将单个节点水平拆分为 3 个连续节点时,可变性(variability)是一种与水平拆分运算相关的特性。具体来说,此特性允许将操作数节点 A/B/C 拆分为 3 个结果节点 A、B、C,从而作为两个一元拆分运算来执行,可从左至右或从右至左的执行。该特性始终有效,因为任何节点都可至少被拆分为自身和两个相同的恒等节点。这种情况来自于水平拆分运算的扩展,其中恒等结果节点可进一步分解为两个节点,这两个节点都与该结果节点相同。在一般情况下,第一个结果节点 A 的输入与操作数节点 A/B/C 的输入相同,第三个结果节点 C 的输出与操作数节点的输出相同。此外,两个中间变量出现在结果节点之间,其中一个位于 A 和 B 之间,另一个位于 B 和 C 之间。

证明 5.2

根据式(5.32),这里证明水平拆分运算具备可变性。此时,任何单个操作数节点 A/B/C 从左至右的水平拆分应该等同于其从右至左的水平拆分。

$$A,(B/C)=(A/B),C=A,B,C \tag{5.32}$$

该证明使用二元关系作为操作数节点 A/B/C 的形式模型,如式(5.33)所示。此时,A/B/C 中每对元素的第一个元素和第二个元素分别由 a 和 c 表示。

$$A/B/C = \{(a_1^1, c_2^1),\cdots,(a_1^1, c_2^q),\cdots,(a_1^p, c_2^1),\cdots,(a_1^p, c_2^q)\} \tag{5.33}$$

A/B/C 中任何关系对的第一个元素、第二个元素分别由下标 1 与 2 表示。此时,关系 A/B/C 具有 p×q 对,并且 A/B/C 中的关系对的元素的上标不必相同。

操作数关系 A/B/C 从左至右的水平分解运算得到式(5.34)中的结果关系 A 及式(5.35)中的临时关系 B/C。

$$A= \{(a_1^1,a_2^1),\cdots,(a_1^p,a_2^p)\} \tag{5.34}$$

$$B/C= \{(a_2^1, c_2^1),\cdots,(a_2^1, c_2^q),\cdots,(a_2^p, c_2^1),\cdots,(a_2^p, c_2^q)\} \tag{5.35}$$

此外,临时关系 B/C 的水平分解运算得到结果关系 B 和 C,如式(5.36)～式(5.37)所示。

$$B= \{(a_2^1, c_1^1),\cdots,(a_2^1, c_1^q),\cdots,(a_2^p, c_1^1),\cdots,(a_2^p, c_1^q)\} \tag{5.36}$$

$$C= \{(c_1^1, c_2^1),\cdots,(c_1^q, c_2^q)\} \tag{5.37}$$

另一方面,操作数关系 A/B/C 从右至左水平分解后,得到式(5.38)中的临时关系 A/B 和与式(5.37)中的结果关系相同的结果关系 C。

$$A/B= \{(a_1^1, c_1^1),\cdots,(a_1^1, c_1^q),\cdots,(a_1^p, c_1^1),\cdots,(a_1^p, c_1^q)\} \tag{5.38}$$

此时,临时关系 A/B 水平拆分运算得到结果关系 A 与 B,与式(5.34)及式(5.36)的结果关系相同,这意味着式(5.32)的有效性,证毕。

例 5.3

本例中的单节点 FN 位于较大 FN 的第一级。该单节点 FN 具有一个单操作数节点 $N_{11/12/13}$,$N_{11/12/13}$ 由式(5.15)中的布尔矩阵和式(5.16)中的二元关系描述。单节点 FN 可由图 5.11 和式(5.39)中的拓扑表达式描述。

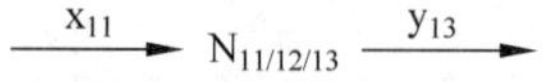

$$\xrightarrow{x_{11}} \boxed{N_{11/12/13}} \xrightarrow{y_{13}}$$

图 5.11   由操作数节点 $N_{11/12/13}$ 表示的 FN

$$[N_{11/12/13}] (x_{11} | y_{13}) \tag{5.39}$$

操作数节点 $N_{11/12/13}$ 从左至右水平分解运算生成结果节点 N_{11},该结果节点通过中间变量 $z_{11,12/13}$ 与临时节点 $N_{12/13}$ 右连接。此时,节点 N_{11} 可通过式(3.13)中的布尔矩阵和式(3.17)中的二元关系来描述,节点 $N_{12/13}$ 可通过式(3.15)中的布尔矩阵和式(3.29)中的二元关系来描述。

上述运算的最终结果是一个双节点 FN,可通过图 5.12 和式(5.40)中的拓扑表达式来描述。

$$[N_{11}] (x_{11} | z_{11,12/13}) / [N_{12/13}] (z_{11,12/13} | y_{13}) \tag{5.40}$$

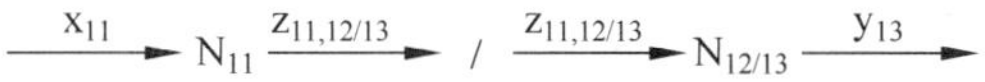

$$\xrightarrow{\quad x_{11} \quad} N_{11} \xrightarrow{\quad z_{11,12/13} \quad} / \xrightarrow{\quad z_{11,12/13} \quad} N_{12/13} \xrightarrow{\quad y_{13} \quad}$$

图 5.12　由结果节点 N_{11} 与临时节点 $N_{12/13}$ 表示的 FN

此外,临时节点 $N_{12/13}$ 水平拆分运算生成了两个结果节点 N_{12} 和 N_{13},它们通过中间变量 $z_{12,13}$ 彼此连接。因此,为了一致性,将另一中间变量 $z_{11,12/13}$ 重命名为 $z_{11,12}$。此时,节点 N_{12} 可由式(3.14)中的布尔矩阵和式(3.18)中的二元关系来描述,而节点 N_{13} 可由式(5.8)中的布尔矩阵和式(5.9)中的二元关系来描述。

上述两种运算的最终结果是一个三节点 FN,该三节点 FN 可通过图 5.13 和式(5.41)中的拓扑表达式来描述。

$$\xrightarrow{\quad x_{11} \quad} N_{11} \xrightarrow{\quad z_{11,12} \quad} / \xrightarrow{\quad z_{11,12} \quad} N_{12} \xrightarrow{\quad z_{12,13} \quad} / \xrightarrow{\quad z_{12,13} \quad} N_{13} \xrightarrow{\quad y_{13} \quad}$$

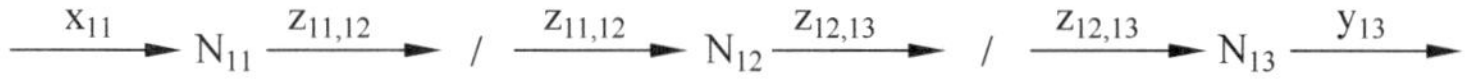

图 5.13　由结果节点 N_{11}、N_{12} 与 N_{13} 表示的 FN

$$[N_{11}](x_{11}|z_{11,12}) / [N_{12}](z_{11,12}|z_{12,13}) / [N_{13}](z_{12,13}|y_{13}) \tag{5.41}$$

另一方面,操作数节点 $N_{11/12/13}$ 从右至左水平拆分后得到结果节点 N_{13},N_{13} 通过中间变量 $z_{11/12,13}$ 与临时节点 $N_{11/12}$ 左连接。此时,节点 N_{13} 可通过式(5.8)中的布尔矩阵和式(5.9)中的二元关系来描述,而节点 $N_{11/12}$ 可通过式(4.3)中的布尔矩阵和式(4.4)中的二元关系来描述。

上述运算的最终结果是一个双节点 FN,该双节点 FN 可通过图 5.14 和式(5.42)中的拓扑表达式来描述。

$$\xrightarrow{\quad x_{11} \quad} N_{11/12} \xrightarrow{\quad z_{11/12,13} \quad} / \xrightarrow{\quad z_{11/12,13} \quad} N_{13} \xrightarrow{\quad y_{13} \quad}$$

图 5.14　由临时节点 $N_{11/12}$ 与结果节点 N_{13} 表示的 FN

$$[N_{11/12}](x_{11}|z_{11/12,13}) / [N_{13}](z_{11/12,13}|y_{13}) \tag{5.42}$$

此外,临时节点 $N_{11/12}$ 水平拆分后生成两个结果节点 N_{11} 和 N_{12},它们通过中间变量 $z_{11,12}$ 彼此连接。因此,为了一致性,将另一中间变量 $z_{11,12/13}$ 重命名为 $z_{12,13}$。此时,节点 N_{11} 可通过式(3.13)中的布尔矩阵和式(3.17)中的二元关系来描述,而节点 N_{12} 可通过式(3.14)中的布尔矩阵和式(3.28)中的二元关系来描述。

上述两种运算的最终结果是一个三节点 FN,该 FN 可通过图 5.13 中的方框图和式(5.41)中的拓扑表达式来描述。

因此,对于从左至右和从右至左的两种情况,操作数节点 $N_{11/12/13}$ 的水平拆分都会生成一组相同的结果节点 $\{N_{11}, N_{12}, N_{13}\}$。根据证明 5.2 中的式(5.32),该恒等式由式(5.43)定义。

$$N_{11}, N_{12/13} = N_{11/12}, N_{13} = N_{11}, N_{12}, N_{13} \tag{5.43}$$

例 5.4

本例中的单节点 FN 位于较大 FN 的第二级。该单节点 FN 具有一个单操作数节点 $N_{21/22/23}$,$N_{21/22/23}$ 由式(5.27)中的布尔矩阵和式(5.28)中的二元关系描述。单节点 FN 可通过图 5.15 和式(5.44)中的拓扑表达式来描述。

$$[N_{21/22/23}](x_{21}|y_{23}) \tag{5.44}$$

操作数节点 $N_{21/22/23}$ 从左至右水平分解后生成结果节点 N_{21},该结果节点通过中间变

$$\xrightarrow{\quad x_{21}\quad} \boxed{N_{21/22/23}} \xrightarrow{\quad y_{23}\quad}$$

图 5.15　由操作数节点 $N_{21/22/23}$ 表示的 FN

量 $z_{21,22/23}$ 与临时节点 $N_{22/23}$ 右连接。此时,节点 N_{21} 可通过式(3.15)中的布尔矩阵和式(3.19)中的二元关系来描述,而节点 $N_{22/23}$ 可通过式(3.13)中的布尔矩阵和式(3.17)中的二元关系来描述。

上述运算的最终结果是一个双节点 FN,该 FN 可通过图 5.16 和式(5.45)中的拓扑表达式来描述。

$$\xrightarrow{\quad x_{21}\quad} \boxed{N_{21}} \xrightarrow{\quad z_{21,22/23}\quad} / \xrightarrow{\quad z_{21,22/23}\quad} \boxed{N_{22/23}} \xrightarrow{\quad y_{23}\quad}$$

图 5.16　由结果节点 N_{21} 与临时节点 $N_{22/23}$ 表示的 FN

$$[N_{21}](x_{21}|z_{21,22/23}) / [N_{22/23}](z_{21,22/23}|y_{23}) \tag{5.45}$$

此外,临时节点 $N_{22/23}$ 水平拆分后生成两个结果节点 N_{22} 和 N_{23},它们通过中间变量 $z_{22,23}$ 彼此连接,为保持一致性,将另一中间变量 $z_{21,22/23}$ 重命名为 $z_{21,22}$。此时,节点 N_{22} 可由式(3.16)中的布尔矩阵和式(3.20)中的二元关系来描述,而节点 N_{23} 可由式(5.20)中的布尔矩阵和式(5.21)中的二元关系来描述。

上述两种运算的最终结果是一个三节点 FN,该 FN 可通过图 5.17 和式(5.46)中的拓扑表达式来描述。

$$\xrightarrow{\quad x_{21}\quad} \boxed{N_{21}} \xrightarrow{\ z_{21,22}\ } / \xrightarrow{\ z_{21,22}\ } \boxed{N_{22}} \xrightarrow{\ z_{22,23}\ } / \xrightarrow{\ z_{22,23}\ } \boxed{N_{23}} \xrightarrow{\ y_{23}\ }$$

图 5.17　由结果节点 N_{21}、N_{22} 与 N_{23} 表示的 FN

$$[N_{21}](x_{21}|z_{21,22}) / [N_{22}](z_{21,22}|z_{22,23}) / [N_{23}](z_{22,23}|y_{23}) \tag{5.46}$$

另一方面,操作数节点 $N_{21/22/23}$ 从右至左水平拆分生成结果节点 N_{23},该结果节点通过中间变量 $z_{21/22,23}$ 与临时节点 $N_{21/22}$ 左连接。此时,节点 N_{23} 可由式(5.20)中的布尔矩阵和式(5.21)中的二元关系来描述,而节点 $N_{21/22}$ 可由式(4.7)中的布尔矩阵和式(4.8)中的二元关系来描述。

上述运算的最终结果是一个双节点 FN,该 FN 可通过图 5.18 和式(5.47)中的拓扑表达式来描述。

$$\xrightarrow{\quad x_{21}\quad} \boxed{N_{21/22}} \xrightarrow{\ z_{21/22,23}\ } / \xrightarrow{\ z_{21,22/23}\ } \boxed{N_{23}} \xrightarrow{\ y_{23}\ }$$

图 5.18　由临时节点 $N_{21/22}$ 与结果节点 N_{23} 表示的 FN

$$[N_{21/22}](x_{21}|z_{21/22,23}) / [N_{23}](z_{21,22/23}|y_{23}) \tag{5.47}$$

此外,临时节点 $N_{21/22}$ 水平拆分生成两个结果节点 N_{21} 和 N_{22},它们通过中间变量 $z_{21,22}$ 彼此连接,为保持一致性,将另一中间变量 $z_{21,22/23}$ 重命名为 $z_{22,23}$。此时,节点 N_{21} 可通过式(3.15)中的布尔矩阵和式(3.19)中的二元关系来描述,而节点 N_{22} 可通过式(3.16)中的布尔矩阵和式(3.20)中的二元关系来描述。

上述两种运算的最终结果是一个三节点 FN,该 FN 可通过图 5.17 中的方框图和式(5.46)中的拓扑表达式来描述。

因此,对于从左至右和从右至左两种情况,操作数节点 $N_{21/22/23}$ 的水平拆分运算都会生成一组相同的结果节点 $\{N_{21}, N_{22}, N_{23}\}$。根据证明 5.2 中的等式(5.32),该恒等式由式(5.48)定义。

$$N_{21}, N_{22/23} = N_{21/22}, N_{23} = N_{21}, N_{22}, N_{23} \tag{5.48}$$

5.4 垂直合并的结合性

当将垂直合并应用于3个并行节点以将它们合并为一个单节点时,结合性是一个与垂直合并运算相关的特性。具体来说,3个操作数节点 A、B、C 合并为结果节点 A+B+C 时,既可从上至下也可从下至上执行两个二元合并运算。当3个节点 A、B、C 中的每个节点的输入与输出独立时,可应用该特性。此时,结果节点 A+B+C 的输入集是操作数节点 A、B、C 的输入的并集,而结果节点的输出集是操作数节点输出的并集。

证明 5.3

根据式(5.49),这里证明垂直合并运算具备结合性。此时,任何3个操作数节点 A、B、C 从上至下垂直合并应该等同于从下至上垂直合并。

$$(A+B)+C = A+(B+C) = A+B+C \tag{5.49}$$

该证明将二元关系作为操作数节点 A、B、C 的形式模型,如式(5.50)~式(5.52)所示。此时,关系对中的元素由 A 中的字母 a、B 中的字母 b 和 C 中的字母 c 表示。

$$A = \{(a_1^{\ 1},\ a_2^{\ 1}),\cdots,(a_1^{\ p},\ a_2^{\ p})\} \tag{5.50}$$

$$B = \{(b_1^{\ 1},\ b_2^{\ 1}),\cdots,(b_1^{\ q},\ b_2^{\ q})\} \tag{5.51}$$

$$C = \{(c_1^{\ 1},\ c_2^{\ 1}),\cdots,(c_1^{\ r},\ c_2^{\ r})\} \tag{5.52}$$

A、B、C 中任何关系对的第一个、第二个元素分别由下标1和2表示。然而,A、B、C 中任何关系对的第一个、第二个元素的上标都是相同的,因为它们表示每个关系对的序号。具体来说,关系 A 有 p 对,关系 B 有 q 对,而关系 C 有 r 对。

操作数关系 A 与 B 垂直组合(vertical composition)得到临时关系 A+B,如式(5.53)所示。

$$A+B = \{(a_1^{\ 1}b_1^{\ 1},\ a_2^{\ 1}b_2^{\ 1}),\cdots,(a_1^{\ 1}b_1^{\ q},\ a_2^{\ 1}b_2^{\ q}),\cdots, \tag{5.53}$$
$$(a_1^{\ p}b_1^{\ 1},\ a_2^{\ p}b_2^{\ 1}),\cdots,(a_1^{\ p}b_1^{\ q},\ a_2^{\ p}b_2^{\ q})\}$$

此外,临时关系 A+B 和操作数关系 C 的垂直组合得到乘积关系(A+B)+C,如式(5.54)所示。

$$(A+B)+C = \{(a_1^{\ 1}b_1^{\ 1}c_1^{\ 1},\ a_2^{\ 1}b_2^{\ 1}c_2^{\ 1}),\cdots,(a_1^{\ 1}b_1^{\ 1}c_1^{\ r},\ a_2^{\ 1}b_2^{\ 1}c_2^{\ r}),\cdots, \tag{5.54}$$
$$(a_1^{\ 1}\ b_1^{\ q}c_1^{\ 1},\ a_2^{\ 1}\ b_2^{\ q}c_2^{\ 1}),\cdots,(a_1^{\ 1}\ b_1^{\ q}c_1^{\ r},\ a_2^{\ 1}\ b_2^{\ q}c_2^{\ r}),\cdots,$$
$$(a_1^{\ p}\ b_1^{\ 1}c_1^{\ 1},\ a_2^{\ p}b_2^{\ 1}c_2^{\ 1}),\cdots,(a_1^{\ p}\ b_1^{\ 1}c_1^{\ r},\ a_2^{\ p}b_2^{\ 1}c_2^{\ r}),\cdots,$$
$$(a_1^{\ p}\ b_1^{\ q}c_1^{\ 1},\ a_2^{\ p}b_2^{\ q}c_2^{\ 1}),\cdots,(a_1^{\ p}b_1^{\ q}c_1^{\ r},\ a_2^{\ p}\ b_2^{\ q}c_2^{\ r})\}$$

另一方面,操作数关系 B 和 C 的垂直组合得到临时关系 B+C,如式(5.55)所示。

$$B+C = \{(b_1^{\ 1}c_1^{\ 1},\ b_2^{\ 1}c_2^{\ 1}),\cdots,(b_1^{\ 1}c_1^{\ r},\ b_2^{\ 1}c_2^{\ r}),\cdots, \tag{5.55}$$
$$(b_1^{\ q}c_1^{\ 1},\ b_2^{\ q}c_2^{\ 1}),\cdots,(b_1^{\ q}c_1^{\ r},\ b_2^{\ q}c_2^{\ r})\}$$

此时,操作数关系 A 和临时关系 B+C 的垂直组合得到结果关系 A+(B+C)。由于后者与式(5.54)中的结果关系(A+B)+C 相同,这表明了等式(5.49)的有效性,证毕。

例 5.5

本例中的 FN 有 3 个并行操作数节点。第一个、第二个节点 N_{11} 和 N_{21} 取自图 3.1 所示的四节点 FN。这两个节点由布尔矩阵和式(3.13)、式(3.15)、式(3.17)及式(3.19)中的二元关系描述,而第三个节点 N_{31} 由式(5.56)中的布尔矩阵和式(5.57)中的二元关系描述。

$$N_{31}: \qquad y_{31} \quad 1 \quad 2 \quad 3 \tag{5.56}$$

$$
\begin{array}{c}
x_{31} \\
1 \\
2 \\
3
\end{array}
\qquad
\begin{array}{ccc}
0 & 0 & 1 \\
0 & 1 & 0 \\
1 & 0 & 0
\end{array}
$$

$$N_{31}: \quad \{(1,3),(2,2)(3,1)\} \tag{5.57}$$

节点 N_{11}、N_{21} 和 N_{31} 表示三节点 FN,它是图 3.1 所示的四节点 FN 的扩展子网络。这种三节点 FN 可通过图 5.19 和式(5.58)中的拓扑表达式来描述。

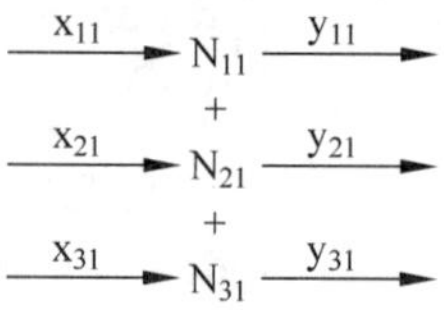

图 5.19　由操作数节点 N_{11}、N_{21} 和 N_{31} 表示的 FN

$$[N_{11}](x_{11}|y_{11}) + [N_{21}](x_{21}|y_{21}) + [N_{31}](x_{31}|y_{31}) \tag{5.58}$$

图 5.19 中的第一操作数节点 N_{11} 和第二操作数节点 N_{21} 的垂直合并运算生成了临时节点 N_{11+21},该临时节点可用式(4.25)中的布尔矩阵和式(4.26)中的二元关系来描述。该临时节点在底部以双节点 FN 的形式与第三操作数节点 N_{31} 连接。后者可通过图 5.20 和式(5.59)中的拓扑表达式来描述。

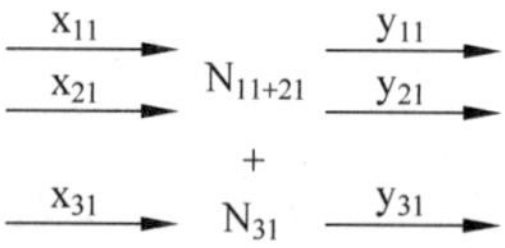

图 5.20　由临时节点 N_{11+21} 和操作数节点 N_{31} 表示的 FN

$$[N_{11+21}](x_{11},x_{21}|y_{11},y_{21}) + [N_{31}](x_{31}|y_{31}) \tag{5.59}$$

此外,图 5.20 中的临时节点 N_{11+21} 和操作数节点 N_{31} 的垂直合并运算得到以单节点 FN 形式表示的结果节点 $N_{(11+21)+31}$。后者可通过图 5.21 和式(5.60)中的拓扑表达式来描述。

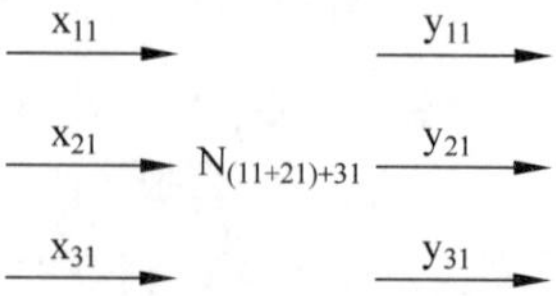

图 5.21　由结果节点 $N_{(11+21)+31}$ 表示的 FN

$$[N_{(11+21)+31}](x_{11},x_{21},x_{31}|y_{11},y_{21},y_{31}) \tag{5.60}$$

因此,结果节点 $N_{(11+21)+31}$ 可由式(5.61)中的布尔矩阵和式(5.62)中的二元关系描述。在这种情况下,布尔矩阵的标签和元素由紧凑符号表示。具体来说,每个大写字母 A、B、C、D、E、F、G、H、I 代表括号中连续的 3 行和 3 列。例如,1_3 表示式(5.56)中的 3 阶布尔方阵,0_3 表示 3 阶全零布尔方阵。

$$N_{(11+21)+31}: \quad y_{11}, y_{21}, y_{31} \quad A \quad B \quad C \quad D \quad E \quad F \quad G \quad H \quad I \tag{5.61}$$

x_{11}, x_{21}, x_{31}									
A (111-113)	0_3	1_3	0_3	0_3	0_3	0_3	0_3	0_3	0_3
B (121-123)	1_3	0_3	0_3	0_3	0_3	0_3	0_3	0_3	0_3
C (131-133)	0_3	0_3	1_3	0_3	0_3	0_3	0_3	0_3	0_3
D (211-213)	0_3	0_3	0_3	0_3	0_3	0_3	0_3	1_3	0_3
E (221-223)	0_3	0_3	0_3	0_3	0_3	0_3	1_3	0_3	0_3
F (231-233)	0_3	0_3	0_3	0_3	0_3	0_3	0_3	0_3	1_3
G (311-313)	0_3	0_3	0_3	0_3	1_3	0_3	0_3	0_3	0_3
H (321-323)	0_3	0_3	0_3	1_3	0_3	0_3	0_3	0_3	0_3
I (331-333)	0_3	0_3	0_3	0_3	0_3	1_3	0_3	0_3	0_3

$$N_{(11+21)+31}: \{(111, 123), (112, 122), (113, 121), \tag{5.62}$$
$$(121, 113), (122, 112), (123, 111),$$
$$(131, 133), (132, 132), (133, 131),$$
$$(211, 323), (212, 322), (213, 321),$$
$$(221, 313), (222, 312), (223, 311),$$
$$(231, 333), (232, 332), (233, 331),$$
$$(311, 223), (312, 222), (313, 221),$$
$$(321, 213), (322, 212), (323, 211),$$
$$(331, 233), (332, 232), (333, 231)\}$$

另一方面,图 5.19 中的第二操作数节点 N_{21} 和第三操作数节点 N_{31} 的垂直合并运算生成了一个临时节点 N_{21+31},该临时节点可用式(5.63)中的布尔矩阵和式(5.64)中的二元关系来描述。该临时节点在顶部以双节点 FN 的形式与第一操作数节点 N_{11} 连接。后者可通过图 5.22 和式(5.65)中的拓扑表达式来描述。

$$N_{21+31}: \quad y_{21}, y_{31} \quad 11 \quad 12 \quad 13 \quad 21 \quad 22 \quad 23 \quad 31 \quad 32 \quad 33 \tag{5.63}$$

x_{21}, x_{31}	11	12	13	21	22	23	31	32	33
11	0	0	0	0	0	1	0	0	0
12	0	0	0	0	1	0	0	0	0
13	0	0	0	1	0	0	0	0	0
21	0	0	1	0	0	0	0	0	0
22	0	1	0	0	0	0	0	0	0
23	1	0	0	0	0	0	0	0	0
31	0	0	0	0	0	0	0	0	1
32	0	0	0	0	0	0	0	1	0
33	0	0	0	0	0	0	1	0	0

$$N_{21+31}: \{(11, 23), (12, 22), (13, 21), \tag{5.64}$$
$$(21, 13), (22, 12), (23, 11),$$
$$(31, 33), (32, 32), (33, 31)\}$$

$$[N_{11}](x_{11} | y_{11}) + [N_{21+31}](x_{21}, x_{31} | y_{21}, y_{31}) \tag{5.65}$$

此外,图 5.22 中的操作数节点 N_{11} 和临时节点 N_{21+31} 的垂直合并运算生成了以单节点 FN 形式表示的结果节点 $N_{11+(21+31)}$。该单节点 FN 可通过图 5.23 和式(5.66)中的拓扑表达式来描述。

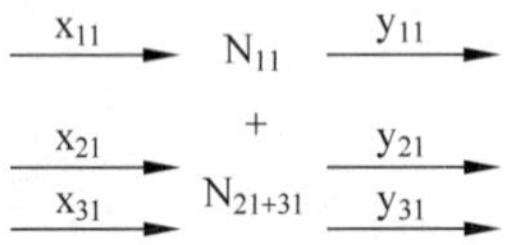

图 5.22 由操作数节点 N_{11} 与临时节点 N_{21+31} 表示的 FN 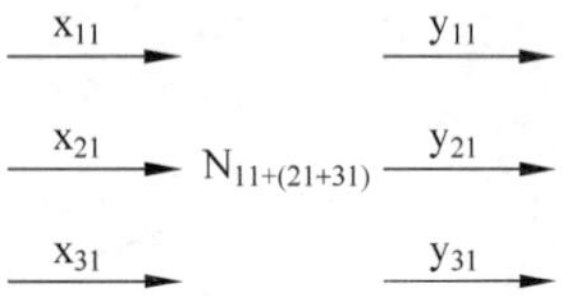   图 5.23 由结果节点 $N_{11+(21+31)}$ 表示的 FN

$$[N_{11+(21+31)}](x_{11}, x_{21}, x_{31} | y_{11}, y_{21}, y_{31}) \tag{5.66}$$

此时,结果节点 $N_{11+(21+31)}$ 也由式(5.61)中的布尔矩阵和式(5.62)中的二元关系来描述。因此,$N_{11+(21+31)}$ 与 $N_{(11+21)+31}$ 相同,根据证明 5.3 中的式(5.49),该恒等式由式(5.67)定义。

$$N_{(11+21)+31} = N_{11+(21+31)} = N_{11+21+31} \tag{5.67}$$

例 5.6

本例中的 FN 有 3 个并行操作数节点。第一个节点 N_{12} 和第二个节点 N_{22} 取自图 3.1 所示的四节点 FN。这两个节点由布尔矩阵和式(3.14)、式(3.16)、式(3.28)及式(3.20)中的二元关系描述,而第三个节点 N_{32} 由式(5.68)中的布尔矩阵和式(5.69)中的二元关系描述。

$$N_{32}: \quad y_{32} \quad 1 \quad 2 \quad 3 \tag{5.68}$$

x_{32}			
1	0	0	1
2	0	1	0
3	1	0	0

$$N_{32}: \{(1, 3), (2, 2)(3, 1)\} \tag{5.69}$$

由节点 N_{12}、N_{22} 和 N_{32} 表示的三节点 FN,是图 3.1 所示的四节点 FN 的扩展子网络。这种三节点 FN 可通过图 5.24 和式(5.70)中的拓扑表达式来描述。

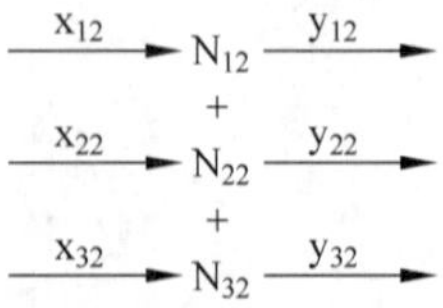

图 5.24 由操作数节点 N_{12},N_{22} 与 N_{32} 表示的 FN

$$[N_{12}](x_{12} | y_{12}) + [N_{22}](x_{22} | y_{22}) + [N_{32}](x_{32} | y_{32}) \tag{5.70}$$

图 5.24 中的第一操作数节点 N_{12} 和第二操作数节点 N_{22} 的垂直合并运算生成临时节

点 N_{12+22}，N_{12+22} 可用式(4.29)中的布尔矩阵和式(4.30)中的二元关系来描述。该临时节点在底部以双节点 FN 的形式与第三操作数节点 N_{32} 连接。该双节点 FN 可通过图 5.25 和式(5.71)中的拓扑表达式来描述。

$$[N_{12+22}](x_{12}，x_{22}|y_{12}，y_{22}) + [N_{32}](x_{32}|y_{32}) \tag{5.71}$$

此外，图 5.25 中的临时节点 N_{12+22} 和操作数节点 N_{32} 的垂直合并运算生成了一个单节点 FN 形式的结果节点 $N_{(12+22)+32}$。该单节点 FN 可通过图 5.26 和式(5.72)中的拓扑表达式来描述。

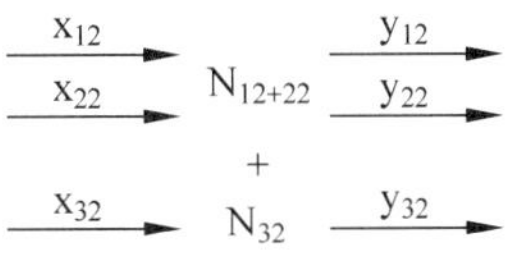

图 5.25 由临时节点 N_{12+22} 与操作数节点 N_{32} 表示的 FN

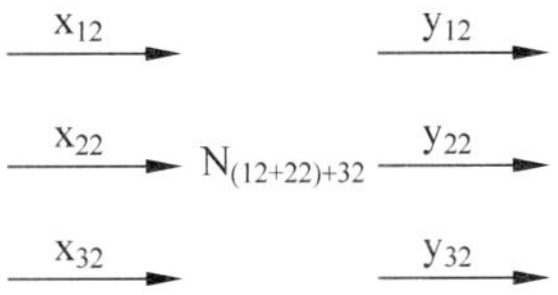

图 5.26 由结果节点 $N_{(12+22)+32}$ 表示的 FN

$$[N_{(12+22)+32}](x_{12}，x_{22}，x_{32}|y_{12}，y_{22}，y_{32}) \tag{5.72}$$

因此，结果节点 $N_{(12+22)+32}$ 可由式(5.73)中的布尔矩阵和式(5.74)中的二元关系描述。其中，布尔矩阵的标签和元素由紧凑符号表示。具体来说，每个大写字母 A、B、C、D、E、F、G、H、I 代表括号中连续的 3 行与 3 列，例如，1_3 表示式(5.68)中的 3 阶布尔方阵，0_3 表示 3 阶全零布尔方阵。

$$N_{(12+22)+32}: \quad y_{12}，y_{22}，y_{32} \quad \text{A B C D E F G H I} \tag{5.73}$$

x_{12}，x_{22}，x_{32}	A	B	C	D	E	F	G	H	I
A (111-113)	0_3	0_3	0_3	0_3	0_3	1_3	0_3	0_3	0_3
B (121-123)	0_3	0_3	0_3	1_3	0_3	0_3	0_3	0_3	0_3
C (131-133)	0_3	0_3	0_3	0_3	1_3	0_3	0_3	0_3	0_3
D (211-213)	0_3	0_3	0_3	0_3	0_3	0_3	0_3	0_3	1_3
E (221-223)	0_3	0_3	0_3	0_3	0_3	1_3	0_3	0_3	0_3
F (231-233)	0_3	0_3	0_3	0_3	0_3	0_3	0_3	1_3	0_3
G (311-313)	0_3	0_3	1_3	0_3	0_3	0_3	0_3	0_3	0_3
H (321-323)	1_3	0_3	0_3	0_3	0_3	0_3	0_3	0_3	0_3
I (331-333)	0_3	1_3	0_3	0_3	0_3	0_3	0_3	0_3	0_3

$$
\begin{aligned}
N_{(12+22)+32}: \{&(111,233),(112,232),(113,231), \\
&(121,213),(122,212),(123,211), \\
&(131,223),(132,222),(133,221), \\
&(211,333),(212,332),(213,331), \\
&(221,313),(222,312),(223,311), \\
&(231,323),(232,322),(233,321), \\
&(311,133),(312,132),(313,131), \\
&(321,113),(322,112),(323,111), \\
&(331,123),(332,122),(333,121)\}
\end{aligned} \tag{5.74}
$$

另一方面,图 5.24 中的第二操作数节点 N_{22} 和第三操作数节点 N_{32} 的垂直合并运算生成临时节点 N_{22+32},N_{22+32} 可用式(5.75)中的布尔矩阵和式(5.76)中的二元关系来描述。该临时节点在顶部以双节点 FN 的形式与第一操作数节点 N_{12} 连接。该双节点 FN 可通过图 5.27 和式(5.77)中的拓扑表达式来描述。

N_{22+32}: y_{22}, y_{32}	11	12	13	21	22	23	31	32	33	(5.75)
x_{22}, x_{32}										
11	0	0	0	0	0	0	0	0	1	
12	0	0	0	0	0	0	0	1	0	
13	0	0	0	0	0	0	1	0	0	
21	0	0	1	0	0	0	0	0	0	
22	0	1	0	0	0	0	0	0	0	
23	1	0	0	0	0	0	0	0	0	
31	0	0	0	0	0	1	0	0	0	
32	0	0	0	0	1	0	0	0	0	
33	0	0	0	1	0	0	0	0	0	

$$N_{22+32}: \{(11, 33), (12, 32), (13, 31), \tag{5.76}$$
$$(21, 13), (22, 12), (23, 11),$$
$$(31, 23), (32, 22), (33, 21)\}$$

$$[N_{12}](x_{12} \mid y_{12}) + [N_{22+32}](x_{22}, x_{32} \mid y_{22}, y_{32}) \tag{5.77}$$

此外,图 5.27 中的操作数节点 N_{12} 和临时节点 N_{22+32} 的垂直合并运算生成单节点 FN 形式的结果节点 $N_{12+(22+32)}$。该单节点 FN 可通过图 5.28 和式(5.78)中的拓扑表达式来描述。

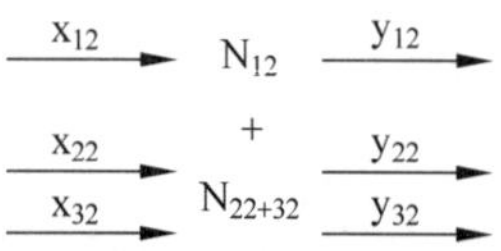

图 5.27　由操作数节点 N_{12} 与临时节点 N_{22+32} 表示的 FN

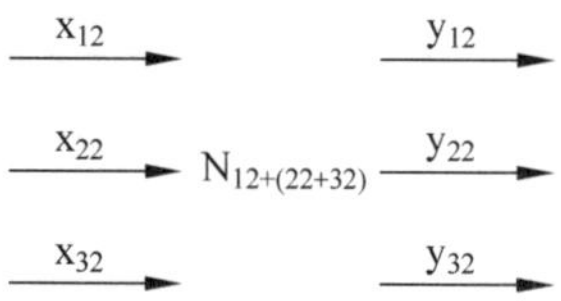

图 5.28　由结果节点 $N_{12+(22+32)}$ 表示的 FN

$$[N_{12+(22+32)}](x_{12}, x_{22}, x_{32} \mid y_{12}, y_{22}, y_{32}) \tag{5.78}$$

在这种情况下,结果节点 $N_{12+(22+32)}$ 也由式(5.73)中的布尔矩阵和式(5.74)中的二元关系来描述。因此,$N_{12+(22+32)}$ 与 $N_{(12+22)+32}$ 相等,根据证明 5.3 中的式(5.49),该恒等式由式(5.79)定义。

$$N_{(12+22)+32} = N_{12+(22+32)} = N_{12+22+32} \tag{5.79}$$

5.5　垂直拆分的可变性

当单个节点被垂直拆分为 3 个节点时,可变性是一种与垂直拆分运算相关的特性。具体来说,在操作数节点 A-B-C 被分解为 3 个结果节点 A、B 和 C 的过程中,既可从上至下也可从下至上地顺序执行两个一元拆分运算。当垂直拆分基本运算能以上述方式执行时,可变性始终有效。在这种情况下,3 个结果节点 A、B、C 输入的并集与操作数节点 A-B-C 的输入集相同,而 3 个结果节点输出的并集则与操作数节点的输出集相同。

证明 5.4

根据式(5.80),这里证明垂直拆分运算具备可变性。在这种情况下,任何单个操作数节点 A-B-C 从上至下垂直拆分等同于从下至上垂直拆分。

$$A,(B\text{-}C)=(A\text{-}B),C=A,B,C \tag{5.80}$$

该证明使用二元关系作为操作数节点 A-B-C 的形式模型,如式(5.81)所示。在这种情况下,A-B-C 中每对元素的第一个和第二个元素由三元组 abc 表示。

$$A\text{-}B\text{-}C=\{(a_1{}^1 b_1{}^1 c_1{}^1, a_2{}^1 b_2{}^1 c_2{}^1),\cdots,(a_1{}^1 b_1{}^1 c_1{}^r, a_2{}^1 b_2{}^1 c_2{}^r),\cdots, \tag{5.81}$$
$$(a_1{}^1 b_1{}^q c_1{}^1, a_2{}^1 b_2{}^q c_2{}^1),\cdots,(a_1{}^1 b_1{}^q c_1{}^r, a_2{}^1 b_2{}^q c_2{}^r),\cdots,$$
$$(a_1{}^p b_1{}^1 c_1{}^1, a_2{}^p b_2{}^1 c_2{}^1),\cdots,(a_1{}^p b_1{}^1 c_1{}^r, a_2{}^p b_2{}^1 c_2{}^r),\cdots,$$
$$(a_1{}^p b_1{}^q c_1{}^1, a_2{}^p b_2{}^q c_2{}^1),\cdots,(a_1{}^p b_1{}^q c_1{}^r, a_2{}^p b_2{}^q c_2{}^r)\}$$

A-B-C 中任何关系对的第一个和第二个三元组中的 3 个独立元素分别由下标 1 和 2 表示。在这种情况下,这些独立元素的上标表示在 A、B、C 的结果关系中的目标对,其中操作数关系 A-B-C 具有 $p\times q\times r$ 对。

操作数关系 A-B-C 从上至下垂直拆分运算后得到式(5.82)中的结果关系 A 和式(5.83)中的临时关系 B-C。

$$A=\{(a_1{}^1, a_2{}^1),\cdots,(a_1{}^p, a_2{}^p)\} \tag{5.82}$$
$$B\text{-}C=\{(b_1{}^1 c_1{}^1, b_2{}^1 c_2{}^1),\cdots,(b_1{}^1 c_1{}^r, b_2{}^1 c_2{}^r),\cdots, \tag{5.83}$$
$$(b_1{}^q c_1{}^1, b_2{}^q c_2{}^1),\cdots,(b_1{}^q c_1{}^r, b_2{}^q c_2{}^r)\}$$

此外,临时关系 B-C 垂直拆分运算后得到结果关系 B 和 C,如式(5.84)～式(5.85)所示。

$$B=\{(b_1{}^1, b_2{}^1),\cdots,(b_1{}^q, b_2{}^q)\} \tag{5.84}$$
$$C=\{(c_1{}^1, c_2{}^1),\cdots,(c_1{}^r, c_2{}^r)\} \tag{5.85}$$

另一方面,操作数关系 A-B-C 从下至上垂直拆分运算后得到式(5.86)中的临时关系 A-B 和与式(5.85)中结果关系相同的结果关系 C。

$$A\text{-}B=\{(a_1{}^1 b_1{}^1, a_2{}^1 b_2{}^1),\cdots,(a_1{}^1 b_1{}^q, a_2{}^1 b_2{}^q),\cdots, \tag{5.86}$$
$$(a_1{}^p b_1{}^1, a_2{}^p b_2{}^1),\cdots,(a_1{}^p b_1{}^q, a_2{}^p b_2{}^q)\}$$

在这种情况下,临时关系 A-B 垂直拆分运算后得到结果关系 A 和 B。由于后者与式(5.82)和式(5.84)的结果关系相同,这表明式(5.80)的有效性,证毕。

例 5.7

本例中的单节点 FN 位于较大 FN 的第一层。该单节点 FN 有一个单操作数节点 $N_{11\text{-}21\text{-}31}$,$N_{11\text{-}21\text{-}31}$ 由式(5.61)中的布尔矩阵和式(5.62)中的二元关系描述。单节点 FN 可通过图 5.29 和式(5.87)中的拓扑表达式描述。

$$[N_{11\text{-}21\text{-}31}](x_{11}, x_{21}, x_{31}|y_{11}, y_{21}, y_{31}) \tag{5.87}$$

操作数节点 $N_{11\text{-}21\text{-}31}$ 从上至下垂直拆分后得到与临时节点 $N_{21\text{-}31}$ 在底部连接的结果

节点 N_{11}。在这种情况下,节点 N_{11} 可通过式(3.13)中的布尔矩阵和式(3.17)中的二元关系来描述,而节点 $N_{21\text{-}31}$ 可通过式(5.63)中的布尔矩阵和式(5.64)中的二元关系来描述。

上述运算的最终结果是一个双节点 FN,该双节点 FN 可通过图 5.30 和式(5.88)中的拓扑表达式来描述。

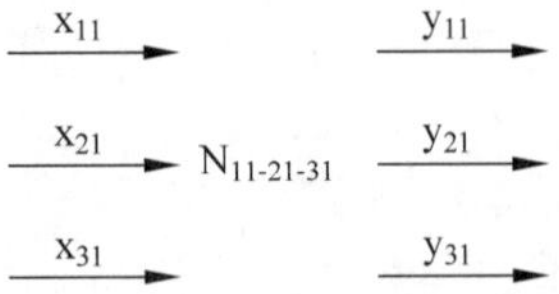

图 5.29　由操作数节点 $N_{11\text{-}21\text{-}31}$ 表示的 FN

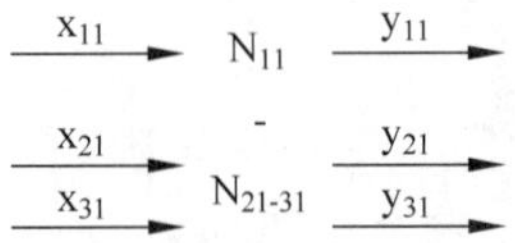

图 5.30　FN 由结果节点 N_{11} 与临时节点 $N_{21\text{-}31}$ 表示的 FN

$$[N_{11}](x_{11}|y_{11})\text{-}[N_{21\text{-}31}](x_{21},x_{31}|y_{21},y_{31}) \tag{5.88}$$

此外,临时节点 $N_{21\text{-}31}$ 垂直拆分后得到两个结果节点 N_{21} 和 N_{31}。节点 N_{21} 可通过式(3.15)中的布尔矩阵和式(3.19)中的二元关系来描述,而节点 N_{31} 可通过式(5.56)中的布尔矩阵和式(5.57)中的二元关系来描述。

上述两种运算的最终结果是一个三节点 FN,该三节点 FN 可通过图 5.31 和式(5.89)中的拓扑表达式来描述。

$$[N_{11}](x_{11}|y_{11})\text{-}[N_{21}](x_{21}|y_{21})\text{-}[N_{31}](x_{31}|y_{31}) \tag{5.89}$$

另一方面,操作数节点 $N_{11\text{-}21\text{-}31}$ 从下至上垂直拆分后得到与临时节点 $N_{11\text{-}21}$ 在顶部连接的结果节点 N_{31}。在这种情况下,节点 N_{31} 可通过式(5.56)中的布尔矩阵和式(5.57)中的二元关系来描述,而节点 $N_{11\text{-}21}$ 可通过式(4.25)中的布尔矩阵和式(4.26)中的二元关系来描述。

上述操作的最终结果是一个双节点 FN,该 FN 可通过图 5.32 和式(5.90)的拓扑表达式来描述:

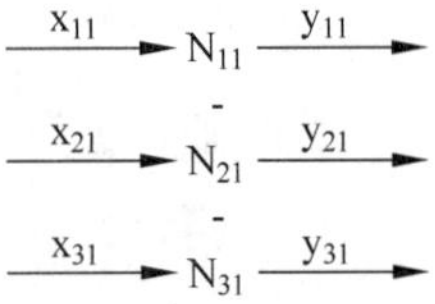

图 5.31　由结果节点 N_{11},N_{21} 与 N_{31} 表示的 FN

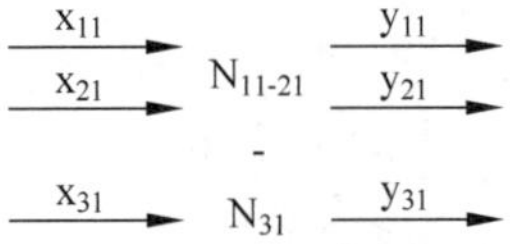

图 5.32　由临时节点 $N_{11\text{-}21}$ 与结果节点 N_{31} 表示的 FN

$$[N_{11\text{-}21}](x_{11},x_{21}|y_{11},y_{21})\text{-}[N_{31}](x_{31}|y_{31}) \tag{5.90}$$

进一步地,临时节点 $N_{11\text{-}21}$ 垂直拆分得到两个结果节点 N_{11} 和 N_{21}。此时,节点 N_{11} 可通过式(3.13)中的布尔矩阵和式(3.17)中的二元关系来描述,而节点 N_{21} 可通过式(3.15)中的布尔矩阵和式(3.19)中的二元关系来描述。

上述两种运算的最终结果是一个三节点 FN,该三节点 FN 可通过图 5.31 和式(5.89)中的拓扑表达式来描述。

因此,对于从上至下和从下至上的两种情况,操作数节点 $N_{11\text{-}21\text{-}31}$ 的垂直拆分都会生成一组相同的结果节点 $\{N_{11},N_{21},N_{31}\}$。根据证明 5.4 中的式(5.80),该恒等式由式(5.91)

定义。

$$N_{11}, N_{21\text{-}31} = N_{11\text{-}21}, N_{31} = N_{11}, N_{21}, N_{31} \tag{5.91}$$

例 5.8

本例中的单节点 FN 位于较大 FN 的第二层。该单节点 FN 有一个单操作数节点 $N_{12\text{-}22\text{-}32}$，$N_{12\text{-}22\text{-}32}$ 由式(5.73)中的布尔矩阵和式(5.74)中的二元关系描述。单节点 FN 可通过图 5.33 和式(5.92)中的拓扑表达式描述。

$$[N_{12\text{-}22\text{-}32}](x_{12}, x_{22}, x_{32} \mid y_{12}, y_{22}, y_{32}) \tag{5.92}$$

操作数节点 $N_{12\text{-}22\text{-}32}$ 从上至下的垂直拆分运算得到与临时节点 $N_{22\text{-}32}$ 在底部连接的结果节点 N_{12}。在这种情况下，节点 N_{12} 可由式(3.14)中的布尔矩阵和式(3.18)中的二元关系来描述，而节点 $N_{22\text{-}32}$ 可由式(5.75)中的布尔矩阵和式(5.76)中的二元关系来描述。

上述运算的最终结果是一个双节点 FN，该双节点 FN 可通过图 5.34 和式(5.93)中的拓扑表达式来描述。

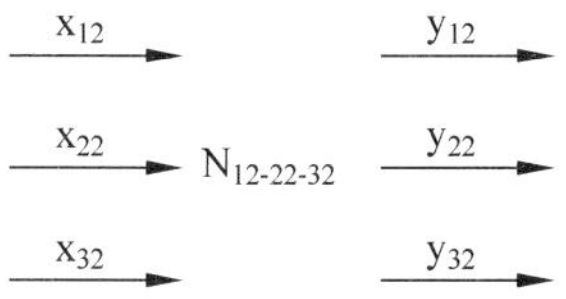

图 5.33 由操作数节点 $N_{12\text{-}22\text{-}32}$ 表示的 FN

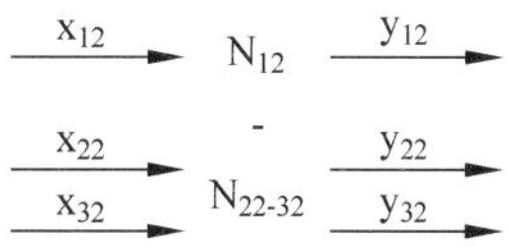

图 5.34 由结果节点 N_{12} 与临时节点 $N_{22\text{-}32}$ 表示的双节点 FN

$$[N_{12}](x_{12} \mid y_{12}) - [N_{22\text{-}32}](x_{22}, x_{32} \mid y_{22}, y_{32}) \tag{5.93}$$

此外，临时节点 $N_{22\text{-}32}$ 垂直分解得到两个结果节点 N_{22} 和 N_{32}。在这种情况下，节点 N_{22} 可通过式(3.16)中的布尔矩阵和式(3.20)中的二元关系来描述，而节点 N_{32} 可通过式(5.68)中的布尔矩阵和式(5.69)中的二元关系来描述。

上述两种运算的最终结果是一个三节点 FN，该三节点 FN 可通过图 5.35 中的方框图和式(5.94)中的拓扑表达式来描述。

$$[N_{12}](x_{12} \mid y_{12}) - [N_{22}](x_{22} \mid y_{22}) - [N_{32}](x_{32} \mid y_{32}) \tag{5.94}$$

另一方面，操作数节点 $N_{12\text{-}22\text{-}32}$ 从下至上垂直拆分后得到与临时节点 $N_{12\text{-}22}$ 在顶部连接的结果节点 N_{32}。在这种情况下，节点 N_{32} 可通过式(5.68)中的布尔矩阵和式(5.69)中的二元关系来描述，而节点 $N_{12\text{-}22}$ 可通过式(4.29)中的布尔矩阵和式(4.30)中的二元关系来描述。

上述运算的最终结果是一个双节点 FN，该双节点 FN 可通过图 5.36 中的方框图和式(5.95)中的拓扑表达式来描述。

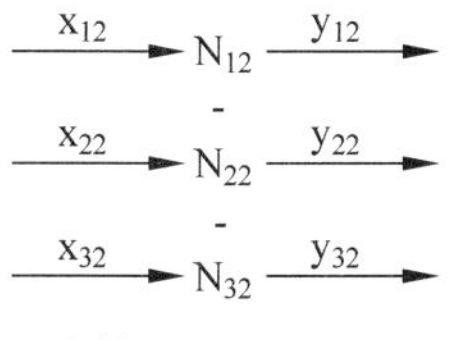

图 5.35 由结果节点 N_{12}，N_{22} 与 N_{32} 表示的 FN

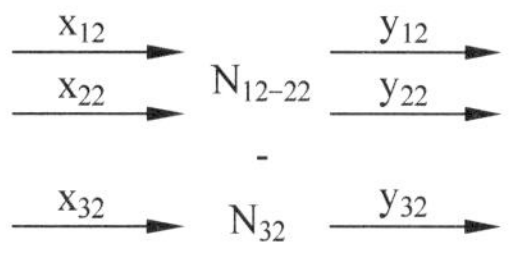

图 5.36 由临时节点 $N_{12\text{-}22}$ 与结果节点 N_{32} 表示的 FN

$$[N_{12\text{-}22}](x_{12}, x_{22} | y_{12}, y_{22})\text{-}[N_{32}](x_{32} | y_{32}) \tag{5.95}$$

此外,临时节点 $N_{12\text{-}22}$ 垂直拆分生成两个结果节点 N_{12} 和 N_{22}。在这种情况下,节点 N_{12} 可通过式(3.14)中的布尔矩阵和式(3.18)中的二元关系来描述,而节点 N_{22} 可通过式(3.16)中的布尔矩阵和式(3.20)中的二元关系来描述。

上述两种运算的最终结果是一个三节点 FN,该三节点 FN 可通过图 5.35 中的方框图和式(5.94)中的拓扑表达式来描述。

因此,对于从上至下和从下至上两种情况,操作数节点 $N_{12\text{-}22\text{-}32}$ 的垂直拆分运算都会得到一组相同的结果节点 $\{N_{12}, N_{22}, N_{32}\}$。根据证明 5.4 中的式(5.80),该恒等式由式(5.96)定义。

$$N_{12}, N_{22\text{-}32} = N_{12\text{-}22}, N_{32} = N_{12}, N_{22}, N_{32} \tag{5.96}$$

5.6 输出合并的结合性

当具有共同输入的 3 个并行节点合并为单个节点时,结合性是一种与输出合并运算相关的特性。具体来说,在 3 个操作数节点 A、B、C 合并为结果节点 A;B;C 的过程中,既可从上至下也可从下至上地执行两个二元合并运算。当节点 A、B、C 的输出独立时,可应用该特性。在这种情况下,结果节点 A;B;C 的输入与每个操作数节点 A、B、C 的输入相同,而结果节点的输出集是操作数节点输出的并集。

证明 5.5

根据式(5.97),这里证明输出合并运算具备结合性。在这种情况下,任何 3 个操作数节点 A、B、C 从上至下的输出合并运算等价于从下至上的垂直合并运算。

$$(A;B);C = A;(B;C) = A;B;C \tag{5.97}$$

该证明使用二元关系作为操作数节点 A、B、C 的形式模型,如式(5.98)~式(5.100)所示。在这种情况下,A、B、C 中关系对的第一个元素用字母 d 表示,而第二个元素分别用字母 a、b、c 表示。

$$A = \{(d_1^{\ 1}, a_2^{\ 1}), \cdots, (d_1^{\ 1}, a_2^{\ p1}), \cdots, (d_1^{\ s}, a_2^{\ 1}), \cdots, (d_1^{\ s}, a_2^{\ ps})\} \tag{5.98}$$

$$B = \{(d_1^{\ 1}, b_2^{\ 1}), \cdots, (d_1^{\ 1}, b_2^{\ q1}), \cdots, (d_1^{\ s}, b_2^{\ 1}), \cdots, (d_1^{\ s}, b_2^{\ qs})\} \tag{5.99}$$

$$C = \{(d_1^{\ 1}, c_2^{\ 1}), \cdots, (d_1^{\ 1}, c_2^{\ r1}), \cdots, (d_1^{\ s}, c_2^{\ 1}), \cdots, (d_1^{\ s}, c_2^{\ rs})\} \tag{5.100}$$

A、B、C 中任何关系对的第一个、第二个元素分别由下标 1 和 2 表示。A、B、C 中关系对的第一个元素的上标取值范围从 1 到 s,其中 s 是具有相同第一元素的关系对数量,表示 A,B 和 C 的共同输入的语言术语的数量。就 A、B、C 中关系对的第二个元素的上标而言,它们的取值范围分别为 1 到 ps、1 到 qs 和 1 到 rs。在这种情况下,关系 A 具有"p1+…+ps"对,关系 B 具有"q1+…+qs"对,关系 C 具有"r1+…+rs"对,其中 p、q 和 r 分别是 A、B 和 C 输出的语言术语数量。

操作数关系 A 和 B 的输出合并运算得到临时关系 A;B,如式(5.101)所示。

$$A;B = \tag{5.101}$$
$$\{(d_1{}^1, a_2{}^1 b_2{}^1), \cdots, (d_1{}^1, a_2{}^1 b_2{}^{q1}), \cdots, (d_1{}^1, a_2{}^{p1} b_2{}^1), \cdots, (d_1{}^1, a_2{}^{p1} b_2{}^{q1}), \cdots,$$
$$(d_1{}^s, a_2{}^1 b_2{}^1), \cdots, (d_1{}^s, a_2{}^1 b_2{}^{qs}), \cdots, (d_1{}^s, a_2{}^{ps} b_2{}^1), \cdots, (d_1{}^s, a_2{}^{ps} b_2{}^{qs})\}$$

进一步,临时关系 $A;B$ 与操作数关系 C 的输出合并运算得到结果关系 $(A;B);C$,如式(5.102)所示。

$$(A;B);C = \{(d_1{}^1, a_2{}^1 b_2{}^1 c_2{}^1), \cdots, (d_1{}^1, a_2{}^1 b_2{}^1 c_2{}^{r1}), \cdots, \tag{5.102}$$
$$(d_1{}^1, a_2{}^1 b_2{}^{q1} c_2{}^1), \cdots, (d_1{}^1, a_2{}^1 b_2{}^{q1} c_2{}^{r1}), \cdots,$$
$$(d_1{}^1, a_2{}^{p1} b_2{}^1 c_2{}^1), \cdots, (d_1{}^1, a_2{}^{p1} b_2{}^1 c_2{}^{r1}), \cdots,$$
$$(d_1{}^1, a_2{}^{p1} b_2{}^{q1} c_2{}^1), \cdots, (d_1{}^1, a_2{}^{p1} b_2{}^{q1} c_2{}^{r1}), \cdots,$$
$$(d_1{}^s, a_2{}^1 b_2{}^1 c_2{}^1), \cdots, (d_1{}^s, a_2{}^1 b_2{}^1 c_2{}^{rs}), \cdots,$$
$$(d_1{}^s, a_2{}^1 b_2{}^{qs} c_2{}^1), \cdots, (d_1{}^s, a_2{}^1 b_2{}^{qs} c_2{}^{rs}), \cdots,$$
$$(d_1{}^s, a_2{}^{ps} b_2{}^1 c_2{}^1), \cdots, (d_1{}^s, a_2{}^{ps} b_2{}^1 c_2{}^{rs}), \cdots,$$
$$(d_1{}^s, a_2{}^{ps} b_2{}^{qs} c_2{}^1), \cdots, (d_1{}^s, a_2{}^{ps} b_2{}^{qs} c_2{}^{rs})\}$$

另一方面,操作数关系 B 和 C 的输出合并运算得到临时关系 $B;C$,如式(5.103)所示。

$$B;C = \tag{5.103}$$
$$\{(d_1{}^1, b_2{}^1 c_2{}^1), \cdots, (d_1{}^1, b_2{}^1 c_2{}^{r1}), \cdots, (d_1{}^1, b_2{}^{q1} c_2{}^1), \cdots, (d_1{}^1, b_2{}^{q1} c_2{}^{r1}), \cdots,$$
$$(d_1{}^s, b_2{}^1 c_2{}^1), \cdots, (d_1{}^s, b_2{}^1 c_2{}^{rs}), \cdots, (d_1{}^s, b_2{}^{qs} c_2{}^1), \cdots, (d_1{}^s, b_2{}^{qs} c_2{}^{rs})\}$$

在这种情况下,操作数关系 A 和临时关系 $B;C$ 的输出合并运算得到结果关系 $A;(B;C)$。因为后者与结果关系 $(A;B);C$ 相同;这表明式(5.97)有效,证毕。

例 5.9

本例中的 FN 具有 3 个并行操作数节点和共同输入 $x_{11,21,31}$。第一个节点 N_{11} 和第二个节点 N_{21} 取自图 3.1 所示的四节点 FN。这两个节点由布尔矩阵和式(3.13)、式(3.15)、式(3.17)及式(3.19)中的二元关系描述,而第三个节点 N_{31} 由式(5.104)中的布尔矩阵和式(5.105)中的二元关系描述。

$$N_{31}: \qquad y_{31} \quad 1 \quad 2 \quad 3 \tag{5.104}$$

x_{31}			
1	0	0	1
2	0	1	0
3	1	0	0

$$N_{31}: \quad \{(1,3),(2,2)(3,1)\} \tag{5.105}$$

由 N_{11}、N_{21} 与 N_{31} 表示的三节点 FN,是图 3.1 所示的四节点 FN 的扩展子网络。此三节点 FN 可通过图 5.37 和式(5.106)中的拓扑表达式来描述。

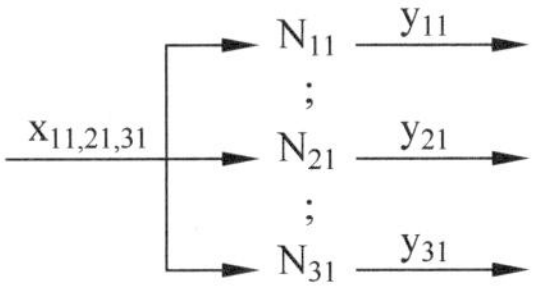

图 5.37 由操作数节点 N_{11}、N_{21} 与 N_{31} 与共同输入表示的 FN

$$[N_{11}](x_{11,21,31}|y_{11})；[N_{21}](x_{11,21,31}|y_{21})；[N_{31}](x_{11,21,31}|y_{31}) \tag{5.106}$$

图 5.37 中的第一操作数节点 N_{11} 和第二操作数节点 N_{21} 的输出合并运算生成临时节点 $N_{11;21}$，$N_{11;21}$ 可由式(4.37)中的布尔矩阵和式(4.38)中的二元关系描述。该临时节点以双节点 FN 的形式与第三操作数节点 N_{31} 在底部连接。该双节点 FN 可通过图 5.38 和式(5.107)中的拓扑表达式来描述。

$$[N_{11;21}](x_{11,21,31}|y_{11},y_{21})；[N_{31}](x_{11,21,31}|y_{31}) \tag{5.107}$$

此外，图 5.38 中的临时节点 $N_{11;21}$ 和操作数节点 N_{31} 的输出合并运算生成了单节点 FN 形式的结果节点 $N_{(11;21);31}$。该单节点 FN 可通过图 5.39 和式(5.108)中的拓扑表达式来描述。

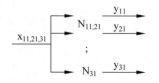

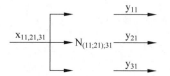

图 5.38　由临时节点 $N_{11;21}$ 与操作数节点　　图 5.39　由结果节点 $N_{(11;21);31}$ 表示的 FN
　　　　　N_{31} 表示的 FN

$$[N_{(11;21);31}](x_{11,21,31}|y_{11},y_{21},y_{31}) \tag{5.108}$$

此时，结果节点 $N_{(11;21);31}$ 由式(5.109)中的布尔矩阵和式(5.110)中的二元关系描述。在这种情况下，布尔矩阵的标签和元素由紧凑符号表示。具体来说，根据式(5.61)，每个大写字母 A、B、C、D、E、F、G、H、I 代表连续的 3 列。例如，1_j，$j=1,3$ 表示式(5.104)的布尔矩阵中的第 j 个布尔行，0_3 表示维度为 3 的零布尔行(zero Boolean row)[①]。

$$N_{(11;21);31}:\qquad y_{11},y_{21},y_{31}\quad A\ B\ C\ D\ E\ F\ G\ H\ I \tag{5.109}$$

$x_{11,21,31}$	A	B	C	D	E	F	G	H	I
1	0_3	1_1	0_3	0_3	0_3	0_3	0_3	0_3	0_3
2	0_3	0_3	0_3	0_3	0_3	0_3	1_2	0_3	0_3
3	0_3	0_3	0_3	0_3	0_3	1_3	0_3	0_3	0_3

$$N_{(11;21);31}:\{(1,123),(2,312)(3,231)\} \tag{5.110}$$

另一方面，图 5.37 中的第二操作数节点 N_{21} 和第三操作数节点 N_{31} 的输出合并运算生成临时节点 $N_{21;31}$，$N_{21;31}$ 可由式(5.111)中的布尔矩阵和式(5.112)中的二元关系描述。该临时节点以双节点 FN 的形式与第一操作数节点 N_{11} 在顶部连接。双节点 FN 可通过图 5.40 和式(5.113)中的拓扑表达式来描述。

$$N_{21;31}:\qquad y_{21},y_{31}\quad 11\ 12\ 13\ 21\ 22\ 23\ 31\ 32\ 33 \tag{5.111}$$

$x_{11,21,31}$	11	12	13	21	22	23	31	32	33
1	0	0	0	0	0	1	0	0	0
2	0	1	0	0	0	0	0	0	0
3	0	0	0	0	0	0	1	0	0

$$N_{21;31}:\{(1,23),(1,12),(1,31) \tag{5.112}$$

$$[N_{11}](x_{11,21,31}|y_{11})；[N_{21;31}](x_{11,21,31}|y_{21},y_{31}) \tag{5.113}$$

---

① 译者注：布尔矩阵中的一行元素全为 0 时称为零布尔行。

此外,图 5.40 中的操作数节点 N_{11} 和临时节点 $N_{21;31}$ 的输出合并运算生成了单节点 FN 形式的结果节点 $N_{11;(21;31)}$。该单节点 FN 可通过图 5.41 和式(5.114)中的拓扑表达式来描述。

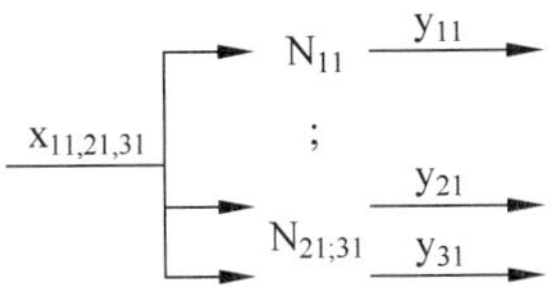

图 5.40 操作数节点 N_{11} 与临时节点 $N_{21;31}$ 表示的 FN 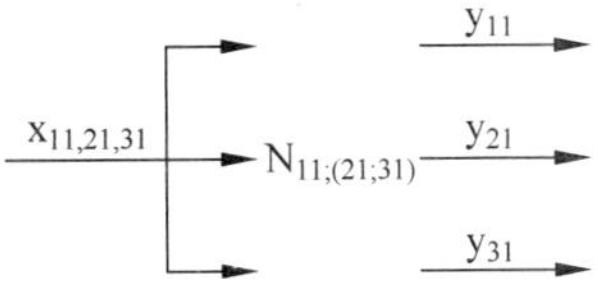   图 5.41 由结果节点 $N_{11;(21;31)}$ 表示的 FN

$$[N_{11;(21;31)}](x_{11,21,31}|y_{11}, y_{21}, y_{31}) \tag{5.114}$$

在这种情况下,结果节点 $N_{11;(21;31)}$ 也由式(5.109)中的布尔矩阵和式(5.110)中的二元关系描述。因此,$N_{11;(21;31)}$ 与 $N_{(11;21);31}$ 相同,根据证明 5.5 中的式(5.97),该恒等式由式(5.115)定义。

$$N_{(11;21);31} = N_{11;(21;31)} = N_{11;21;31} \tag{5.115}$$

例 5.10

本例的 FN 中的 3 个并行操作数节点有共同输入 $x_{12,22,32}$。第一个节点 N_{12} 和第二个节点 N_{22} 取自图 3.1 所示的四节点 FN。这两个节点由布尔矩阵和式(3.14)、式(3.16)、式(3.28)及式(3.20)中的二元关系描述,而第三个节点 N_{32} 由式(5.116)中的布尔矩阵和式(5.117)中的二元关系描述。

$$N_{32}: \qquad y_{32} \quad 1 \quad 2 \quad 3 \tag{5.116}$$

$$
\begin{array}{c|ccc}
x_{32} & & & \\
1 & 0 & 0 & 1 \\
2 & 0 & 1 & 0 \\
3 & 1 & 0 & 0 \\
\end{array}
$$

$$N_{32}: \quad \{(1, 3), (2, 2)(3, 1)\} \tag{5.117}$$

由节点 N_{12}、N_{22} 与 N_{32} 表示的三节点 FN,是图 3.1 所示的四节点 FN 的扩展子网络。这个三节点 FN 可通过图 5.42 中和式(5.118)中的拓扑表达式来描述。

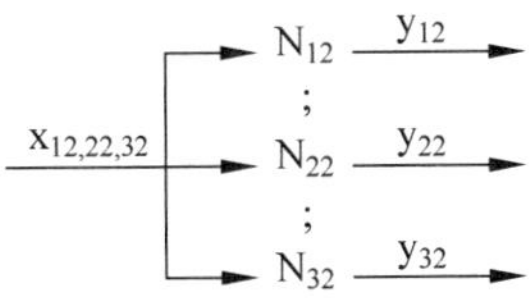

图 5.42 由操作数节点 N_{12},N_{22},N_{32} 与共同输入表示的 FN

$$[N_{12}](x_{12,22,32}|y_{12}); [N_{22}](x_{12,22,32}|y_{22}); [N_{32}](x_{12,22,32}|y_{32}) \tag{5.118}$$

图 5.42 中的第一操作数节点 N_{12} 和第二操作数节点 N_{22} 的输出合并运算生成了临时节点 $N_{12;22}$,$N_{12;22}$ 可由式(4.41)中的布尔矩阵和式(4.42)中的二元关系描述。该临时节点 $N_{12;22}$ 以双节点 FN 的形式与第三操作数节点 N_{32} 在底部连接。该双节点 FN 可通过图 5.43 和式(5.119)中的拓扑表达式来描述。

$$[N_{12;22}](x_{12,22,32}|y_{12}, y_{22}); [N_{32}](x_{12,22,32}|y_{32}) \tag{5.119}$$

此外,图 5.43 中的临时节点 $N_{12;22}$ 和操作数节点 N_{32} 的输出合并运算生成了以单节点 FN 形式表示的结果节点 $N_{(12;22);32}$。该单节点 FN 可通过图 5.44 和式(5.120)中的拓扑表达式来描述。

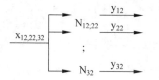

图 5.43 由临时节点 $N_{12;22}$ 与操作数 节点 N_{32} 表示的 FN

图 5.44 由结果节点 $N_{(12;22);32}$ 表示的 FN

$$[N_{(12;22);32}](x_{12,22,32} | y_{12}, y_{22}, y_{32}) \tag{5.120}$$

至此,结果节点 $N_{(12;22);32}$ 由式(5.121)中的布尔矩阵和式(5.122)中的二元关系描述。在这种情况下,布尔矩阵的标签和元素由紧凑符号表示。具体来说,根据式(5.61),每个大写字母 A、B、C、D、E、F、G、H、I 代表连续的 3 列。例如,1_j,$j=1,2,3$ 表示式(5.116)的布尔方阵中的第 j 个布尔行,0_3 表示维度为 3 的零布尔行。

$N_{(12;22);32}$:

y_{12}, y_{22}, y_{32}	A	B	C	D	E	F	G	H	I
$x_{12,22,32}$									
1	0_3	0_3	0_3	0_3	0_3	1_1	0_3	0_3	0_3
2	0_3	0_3	0_3	0_3	0_3	0_3	1_2	0_3	0_3
3	0_3	1_3	0_3	0_3	0_3	0_3	0_3	0_3	0_3

(5.121)

$$N_{(12;22);32} : \{(1, 233), (2, 312) (3, 121)\} \tag{5.122}$$

另一方面,图 5.42 中的第二操作数节点 N_{22} 和第三操作数节点 N_{32} 的输出合并运算生成临时节点 $N_{22;32}$,$N_{22;32}$ 可由式(5.123)中的布尔矩阵和式(5.124)中的二元关系描述。该临时节点 $N_{22;32}$ 以双节点 FN 的形式与第一操作数节点 N_{12} 在顶部连接。该双节点 FN 可通过图 5.45 和式(5.125)中的拓扑表达式来描述。

$N_{22;32}$:

y_{22}, y_{32}	11	12	13	21	22	23	31	32	33
$x_{12,22,32}$									
1	0	0	0	0	0	0	0	0	1
2	0	1	0	0	0	0	0	0	0
3	0	0	0	1	0	0	0	0	0

(5.123)

$$N_{22;32} : \{(1, 33), (2, 12), (3, 21) \tag{5.124}$$

$$[N_{12}](x_{12,22,32} | y_{12}) \quad ; \quad [N_{22;32}](x_{12,22,32} | y_{22}, y_{32}) \tag{5.125}$$

此外,图 5.45 中的操作数节点 N_{12} 和临时节点 $N_{22;32}$ 的输出合并运算生成单节点 FN 形式的结果节点 $N_{12;(22;32)}$。该单节点 FN 可通过图 5.46 和式(5.126)中的拓扑表达式来描述。

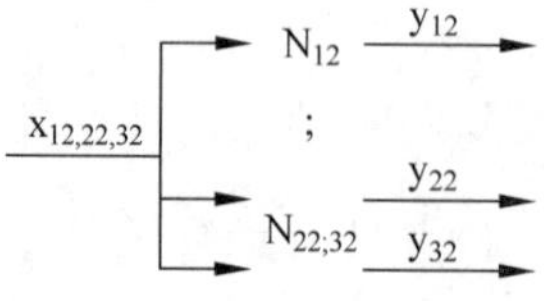

图 5.45 由操作数节点 N_{12} 与临时节点 $N_{22;32}$ 表示的 FN 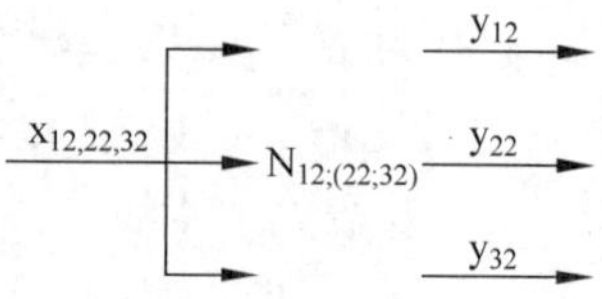   图 5.46 由结果节点 $N_{12;(22;32)}$ 表示的 FN

$$[N_{12;(22;32)}]\ (x_{12,22,32}\,|\,y_{12},\ y_{22},\ y_{32}) \tag{5.126}$$

在这种情况下，结果节点 $N_{12;(22;32)}$ 也由式(5.121)中的布尔矩阵和式(5.122)中的二元关系描述。因此，$N_{12;(22;32)}$ 与 $N_{(12;22);32}$ 相同，根据证明 5.5 中的式(5.97)，该恒等式由式(5.127)定义。

$$N_{(12;22);32} = N_{12;(22;32)} = N_{12;22;32} \tag{5.127}$$

5.7　输出拆分的可变性

当将单个节点分解为具有公共输入的 3 个节点时，可变性是与输出拆分运算相关的特性。具体来说，在将操作数节点 A:B:C 分解为 3 个结果节点 A、B、C 的过程中，既可从上至下也可从下至上地执行两个一元分解运算。当输出拆分基本运算能以上述方式执行时可变性始终有效。在这种情况下，3 个结果节点 A、B 和 C 的公共输入与操作数节点 A:B:C 的输入相同，而 3 个结果节点的输出的并集与操作数节点的输出集相同。

证明 5.6

这里证明，根据式(5.128)，输出拆分运算具备可变性。在这种情况下，任何单个操作数节点 A:B:C 从上至下输出拆分等同于其从下至上输出拆分。

$$A,\ (B:C) = (A:B),\ C = A,\ B,\ C \tag{5.128}$$

如式(5.129)所示，本证明采用二元关系作为操作数节点 A:B:C 的形式模型。在这种情况下，A:B:C 中每个关系对的第一个元素用字母 d 表示，第二个元素用三元组 abc 表示。

$$\begin{aligned}
A{:}B{:}C = \{ & (d_1{}^1,\ a_2{}^1 b_2{}^1 c_2{}^1),\cdots,(d_1{}^1,\ a_2{}^1 b_2{}^1 c_2{}^{r1}),\cdots, \\
& (d_1{}^1,\ a_2{}^1\ b_2{}^{q1} c_2{}^1),\cdots,(d_1{}^1,\ a_2{}^1\ b_2{}^{q1} c_2{}^{r1}),\cdots, \\
& (d_1{}^1,\ a_2{}^{p1} b_2{}^1 c_2{}^1),\cdots,(d_1{}^1,\ a_2{}^{p1} b_2{}^1 c_2{}^{r1}),\cdots, \\
& (d_1{}^1,\ a_2{}^{p1} b_2{}^{q1} c_2{}^1),\cdots,(d_1{}^1,\ a_2{}^{p1} b_2{}^{q1} c_2{}^{r1}),\cdots, \\
& (d_1{}^s,\ a_2{}^1 b_2{}^1 c_2{}^1),\cdots,(d_1{}^s,\ a_2{}^1 b_2{}^1 c_2{}^{rs}),\cdots, \\
& (d_1{}^s,\ a_2{}^1 b_2{}^{qs} c_2{}^1),\cdots,(d_1{}^s,\ a_2{}^1 b_2{}^{qs} c_2{}^{rs}),\cdots, \\
& (d_1{}^s,\ a_2{}^{ps} b_2{}^1 c_2{}^1),\cdots,(d_1{}^s,\ a_2{}^{ps} b_2{}^1 c_2{}^{rs}),\cdots, \\
& (d_1{}^s,\ a_2{}^{ps} b_2{}^{qs} c_2{}^1),\cdots,(d_1{}^s,\ a_2{}^{ps} b_2{}^{qs} c_2{}^{rs})\}
\end{aligned} \tag{5.129}$$

A:B:C 中任何关系对中的第一个元素和 3 个独立元素(三元组)分别由下标 1 和 2 表示。在这种情况下，所有这些元素的上标表示结果关系 A、B、C 中的目标对，其中操作数关系 A:B:C 具有"p1×q1×r1+⋯+ps×qs×rs"对。

操作数关系 A:B:C 从上至下的输出拆分后生成式(5.130)中的结果关系 A 和式(5.131)中的临时关系 B:C。

$$A = \{(d_1{}^1,\ a_2{}^1),\cdots,(d_1{}^1,\ a_2{}^{p1}),\cdots,(d_1{}^s,\ a_2{}^1),\cdots,(d_1{}^s,\ a_2{}^{ps})\} \tag{5.130}$$

$$B{:}C = \tag{5.131}$$

$$\begin{aligned}
\{ & (d_1{}^1,\ b_2{}^1 c_2{}^1),\cdots,(d_1{}^1,\ b_2{}^1 c_2{}^{r1}),\cdots,(d_1{}^1,\ b_2{}^{q1} c_2{}^1),\cdots,(d_1{}^1,\ b_2{}^{q1} c_2{}^{r1}),\cdots, \\
& (d_1{}^s,\ b_2{}^1 c_2{}^1),\cdots,(d_1{}^s,\ b_2{}^1 c_2{}^{rs}),\cdots,(d_1{}^s,\ b_2{}^{qs} c_2{}^1),\cdots,(d_1{}^s,\ b_2{}^{qs} c_2{}^{rs})\}
\end{aligned}$$

此外，临时关系 B:C 的输出拆分生成结果关系 B 和 C，如式(5.132)～式(5.133)所示。

$$B = \{(d_1{}^1, b_2{}^1), \cdots, (d_1{}^1, b_2{}^{q1}), \cdots, (d_1{}^s, b_2{}^1), \cdots, (d_3{}^s, b_3{}^{qs})\} \tag{5.132}$$

$$C = \{(d_1{}^1, c_2{}^1), \cdots, (d_1{}^1, c_2{}^{r1}), \cdots, (d_1{}^s, c_2{}^1), \cdots, (d_1{}^s, c_2{}^{rs})\} \tag{5.133}$$

另一方面,操作数关系 A:B:C 从下至上的输出拆分后生成式(5.134)中的临时关系 A:B 和等同于式(5.133)中结果关系的结果关系 C。

$$A:B = \tag{5.134}$$

$$\{(d_1{}^1, a_2{}^1 b_2{}^1), \cdots, (d_1{}^1, a_2{}^1 b_2{}^{q1}), \cdots, (d_1{}^1, a_2{}^{p1} b_2{}^1), \cdots, (d_1{}^1, a_2{}^{p1} b_2{}^{q1}), \cdots,$$

$$(d_1{}^s, a_2{}^1 b_2{}^1), \cdots, (d_1{}^s, a_2{}^1 b_2{}^{qs}), \cdots, (d_1{}^s, a_2{}^{ps} b_2{}^1), \cdots, (d_1{}^s, a_2{}^{ps} b_2{}^{qs})\}$$

在这种情况下,临时关系 A:B 的输出拆分生成了结果关系 A 和 B。由于 A、B 也和式(5.130)与式(5.132)的结果关系相同,这表明式(5.128)的有效性,证毕。

例 5.11

本例中的单节点 FN 位于较大 FN 中的第一层。该单节点 FN 具有一个单操作数节点 $N_{11;21;31}$,$N_{11;21;31}$ 由式(5.109)中的布尔矩阵和式(5.110)中的二元关系描述。单节点 FN 可通过图 5.47 和式(5.135)中的拓扑表达式描述。

$$[N_{11;21;31}](x_{11,21,31} | y_{11}, y_{21}, y_{31}) \tag{5.135}$$

操作数节点 $N_{11;21;31}$ 从上至下的输出拆分运算生成一个结果节点 N_{11},该结果节点与一个临时节点 $N_{21;31}$ 在底部连接。在这种情况下,节点 N_{11} 可通过式(3.13)中的布尔矩阵和式(3.17)中的二元关系来描述,而节点 $N_{21;31}$ 可通过式(5.111)中的布尔矩阵和式(5.112)中的二元关系来描述。

上述运算的最终结果是一个双节点 FN,该双节点 FN 可通过图 5.48 和式(5.136)中的拓扑表达式来描述。

图 5.47　由结果节点 $N_{11,21,31}$ 表示的 FN　　图 5.48　由操作数节点 N_{11} 与临时节点 $N_{21,31}$ 表示的 FN

$$[N_{11}](x_{11,21,31} | y_{11}) : [N_{21;31}](x_{11,21,31} | y_{21}, y_{31}) \tag{5.136}$$

进一步地,临时节点 $N_{21;31}$ 的输出拆分运算生成两个结果节点 N_{21} 与 N_{31}。在这种情况下,节点 N_{21} 可通过式(3.15)中的布尔矩阵和式(3.19)中的二元关系来描述,而节点 N_{31} 可通过式(5.104)中的布尔矩阵和式(5.105)中的二元关系来描述。

上述两种运算的最终结果是一个三节点 FN,该三节点 FN 可通过图 5.49 和式(5.137)中的拓扑表达式来描述。

$$[N_{11}](x_{11,21,31} | y_{11}) : [N_{21}](x_{11,21,31} | y_{21}) : [N_{31}](x_{11,21,31} | y_{31}) \tag{5.137}$$

另一方面,操作数节点 $N_{11;21;31}$ 从下至上的输出拆分运算生成了与临时节点 $N_{11;21}$ 在顶部连接的结果节点 N_{31}。在这种情况下,节点 N_{31} 可通过式(5.104)中的布尔矩阵和式(5.105)中的二元关系来描述,而节点 $N_{11;21}$ 可通过式(4.37)中的布尔矩阵和式(4.38)中的二元关系来描述。

上述运算的最终结果是一个双节点 FN,该双节点 FN 可通过图 5.50 和式(5.138)中的拓扑表达式来描述。

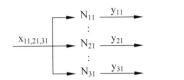

图 5.49 由操作数节点 N_{11}、N_{21}、N_{31} 与
共同输入表示的 FN

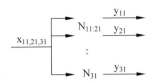

图 5.50 由临时节点 $N_{11:21}$ 与操作数节点
N_{31} 表示的 FN

$$[N_{11:21}](x_{11,21,31}|y_{11}, y_{21}) : [N_{31}](x_{11,21,31}|y_{31}) \qquad (5.138)$$

进一步地,临时节点 $N_{11:21}$ 的输出拆分运算生成了两个结果节点 N_{11} 和 N_{21}。在这种情况下,节点 N_{11} 可通过式(3.13)中的布尔矩阵和式(3.17)中的二元关系来描述,而节点 N_{21} 可通过式(3.15)中的布尔矩阵和式(3.19)中的二元关系来描述。

上述两种运算的最终结果是一个三节点 FN,该三节点 FN 可通过图 5.49 中的方框图和式(5.137)中的拓扑表达式来描述。

因此,对于从上至下和从下至上两种情况,操作数节点 $N_{11:21:31}$ 的输出拆分运算都会生成一组相同的结果节点 $\{N_{11}, N_{21}, N_{31}\}$。根据证明 5.6 中的等式(5.128),该恒等式由式(5.139)定义。

$$N_{11}, N_{21:31} = N_{11:21}, N_{31} = N_{11}, N_{21}, N_{31} \qquad (5.139)$$

例 5.12

本例中的单节点 FN 位于较大 FN 的第二层,它有一个单操作数节点 $N_{12:22:32}$,$N_{12:22:32}$ 由式(5.121)中的布尔矩阵和式(5.122)中的二元关系描述。单节点 FN 可通过图 5.51 和式(5.140)中的拓扑表达式描述。

$$[N_{12:22:32}](x_{12,22,32}|y_{12}, y_{22}, y_{32}) \qquad (5.140)$$

操作数节点 $N_{12:22:32}$ 从上至下的输出拆分运算生成结果节点 N_{12},结果节点 N_{12} 在底部与临时节点 $N_{22:32}$ 连接。在这种情况下,节点 N_{12} 可通过式(3.14)中的布尔矩阵和式(3.18)中的二元关系来描述,而节点 $N_{22:32}$ 可通过式(5.123)中的布尔矩阵和式(5.124)中的二元关系来描述。

以上运算的最终结果是一个双节点 FN,该双节点 FN 可通过图 5.52 和式(5.141)中的拓扑表达式来描述:

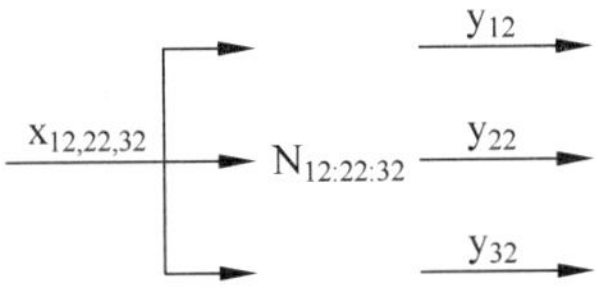

图 5.51 由结果节点 $N_{12:22:32}$ 表示的 FN 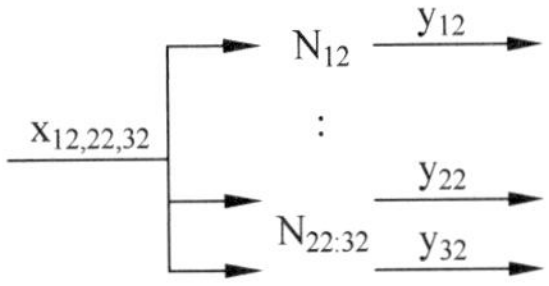   图 5.52 由操作数节点 N_{12} 与临时节点 $N_{22:32}$ 表示的 FN

$$[N_{12}](x_{12,22,32}|y_{12}) : [N_{22:32}](x_{12,22,32}|y_{22}, y_{32}) \qquad (5.141)$$

进一步地,临时节点 $N_{22:32}$ 的输出拆分运算生成两个结果节点 N_{22} 与 N_{32}。在这种情况下,节点 N_{22} 可由式(3.16)中的布尔矩阵和式(3.20)中的二元关系来描述,而节点 N_{32} 可由式(5.116)中的布尔矩阵和式(5.117)中的二元关系来描述。

上述两种运算的最终结果是一个三节点 FN，该三节点 FN 可通过图 5.53 和式(5.142)中的拓扑表达式来描述。

$$[N_{12}](x_{12,22,32}|y_{12}):[N_{22}](x_{12,22,32}|y_{22}):[N_{32}](x_{12,22,32}|y_{32}) \qquad (5.142)$$

另一方面，操作数节点 $N_{12,22,32}$ 从下至上的输出拆分运算生成了在顶部与临时节点 $N_{12,22}$ 连接的结果节点 N_{32}。在这种情况下，节点 N_{32} 可通过式(5.116)中的布尔矩阵和式(5.117)中的二元关系来描述，而节点 $N_{12,22}$ 可通过式(4.41)中的布尔矩阵和式(4.42)中的二元关系来描述。

上述运算的最终结果是一个双节点 FN，该双节点 FN 可通过图 5.54 和式(5.143)中的拓扑表达式来描述。

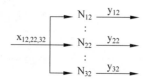

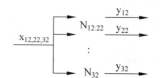

图 5.53　由操作数节点 N_{12}，N_{22}，N_{32} 与共同输入表示的 FN

图 5.54　由临时节点 $N_{12,22}$ 与操作数节点 N_{32} 表示的 FN

$$[N_{12,22}](x_{12,22,32}|y_{12},y_{22}):[N_{32}](x_{12,22,32}|y_{32}) \qquad (5.143)$$

进一步地，临时节点 $N_{12,22}$ 的输出拆分运算生成了两个结果节点 N_{12} 和 N_{22}。在这种情况下，节点 N_{12} 可通过式(3.14)中的布尔矩阵和式(3.18)中的二元关系来描述，而节点 N_{22} 可通过式(3.16)中的布尔矩阵和式(3.20)中的二元关系来描述。

上述两种运算的最终结果是一个三节点 FN，该三节点 FN 可通过图 5.53 所示的方框图和式(5.142)中的拓扑表达式来描述。

因此，对于从上至下和从下至上两种情况，操作数节点 $N_{12,22,32}$ 的输出拆分运算都会产生一组相同的结果节点 $\langle N_{12},N_{22},N_{32} \rangle$。根据证明 5.6 中的式(5.128)，该恒等式由式(5.144)定义。

$$N_{12},N_{22,32}=N_{12,22},N_{32}=N_{12},N_{22},N_{32} \qquad (5.144)$$

5.8　运算的混合特性

本章所介绍的基本运算的结构特性都是同质的，即特性是在同一种运算中定义的。此外，还有一些可在混合运算中定义的其他特性。为此，通常用括号来指定运算顺序。

本节介绍两组混合特性(mixed property)。每组都包含两个特性，一个含在合并运算中，另一个含在拆分运算中。本节首先对每个特性进行证明，然后用示例加以说明。

第一组混合特性用于说明至少具有两级两层 FN 的水平与垂直组合运算的等价性。第二组混合特性用于说明至少具有两级两层 FN 的水平、垂直与输出这 3 种中的任意两种运算进行组合运算的等价性，其中第一层节点具有公共输入。

这里假设混合特性仅包含 3 次运算。然而，可很容易地将这些特性扩展到更复杂的混合特性，包括对具有两级或两层以上的 FN 进行 3 次以上的运算。

与同质特性类似，混合特性可用网络级的方框图和拓扑表达式及节点级的布尔矩阵和二元关系来描述。简单起见,每组混合特性的描述主要采用方框图和拓扑表达式,并假设相关联的布尔矩阵和二元关系隐含地嵌入在描述中。

为了保持一致性,所有混合特性分三阶段呈现。第一阶段描述执行任何运算之前,操作数节点混合特性的初始状态。第二阶段描述执行某些运算之后,含有一些临时节点的特性的中间状态。第三阶段描述执行所有操作后,结果节点的特性的最终状态。

证明 5.7

这里证明,在图 3.1 所示的两级两层 FN 中,任何 4 个操作节点 A、B、C、D 的水平-水平-垂直合并等同于根据式(5.145)进行的垂直-垂直-水平合并。在这种情况下,假设 4 个节点在该 FN 互连结构内从左至右及从上至下按字母顺序列出。

$$(A * B) + (C * D) = (A + C) * (B + D) \tag{5.145}$$

该证明使用二元关系作为操作数节点 A、B、C、D 的形式模型,如式(5.146)~式(5.149)所示。在这种情况下,A 和 C 中的关系对的两个元素分别用字母 a 和 c 表示。此外,B 和 D 中的关系对的第二元素由字母 b 和 d 表示,而 B 和 D 的关系对中的第一元素分别由字母 a 和 c 表示。

$$A = \{(a_1^1, a_2^1), \cdots, (a_1^p, a_2^p)\} \tag{5.146}$$

$$B = \{(a_2^1, b_2^1), \cdots, (a_2^1, b_2^{q1}), \cdots, (a_2^p, b_2^1), \cdots, (a_2^p, b_2^{qp})\} \tag{5.147}$$

$$C = \{(c_1^1, c_2^1), \cdots, (c_1^r, c_2^r)\} \tag{5.148}$$

$$D = \{(c_2^1, d_2^1), \cdots, (c_2^1, d_2^{s1}), \cdots, (c_2^r, d_2^1), \cdots, (c_2^r, d_2^{sr})\} \tag{5.149}$$

A 和 C 中任意关系对的第一个、第二个元素分别由下标 1 和 2 表示。然而,B 和 D 中任何关系对的两个元素都用下标 2 表示。这是由于对 B 和 D 左组合性的要求,即 B 中每对的第一个元素必须与 A 中关系对中的第二个元素相同,而 D 中每对的第一个元素必须与 C 中关系对的第二个元素相同。

A 和 C 中任何关系对的两个元素的上标都是相同的,因为上标表示每对的序号。在这种情况下,关系 A 具有 p 对,关系 C 具有 r 对。B 和 D 中关系对的第一个元素的上标分别从 1 到 p、1 到 r。B 和 D 中关系对的第二个元素的上标分别从 q1 到 qp、s1 到 sr。在这种情况下,关系 B 具有"q1+⋯+qp"对,并且关系 D 具有"s1+⋯+sr"对。

操作数关系 A 和 B 的水平合并运算生成临时关系 A * B,如式(5.150)所示。

$$A * B = \{(a_1^1, b_2^1), \cdots, (a_1^1, b_2^{q1}), \cdots, (a_1^p, b_2^1), \cdots, (a_1^p, b_2^{qp})\} \tag{5.150}$$

此外,操作数关系 C 和 D 的水平合并运算生成临时关系 C * D,如式(5.151)所示。

$$C * D = \{(c_1^1, d_2^1), \cdots, (c_1^1, d_2^{s1}), \cdots, (c_1^r, d_2^1), \cdots, (c_1^r, d_2^{sr})\} \tag{5.151}$$

此外,临时关系 A * B 和 C * D 的垂直合并运算生成结果关系(A * B) + (C * D),如式(5.152)所示。

$$(A * B) + (C * D) = \tag{5.152}$$

$$\{(a_1^1 c_1^1, b_2^1 d_2^1), \cdots, (a_1^1 c_1^1, b_2^1 d_2^{s1}), \cdots, (a_1^1 c_1^r, b_2^1 d_2^1), \cdots, (a_1^1 c_1^r, b_2^1 d_2^{sr}), \cdots,$$

$$(a_1^1 c_1^1, b_2^{q1} d_2^1), \cdots, (a_1^1 c_1^1, b_2^{q1} d_2^{s1}), \cdots, (a_1^1 c_1^r, b_2^{q1} d_2^1), \cdots, (a_1^1 c_1^r, b_2^{q1} d_2^{sr}), \cdots,$$

$$(a_1{}^p c_1{}^1, \ b_2{}^1 d_2{}^1), \cdots, (a_1{}^p c_1{}^1, \ b_2{}^1 d_2{}^{sl}), \cdots, (a_1{}^p c_1{}^r, \ b_2{}^1 d_2{}^1), \cdots, (a_1{}^p c_1{}^r, \ b_2{}^1 d_2{}^{sr}), \cdots,$$

$$(a_1{}^p c_1{}^1, \ b_2{}^{qp} d_2{}^1), \cdots, (a_1{}^p c_1{}^1, \ b_2{}^{qp} d_2{}^{sl}), \cdots, (a_1{}^p c_1{}^r, \ b_2{}^{qp} d_2{}^1), \cdots, (a_1{}^p c_1{}^r, \ b_2{}^{qp} d_2{}^{sr})\}$$

另一方面,操作数关系 A 和 C 的垂直合并运算生成临时关系 A+C,如式(5.153)所示。

$$A+C = \{(a_1{}^1 c_1{}^1, \ a_2{}^1 c_2{}^1), \cdots, (a_1{}^1 c_1{}^r, \ a_2{}^1 c_2{}^r), \cdots, \tag{5.153}$$

$$(a_1{}^p c_1{}^1, \ a_2{}^p c_2{}^1), \cdots, (a_1{}^p c_1{}^r, \ a_2{}^p c_2{}^r)\}$$

此外,操作数关系 B 和 D 的垂直合并运算生成临时关系 B+D,如式(5.154)所示。

$$B+D = \tag{5.154}$$

$$\{(a_2{}^1 c_2{}^1, \ b_2{}^1 d_2{}^1), \cdots, (a_2{}^1 c_2{}^1, \ b_2{}^1 d_2{}^{sl}), \cdots, (a_2{}^1 c_2{}^r, \ b_2{}^1 d_2{}^1), \cdots, (a_2{}^1 c_2{}^r, \ b_2{}^1 d_2{}^{sr}), \cdots,$$

$$(a_2{}^1 c_2{}^1, \ b_2{}^{q1} d_2{}^1), \cdots, (a_2{}^1 c_2{}^1, \ b_2{}^{q1} d_2{}^{sl}), \cdots, (a_2{}^1 c_2{}^r, \ b_2{}^{q1} d_2{}^1), \cdots, (a_2{}^1 c_2{}^r, \ b_2{}^{q1} d_2{}^{sr}), \cdots,$$

$$(a_2{}^p c_2{}^1, \ b_2{}^1 d_2{}^1), \cdots, (a_2{}^p c_2{}^1, \ b_2{}^1 d_2{}^{sl}), \cdots, (a_2{}^p c_2{}^r, \ b_2{}^1 d_2{}^1), \cdots, (a_2{}^p c_2{}^r, \ b_2{}^1 d_2{}^{sr}), \cdots,$$

$$(a_2{}^p c_2{}^1, \ b_2{}^{qp} d_2{}^1), \cdots, (a_2{}^p c_2{}^1, \ b_2{}^{qp} d_2{}^{sl}), \cdots, (a_2{}^p c_2{}^r, \ b_2{}^{qp} d_2{}^1), \cdots, (a_2{}^p c_2{}^r, \ b_2{}^{qp} d_2{}^{sr})\}$$

在这种情况下,临时关系 A+C 和 B+D 的水平合并运算生成结果关系(A+C)*(B+D)。由于后者与式(5.152)中的结果关系(A * B)+(C * D)相同,这表明式(5.145)的有效性,证毕。

例 5.13

本例说明在证明 5.7 中,4 个操作数节点 A、B、C、D 的水平-水平-垂直合并运算等同于垂直-垂直-水平合并运算。首先,节点 A 与节点 B 水平合并为临时节点 A * B,节点 C 与节点 D 水平合并为临时节点 C * D。然后,节点 A * B 与节点 C * D 垂直合并为结果节点(A * B)+(C * D)。或者,节点 A 与节点 C 垂直合并为临时节点 A+C,节点 B 与节点 D 垂直合并为临时节点 B+D。然后,节点 A+C 与节点 B+D 水平合并为结果节点(A+C)*(B+D)。图 5.55～图 5.60 和式(5.155)～式(5.160)中的拓扑表达式描述了这种混合特性的所有相关状态。

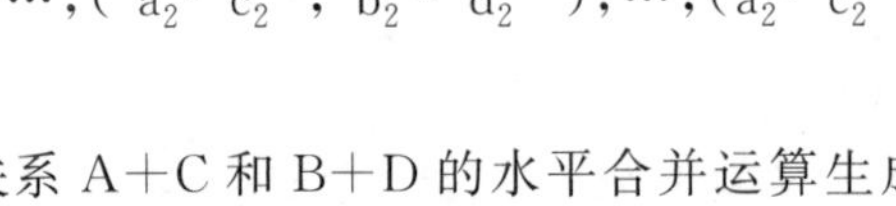

$$\xrightarrow{\ x_A\ } A \xrightarrow{\ z_{A,B}\ } * \xrightarrow{\ z_{A,B}\ } B \xrightarrow{\ y_B\ }$$
$$+$$
$$\xrightarrow{\ x_C\ } C \xrightarrow{\ z_{C,D}\ } * \xrightarrow{\ z_{C,D}\ } D \xrightarrow{\ y_D\ }$$

图 5.55 水平-水平-垂直合并运算的初始状态

$$\{[A] (x_A | z_{A,B}) * [B] (z_{A,B} | y_B)\} + \{[C] (x_C | z_{C,D}) * [D] (z_{C,D} | y_D)\} \tag{5.155}$$

$$\xrightarrow{\ x_A\ } A*B \xrightarrow{\ y_B\ }$$
$$+$$
$$\xrightarrow{\ x_C\ } C*D \xrightarrow{\ y_D\ }$$

图 5.56 水平-水平-垂直合并运算的中间状态

$$[A * B](x_A | y_B) + [C * D](x_C | y_D) \tag{5.156}$$

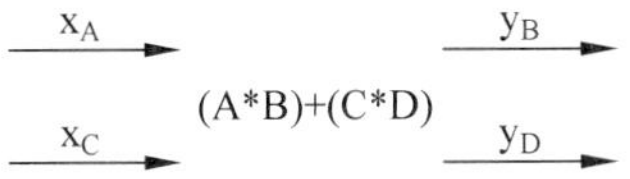

$$[(A * B) + (C * D)](x_A, x_C | y_B, y_D) \tag{5.157}$$

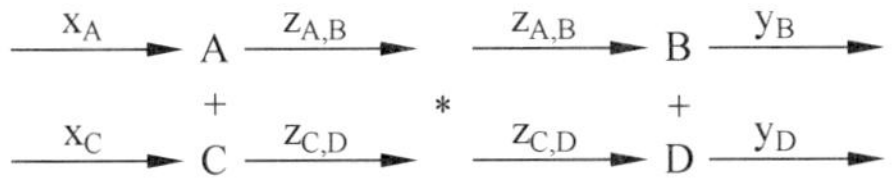

图 5.57 水平-水平-垂直合并运算的最终状态

图 5.58 垂直-垂直-水平合并运算的初始状态

$$\{[A](x_A | z_{A,B}) + [C](x_C | z_{C,D})\} * \{[B](z_{A,B} | y_B) + [D](z_{C,D} | y_D)\} \tag{5.158}$$

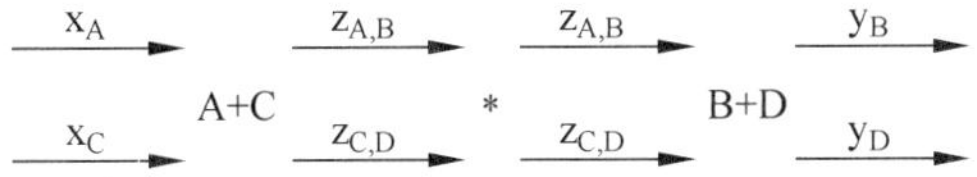

图 5.59 垂直-垂直-水平合并运算的中间状态

$$[A+C](x_A, x_C | z_{A,B}, z_{C,D}) * [B+D](z_{A,B}, z_{C,D} | y_B, y_D) \tag{5.159}$$

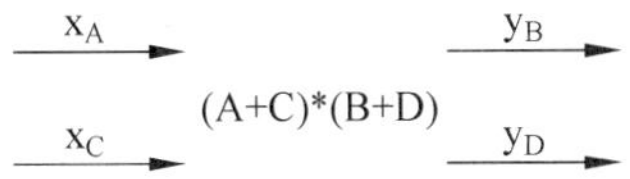

图 5.60 垂直-垂直-水平合并运算的最终状态

$$[(A * C) + (B * D)](x_A, x_C | y_B, y_D) \tag{5.160}$$

证明 5.8

这里证明,根据式(5.161),任何单个操作数节点(A/B)-(C/D)的垂直-水平-水平拆分等同于节点(A-C)/(B-D)的水平-垂直-垂直拆分,假设在图 3.1 所示的两级两层 FN 的互连结构内 A 与 B,C 与 D 分别从左到右排列,A 与 B 在第一行,C 与 D 在第二行。

$$(A/B)\text{-}(C/D) = (A\text{-}C)/(B\text{-}D) \tag{5.161}$$

如式(5.162)所示,此证明采用二元关系作为操作数节点(A/B)-(C/D)和(A-C)/(B-D)的形式模型。在这种情况下,(A/B)-(C/D)与(A-C)/(B-D)中关系对的第一个元素是 ac 类型的对偶(duplet),关系对的第二个元素是 bd 类型的对偶。

$$(A/B)\text{-}(C/D) = (A\text{-}C)/(B\text{-}D) = \tag{5.162}$$

$\{(a_1{}^1 c_1{}^1,\ b_2{}^1 d_2{}^1),\ \cdots,\ (a_1{}^1 c_1{}^1,\ b_2{}^1 d_2{}^{s1}),\ \cdots,\ (a_1{}^1 c_1{}^r,\ b_2{}^1 d_2{}^1),\ \cdots,\ (a_1{}^1 c_1{}^r,\ b_2{}^1 d_2{}^{sr}),\ \cdots,$

$(a_1{}^1 c_1{}^1,\ b_2{}^{q1} d_2{}^1),\ \cdots,\ (a_1{}^1 c_1{}^1,\ b_2{}^{q1} d_2{}^{s1}),\ \cdots,\ (a_1{}^1 c_1{}^r,\ b_2{}^{q1} d_2{}^1),\ \cdots,\ (a_1{}^1 c_1{}^r,\ b_2{}^{q1} d_2{}^{sr}),\ \cdots,$

$(a_1{}^p c_1{}^1,\ b_2{}^1 d_2{}^1),\ \cdots,\ (a_1{}^p c_1{}^1,\ b_2{}^1 d_2{}^{s1}),\ \cdots,\ (a_1{}^p c_1{}^r,\ b_2{}^1 d_2{}^1),\ \cdots,\ (a_1{}^p c_1{}^r,\ b_2{}^1 d_2{}^{sr}),\ \cdots,$

$(a_1{}^p c_1{}^1,\ b_2{}^{qp} d_2{}^1),\ \cdots,\ (a_1{}^p c_1{}^1,\ b_2{}^{qp} d_2{}^{s1}),\ \cdots,\ (a_1{}^p c_1{}^r,\ b_2{}^{qp} d_2{}^1),\ \cdots,\ (a_1{}^p c_1{}^r,\ b_2{}^{qp} d_2{}^{sr})\}$

（A/B）-（C/D）与（A-C）/（B-D）中任何关系对的第一对偶、第二对偶分别由下标 1 和 2 表示。它们的上标表示结果关系 A、B、C、D 中的目标对。

操作数关系（A/B）-（C/D）的垂直拆分运算生成临时关系 A/B 和 C/D，如式（5.163）～式（5.164）所示。

$$A/B = \{(a_1^{\ 1}, b_2^{\ 1}), \cdots, (a_1^{\ 1}, b_2^{\ q1}), \cdots, (a_1^{\ p}, b_2^{\ 1}), \cdots, (a_1^{\ p}, b_2^{\ qp})\} \tag{5.163}$$

$$C/D = \{(c_1^{\ 1}, d_2^{\ 1}), \cdots, (c_1^{\ 1}, d_2^{\ s1}), \cdots, (c_1^{\ r}, d_2^{\ 1}), \cdots, (c_1^{\ r}, d_2^{\ sr})\} \tag{5.164}$$

此外，临时关系 A/B 和 C/D 的水平拆分运算分别生成结果关系 A、B 和 C、D，如式（5.165）～式（5.168）所示。

$$A = \{(a_1^{\ 1}, a_2^{\ 1}), \cdots, (a_1^{\ p}, a_2^{\ p})\} \tag{5.165}$$

$$B = \{(a_2^{\ 1}, b_2^{\ 1}), \cdots, (a_2^{\ 1}, b_2^{\ q1}), \cdots, (a_2^{\ p}, b_2^{\ 1}), \cdots, (a_2^{\ p}, b_2^{\ qp})\} \tag{5.166}$$

$$C = \{(c_1^{\ 1}, c_2^{\ 1}), \cdots, (c_1^{\ r}, c_2^{\ r})\} \tag{5.167}$$

$$D = \{(c_2^{\ 1}, d_2^{\ 1}), \cdots, (c_2^{\ 1}, d_2^{\ s1}), \cdots, (c_2^{\ r}, d_2^{\ 1}), \cdots, (c_2^{\ r}, d_2^{\ sr})\} \tag{5.168}$$

或者，操作数关系（A-C）/（B-D）的水平拆分运算生成临时关系 A-C 和 B-D，如式（5.169）～式（5.170）所示。

$$A\text{-}C = \{(a_1^{\ 1}c_1^{\ 1}, a_2^{\ 1}c_2^{\ 1}), \cdots, (a_1^{\ 1}c_1^{\ r}, a_2^{\ 1}c_2^{\ r}), \cdots, \tag{5.169}$$
$$(a_1^{\ p}c_1^{\ 1}, a_2^{\ p}c_2^{\ 1}), \cdots, (a_1^{\ p}c_1^{\ r}, a_2^{\ p}c_2^{\ r})\}$$

$$B\text{-}D = \tag{5.170}$$
$$\{(a_2^{\ 1}c_2^{\ 1}, b_2^{\ 1}d_2^{\ 1}), \cdots, (a_2^{\ 1}c_2^{\ 1}, b_2^{\ 1}d_2^{\ s1}), \cdots, (a_2^{\ 1}c_2^{\ r}, b_2^{\ 1}d_2^{\ 1}), \cdots, (a_2^{\ 1}c_2^{\ r}, b_2^{\ 1}d_2^{\ sr}), \cdots,$$

$$(a_2^{\ 1}c_2^{\ 1}, b_2^{\ q1}d_2^{\ 1}), \cdots, (a_2^{\ 1}c_2^{\ 1}, b_2^{\ q1}d_2^{\ s1}), \cdots, (a_2^{\ 1}c_2^{\ r}, b_2^{\ q1}d_2^{\ 1}), \cdots, (a_2^{\ 1}c_2^{\ r}, b_2^{\ q1}d_2^{\ sr}), \cdots,$$

$$(a_2^{\ p}c_2^{\ 1}, b_2^{\ 1}d_2^{\ 1}), \cdots, (a_2^{\ p}c_2^{\ 1}, b_2^{\ 1}d_2^{\ s1}), \cdots, (a_2^{\ p}c_2^{\ r}, b_2^{\ 1}d_2^{\ 1}), \cdots, (a_2^{\ p}c_2^{\ r}, b_2^{\ 1}d_2^{\ sr}), \cdots,$$

$$(a_2^{\ p}c_2^{\ 1}, b_2^{\ qp}d_2^{\ 1}), \cdots, (a_2^{\ p}c_2^{\ 1}, b_2^{\ qp}d_2^{\ s1}), \cdots, (a_2^{\ p}c_2^{\ r}, b_2^{\ qp}d_2^{\ 1}), \cdots, (a_2^{\ p}c_2^{\ r}, b_2^{\ qp}d_2^{\ sr})\}$$

此外，临时关系 A-B 和 C-D 的垂直拆分运算分别生成结果关系 A、B 和 C、D。后者与式（5.165）～式（5.168）的结果关系相同，这表明式（5.161）的有效性，证毕。

例 5.14

本例说明在证明 5.8 的过程中，操作数节点（A/B）-（C/D）的垂直-水平-水平拆分运算和（A-C）/（B-D）的水平-垂直-垂直拆分运算的等价性。首先，节点（A/B）-（C/D）垂直拆分为临时节点 A/B 和 C/D。然后，这两个临时节点分别水平拆分为结果节点 A、B 和 C、D。或者，节点（A-C）/（B-D）水平拆分为临时节点 A-C 和 B-D。然后，这两个临时节点分别垂直拆分为结果节点 A、C 和 B、D。图 5.61～图 5.66 和式（5.171）～式（5.176）中的拓扑表达式描述了这种混合特性的所有相关状态。

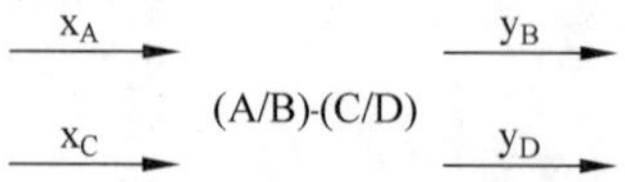

图 5.61　垂直-水平-水平拆分的初始状态

$$[(A/B)-(C/D)](x_A, x_C | y_B, y_D) \tag{5.171}$$

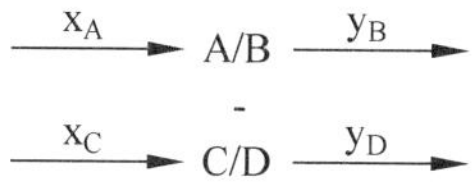

图 5.62　垂直-水平-水平拆分的中间状态

$$[A/B](x_A | y_B)-[C/D](x_C | y_D) \tag{5.172}$$

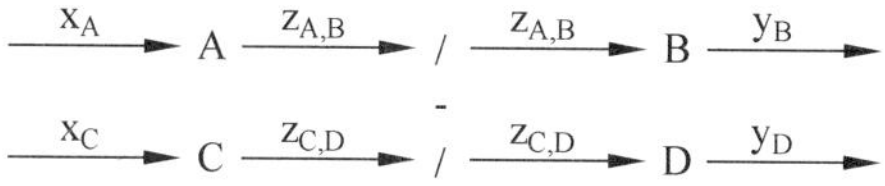

图 5.63　垂直-水平-水平拆分的最终状态

$$\{[A](x_A | z_{A,B}) / [B](z_{A,B} | y_B)\}-\{[C](x_C | z_{C,D}) / [D](z_{C,D} | y_D)\} \tag{5.173}$$

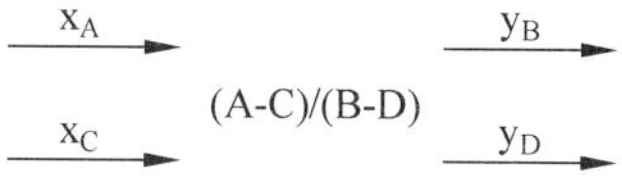

图 5.64　水平-垂直-垂直拆分的初始状态

$$[(A-C)/(B-D)](x_A, x_C | y_B, y_D) \tag{5.174}$$

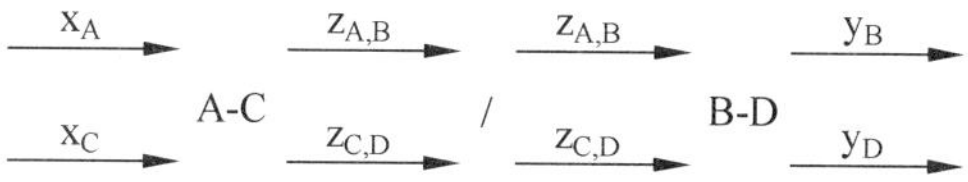

图 5.65　水平-垂直-垂直拆分的中间状态

$$[A-C](x_A, x_C | z_{A,B}, z_{C,D})/[B-D](z_{A,B}, z_{C,D} | y_B, y_D) \tag{5.175}$$

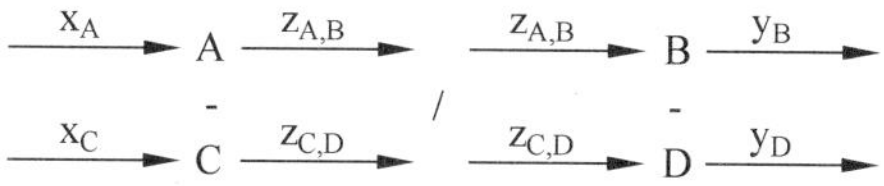

图 5.66　水平-垂直-垂直拆分的最终状态

$$\{[A](x_A | z_{A,B})-[C](x_C | z_{C,D})\} / \{[B](z_{A,B} | y_B)-[D](z_{C,D} | y_D)\} \tag{5.176}$$

证明 5.9

这里证明,图 3.1 所示的两级两层 FN 中任何 4 个操作节点 A、B、C、D 的水平-水平输出合并运算等同于式(5.177)所示的垂直-水平输出合并运算。在这种情况下,假设 4 个节点在该 FN 的互连结构内从左至右及从上至下按字母顺序排列,第一层中的节点 A 和 C 具有共同输入。

$$(A * B);(C * D) = (A;C)*(B+D) \tag{5.177}$$

该证明使用二元关系作为操作数节点 A、B、C、D 的形式模型,如式(5.178)～式(5.181)所示。在这种情况下,A 和 C 中关系对的第一个元素用字母 e 表示,关系对的第二个元素分别用字母 a 和 c 表示。此外,B 和 D 中的关系对的第二个元素由字母 b 和 d 表示,关系对的第一个元素分别由字母 a 和 c 表示。

$$A = \{(e_1^1, a_2^1), \cdots, (e_1^1, a_2^{p1}), \cdots, (e_1^r, a_2^1), \cdots, (e_1^r, a_2^{pr})\} \tag{5.178}$$

$$B = \{(a_2^1, b_2^1), \cdots, (a_2^1, b_2^{s1}), \cdots, \tag{5.179}$$

$$(a_2^{p1}, b_2^1), \cdots, (a_2^{p1}, b_2^{s \cdot p1}), \cdots,$$

$$(a_2{}^{pr}, b_2{}^1), \cdots, (a_2{}^{pr}, b_2{}^{s,pr})\}$$

$$C = \{(e_1{}^1, c_2{}^1), \cdots, (e_1{}^1, c_2{}^{q1}), \cdots, (e_1{}^r, c_2{}^1), \cdots, (e_1{}^r, c_2{}^{qr})\} \tag{5.180}$$

$$D = \{(c_2{}^1, d_2{}^1), \cdots, (c_2{}^1, d_2{}^{t1}), \cdots, \tag{5.181}$$

$$(c_2{}^{q1}, d_2{}^1), \cdots, (c_2{}^{q1}, d_2{}^{t,q1}), \cdots,$$

$$(c_2{}^{qr}, d_2{}^1), \cdots, (c_2{}^{qr}, d_2{}^{t,qr})\}$$

A 和 C 中任何关系对的第一个与第二个元素分别由下标 1 和 2 表示。B 和 D 中任何关系对的两个元素都用下标 2 表示。这是由于对 B 和 D 有左组合性要求,即 B 中关系对的第一个元素必须与 A 中关系对的第二个元素相同,而 D 中关系对的第一个元素都必须与 C 中关系对的第二个元素相同。

A 和 C 中任何关系对的第一个元素的上标从 1 到 r,而这些对的第二个元素的上标分别从 1 到 pr、1 到 qr。在这种情况下,关系 A 具有"p1+⋯+pr"对,关系 C 具有"q1+⋯+qr"对。B 和 D 中关系对的第一个元素的上标分别为从 1 到 p1 再到 pr、从 1 到 q1 再到 qr。就 B 和 D 中关系对的第二个元素的上标而言,B 中的从 1 到 s1、1 到 p1、1 到 pr,D 中的从 1 到 t1、1 到 q1、1 到 qr。在这种情况下,关系 B 有"s1+⋯+p1+⋯+pr"对,关系 D 有"t1+⋯+q1+⋯+qr"对。

操作数关系 A 和 B 的水平合并运算生成临时关系 A∗B,如式(5.182)所示。

$$A * B = \{(e_1{}^1, b_2{}^1), \cdots, (e_1{}^1, b_2{}^{s1}), \cdots, (e_1{}^1, b_2{}^{s,p1}), \cdots, \tag{5.182}$$

$$(e_1{}^r, b_2{}^1), \cdots, (e_1{}^r, b_2{}^{s1}), \cdots, (e_1{}^r, b_2{}^{s,pr})\}$$

此外,操作数关系 C 和 D 水平合并运算生成临时关系 C∗D,如式(5.183)所示。

$$C * D = \{(e_1{}^1, d_2{}^1), \cdots, (e_1{}^1, d_2{}^{t1}), \cdots, (e_1{}^1, d_2{}^{t,q1}), \cdots, \tag{5.183}$$

$$(e_1{}^r, d_2{}^1), \cdots, (e_1{}^r, d_2{}^{t1}), \cdots, (e_1{}^r, d_2{}^{t,qr})\}$$

进一步地,临时关系 A∗B 和 C∗D 输出合并运算生成结果关系(A∗B);(C∗D),如式(5.184)所示。

$$(A * B);(C * D) = \tag{5.184}$$

$$\{(e_1{}^1, b_2{}^1 d_2{}^1), \cdots, (e_1{}^1, b_2{}^1 d_2{}^{t1}), \cdots, (e_1{}^1, b_2{}^1 d_2{}^{t,q1}), \cdots,$$

$$(e_1{}^1, b_2{}^{s1} d_2{}^1), \cdots, (e_1{}^1, b_2{}^{s1} d_2{}^{t1}), \cdots, (e_1{}^1, b_2{}^{s1} d_2{}^{t,q1}), \cdots,$$

$$(e_1{}^1, b_2{}^{s,p1} d_2{}^1), \cdots, (e_1{}^1, b_2{}^{s,p1} d_2{}^{t1}), \cdots, (e_1{}^1, b_2{}^{s,p1} d_2{}^{t}, q1), \cdots,$$

$$(e_1{}^r, b_2{}^1 d_2{}^1), \cdots, (e_1{}^r, b_2{}^1 d_2{}^{t1}), \cdots, (e_1{}^r, b_2{}^1 d_2{}^{t,qr}), \cdots,$$

$$(e_1{}^r, b_2{}^{s1} d_2{}^1), \cdots, (e_1{}^r, b_2{}^{s1} d_2{}^{t1}), \cdots, (e_1{}^r, b_2{}^{s1} d_2{}^{t,qr}), \cdots,$$

$$(e_1{}^r, b_2{}^{s,pr} d_2{}^1), \cdots, (e_1{}^r, b_2{}^{s,pr} d_2{}^{t1}), \cdots, (e_1{}^r, b_2{}^{s,pr} d_2{}^{t,qr})\}$$

另一方面,操作数关系 A 和 C 输出合并运算生成临时关系 A;C,如式(5.185)所示。

$$A;C = \tag{5.185}$$

$$\{(e_1{}^1, a_2{}^1 c_2{}^1), \cdots, (e_1{}^1, a_2{}^1 c_2{}^{q1}), \cdots, (e_1{}^1, a_2{}^{p1} c_2{}^1), \cdots, (e_1{}^1, a_2{}^{p1} c_2{}^{q1}), \cdots,$$

$$(e_1{}^r, a_2{}^1 c_2{}^1), \cdots, (e_1{}^r, a_2{}^1 c_2{}^{qr}), \cdots, (e_1{}^r, a_2{}^{pr} c_2{}^1), \cdots, (e_1{}^r, a_2{}^{pr} c_2{}^{qr})\}$$

此外,操作数关系 B 和 D 垂直合并运算生成临时关系 B+D,如式(5.186)所示。

$$B+D = \tag{5.186}$$

$$\{(a_2^1 c_2^1, b_2^1 d_2^1), \cdots, (a_2^1 c_2^1, b_2^1 d_2^{tl}), \cdots, (a_2^1 c_2^{ql}, b_2^1 d_2^1), \cdots,$$

$$(a_2^1 c_2^{ql}, b_2^1 d_2^{t,ql}), \cdots, (a_2^1 c_2^{qr}, b_2^1 d_2^1), \cdots, (a_2^1 c_2^{qr}, b_2^1 d_2^{t,qr}), \cdots,$$

$$(a_2^1 c_2^1, b_2^{sl} d_2^1), \cdots, (a_2^1 c_2^1, b_2^{sl} d_2^{tl}), \cdots, (a_2^1 c_2^{ql}, b_2^{sl} d_2^1), \cdots,$$

$$(a_2^1 c_2^{ql}, b_2^{sl} d_2^{t,ql}), \cdots, (a_2^1 c_2^{qr}, b_2^{sl} d_2^1), \cdots, (a_2^1 c_2^{qr}, b_2^{sl} d_2^{t,qr}), \cdots,$$

$$(a_2^{pl} c_2^1, b_2^1 d_2^1), \cdots, (a_2^{pl} c_2^1, b_2^1 d_2^{tl}), \cdots, (a_2^{pl} c_2^{ql}, b_2^1 d_2^1), \cdots,$$

$$(a_2^{pl} c_2^{ql}, b_2^1 d_2^{t,ql}), \cdots, (a_2^{pl} c_2^{qr}, b_2^1 d_2^1), \cdots, (a_2^{pl} c_2^{qr}, b_2^1 d_2^{t,qr}), \cdots,$$

$$(a_2^{pl} c_2^1, b_2^{s,pl} d_2^1), \cdots, (a_2^{pl} c_2^1, b_2^{s,pl} d_2^{tl}), \cdots, (a_2^{pl} c_2^{ql}, b_2^{s,pl} d_2^1), \cdots,$$

$$(a_2^{pl} c_2^{ql}, b_2^{s,pl} d_2^{t,ql}), \cdots, (a_2^{pl} c_2^{qr}, b_2^{s,pl} d_2^1), \cdots, (a_2^{pl} c_2^{qr}, b_2^{s,pl} d_2^{t,qr}), \cdots,$$

$$(a_2^{pr} c_2^1, b_2^1 d_2^1), \cdots, (a_2^{pr} c_2^1, b_2^1 d_2^{tl}), \cdots, (a_2^{pr} c_2^{ql}, b_2^1 d_2^1), \cdots,$$

$$(a_2^{pr} c_2^{ql}, b_2^1 d_2^{t,ql}), \cdots, (a_2^{pr} c_2^{qr}, b_2^1 d_2^1), \cdots, (a_2^{pr} c_2^{qr}, b_2^1 d_2^{t,qr}), \cdots,$$

$$(a_2^{pr} c_2^1, b_2^{s,pr} d_2^1), \cdots, (a_2^{pr} c_2^1, b_2^{s,pr} d_2^{tl}), \cdots, (a_2^{pr} c_2^{ql}, b_2^{s,pr} d_2^1), \cdots,$$

$$(a_2^{pr} c_2^{ql}, b_2^{s,pr} d_2^{t,ql}), \cdots, (a_2^{pr} c_2^{qr}, b_2^{s,pr} d_2^1), \cdots, (a_2^{pr} c_2^{qr}, b_2^{s,pr} d_2^{t,qr})\}$$

在这种情况下,临时关系 A;C 与 B+D 水平合并运算生成结果关系(A;C)*(B+D)。因为后者与从式(5.184)中得出的结果关系(A*B);(C*D)相同;这表明了式(5.177)的有效性,证毕。

例 5.15

本例说明在证明 5.9 的过程中,具有共同输入的 4 个操作数节点 A、B、C、D 的水平-水平-输出合并运算和输出-垂直-水平合并运算的等价性。首先,节点 A 与 B 水平合并为临时节点 A*B,节点 C 与 D 水平合并为临时节点 C*D。然后,节点 A*B 与节点 C*D 输出合并为结果节点(A*B);(C*D)。或者,将节点 A 与 C 输出合并为临时节点 A;C,节点 B 与 D 垂直合并为临时节点 B+D。然后,节点 A;C 与节点 B+D 水平合并为结果节点(A;C)*(B+D)。图 5.67～图 5.72 与式(5.187)～式(5.192)中的拓扑表达式描述了这种混合特性的所有相关状态。

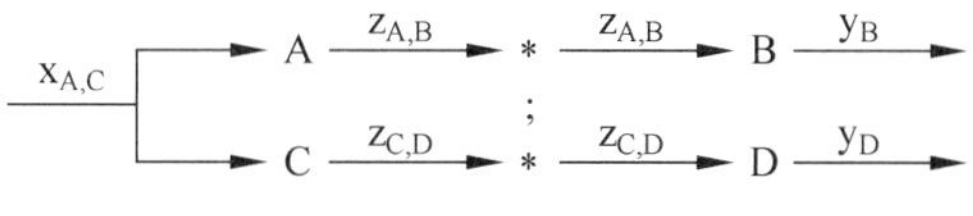

图 5.67 水平-水平-输出合并运算的初始状态

$$\{[A] (x_{A,C} | z_{A,B}) * [B] (z_{A,B} | y_B)\} ; \{[C] (x_{A,C} | z_{C,D}) * [D] (z_{C,D} | y_D)\} \tag{5.187}$$

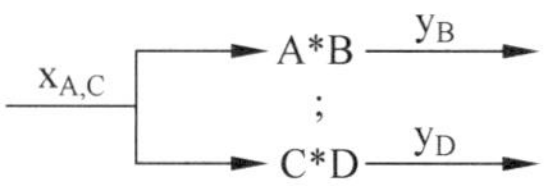

图 5.68 水平-水平-输出合并运算的中间状态

$$[A * B] (x_{A,C} | y_B) ; [C * D] (x_{A,C} | y_D) \tag{5.188}$$

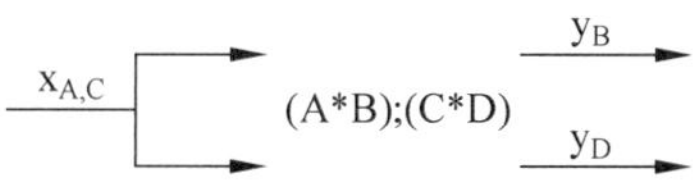

图 5.69 水平-水平-输出合并运算的最终状态

$$[(A*B);(C*D)](x_{A,C}|y_B, y_D) \tag{5.189}$$

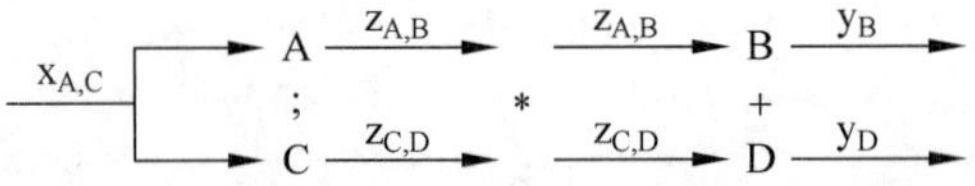

图 5.70　输出-垂直-水平合并运算的初始状态

$$\{[A](x_{A,C}|z_{A,B});[C](x_{A,C}|z_{C,D})\} * \{[B](z_{A,B}|y_B) + [D](z_{C,D}|y_D)\} \tag{5.190}$$

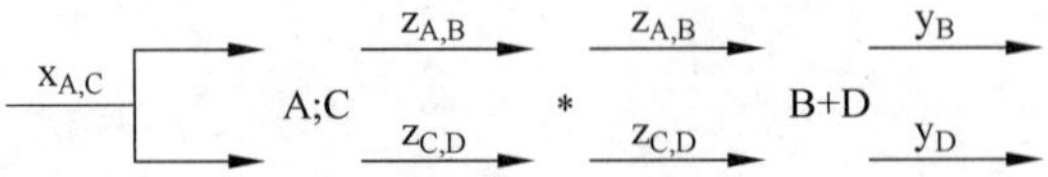

图 5.71　输出-垂直-水平合并运算的中间状态

$$[A;C](x_{A,C}|z_{A,B}, z_{C,D}) * [B+D](z_{A,B}, z_{C,D}|y_B, y_D) \tag{5.191}$$

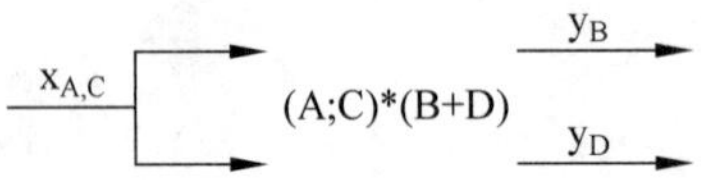

图 5.72　输出-垂直-水平合并运算的最终状态

$$[(A;C)*(B+D)](x_{A,C}|y_B, y_D) \tag{5.192}$$

证明 5.10

这里证明,根据式(5.193),任何单个操作数节点(A/B);(C/D)的输出-水平-水平拆分运算等同于同一节点(A;C)/(B-D)的水平-输出-垂直拆分运算。在这种情况下,假设 4 个结果节点 A、B、C、D 按字母顺序从左至右及从上至下排列在两级两层 FN 的互连结构内,两级两层 FN 如图 3.1 所示。

$$(A/B);(C/D) = (A;C)/(B-D) \tag{5.193}$$

如式(5.194)所示,操作数节点(A/B);(C/D)与(A;C)/(B-D)的形式模型是二元关系。在这种情况下,(A/B)-(C/D)与(A-C)/(B-D)中的关系对的第一个元素是字母 e,而这些关系对的第二个元素是 bd 类型的对偶。

$$(A/B);(C/D) = (A;C)/(B-D) = \tag{5.194}$$
$$\{(e_1{}^1, b_2{}^1 d_2{}^1), \cdots, (e_1{}^1, b_2{}^1 d_2{}^{tl}), \cdots, (e_1{}^1, b_2{}^1 d_2{}^{t,ql}), \cdots,$$
$$(e_1{}^1, b_2{}^{sl} d_2{}^1), \cdots, (e_1{}^1, b_2{}^{sl} d_2{}^{tl}), \cdots, (e_1{}^1, b_2{}^{sl} d_2{}^{t,ql}), \cdots,$$
$$(e_1{}^1, b_2{}^{s,pl} d_2{}^1), \cdots, (e_1{}^1, b_2{}^{s,pl} d_2{}^{tl}), \cdots, (e_1{}^1, b_2{}^{s,pl} d_2{}^{t,ql}), \cdots,$$
$$(e_1{}^r, b_2{}^1 d_2{}^1), \cdots, (e_1{}^r, b_2{}^1 d_2{}^{tl}), \cdots, (e_1{}^r, b_2{}^1 d_2{}^{t,qr}), \cdots,$$
$$(e_1{}^r, b_2{}^{sl} d_2{}^1), \cdots, (e_1{}^r, b_2{}^{sl} d_2{}^{tl}), \cdots, (e_1{}^r, b_2{}^{sl} d_2{}^{t,qr}), \cdots,$$
$$(e_1{}^r, b_2{}^{s,pr} d_2{}^1), \cdots, (e_1{}^r, b_2{}^{s,pr} d_2{}^{tl}), \cdots, (e_1{}^r, b_2{}^{s,pr} d_2{}^{t,qr})\}$$

(A/B);(C/D)与(A;C)/(B-D)中的任何关系对的第一个、第二个元素分别由下标 1 和 2 表示。其上标表示结果关系 A、B、C、D 中的目标对。

操作数关系(A/B);(C/D)的输出分解运算生成临时关系 A/B 和 C/D,如式(5.195)~式(5.196)所示。

$$A/B = \{(e_1{}^1, b_2{}^1), \cdots, (e_1{}^1, b_2{}^{sl}), \cdots, (e_1{}^1, b_2{}^{s,pl}), \cdots, \tag{5.195}$$
$$(e_1{}^r, b_2{}^1), \cdots, (e_1{}^r, b_2{}^{sl}), \cdots, (e_1{}^r, b_2{}^{s,pr})\}$$

$$C/D = \{(e_1{}^1, d_2{}^1), \cdots, (e_1{}^1, d_2{}^{tl}), \cdots, (e_1{}^1, d_2{}^{t,ql}), \cdots, \tag{5.196}$$
$$(e_1{}^r, d_2{}^1), \cdots, (e_1{}^r, d_2{}^{tl}), \cdots, (e_1{}^r, d_2{}^{t,qr})\}$$

此外,临时关系 A/B 和 C/D 水平分解后分别生成结果关系 A、B 和 C、D,如式(5.197)~
式(5.200)所示。

$$A = \{(e_1{}^1, a_2{}^1), \cdots, (e_1{}^1, a_2{}^{pl}), \cdots, (e_1{}^r, a_2{}^1), \cdots, (e_1{}^r, a_2{}^{pr})\} \tag{5.197}$$

$$B = \{(a_2{}^1, b_2{}^1), \cdots, (a_2{}^1, b_2{}^{sl}), \cdots, (a_2{}^{pl}, b_2{}^1), \cdots, \tag{5.198}$$
$$(a_2{}^{pl}, b_2{}^{s,pl}), \cdots, (a_2{}^{pr}, b_2{}^1), \cdots, (a_2{}^{pr}, b_2{}^{s,pr})\}$$

$$C = \{(e_1{}^1, c_2{}^1), \cdots, (e_1{}^1, c_2{}^{ql}), \cdots, (e_1{}^r, c_2{}^1), \cdots, (e_1{}^r, c_2{}^{qr})\} \tag{5.199}$$

$$D = \{(c_2{}^1, d_2{}^1), \cdots, (c_2{}^1, d_2{}^{tl}), \cdots, (c_2{}^{ql}, d_2{}^1), \cdots, \tag{5.200}$$
$$(c_2{}^{ql}, d_2{}^{t,ql}), \cdots, (c_2{}^{qr}, d_2{}^1), \cdots, (c_2{}^{qr}, d_2{}^{t,qr})\}$$

或者,操作数关系(A:C)/(B-D)水平分解后生成临时关系 A:C 和 B-D,如式(5.201)~
式(5.202)所示。

$$A:C = \tag{5.201}$$
$$\{(e_1{}^1, a_2{}^1 c_2{}^1), \cdots, (e_1{}^1, a_2{}^1 c_2{}^{ql}), \cdots, (e_1{}^1, a_2{}^{pl} c_2{}^1), \cdots, (e_1{}^1, a_2{}^{pl} c_2{}^{ql}), \cdots,$$
$$(e_1{}^r, a_2{}^1 c_2{}^1), \cdots, (e_1{}^r, a_2{}^1 c_2{}^{qr}), \cdots, (e_1{}^r, a_2{}^{pr} c_2{}^1), \cdots, (e_1{}^r, a_2{}^{pr} c_2{}^{qr})\}$$

$$B\text{-}D = \{(a_2{}^1 c_2{}^1, b_2{}^1 d_2{}^1), \cdots, (a_2{}^1 c_2{}^1, b_2{}^1 d_2{}^{tl}), \cdots, (a_2{}^1 c_2{}^{ql}, b_2{}^1 d_2{}^1), \cdots, \tag{5.202}$$
$$(a_2{}^1 c_2{}^{ql}, b_2{}^1 d_2{}^{t,ql}), \cdots, (a_2{}^1 c_2{}^{qr}, b_2{}^1 d_2{}^1), \cdots, (a_2{}^1 c_2{}^{qr}, b_2{}^1 d_2{}^{t,qr}), \cdots,$$
$$(a_2{}^1 c_2{}^1, b_2{}^{sl} d_2{}^1), \cdots, (a_2{}^1 c_2{}^1, b_2{}^{sl} d_2{}^{tl}), \cdots, (a_2{}^1 c_2{}^{ql}, b_2{}^{sl} d_2{}^1), \cdots,$$
$$(a_2{}^1 c_2{}^{ql}, b_2{}^{sl} d_2{}^{t,ql}), \cdots, (a_2{}^1 c_2{}^{qr}, b_2{}^{sl} d_2{}^1), \cdots, (a_2{}^1 c_2{}^{qr}, b_2{}^{sl} d_2{}^{t,qr}), \cdots,$$
$$(a_2{}^{pl} c_2{}^1, b_2{}^1 d_2{}^1), \cdots, (a_2{}^{pl} c_2{}^1, b_2{}^1 d_2{}^{tl}), \cdots, (a_2{}^{pl} c_2{}^{ql}, b_2{}^1 d_2{}^1), \cdots,$$
$$(a_2{}^{pl} c_2{}^{ql}, b_2{}^1 d_2{}^{t,ql}), \cdots, (a_2{}^{pl} c_2{}^{qr}, b_2{}^1 d_2{}^1), \cdots, (a_2{}^{pl} c_2{}^{qr}, b_2{}^1 d_2{}^{t,qr}), \cdots,$$
$$(a_2{}^{pl} c_2{}^1, b_2{}^{s,pl} d_2{}^1), \cdots, (a_2{}^{pl} c_2{}^1, b_2{}^{s,pl} d_2{}^{tl}), \cdots, (a_2{}^{pl} c_2{}^{ql}, b_2{}^{s,pl} d_2{}^1), \cdots,$$
$$(a_2{}^{pl} c_2{}^{ql}, b_2{}^{s,pl} d_2{}^{t,ql}), \cdots, (a_2{}^{pl} c_2{}^{qr}, b_2{}^{s,pl} d_2{}^1), \cdots, (a_2{}^{pl} c_2{}^{qr}, b_2{}^{s,pl} d_2{}^{t,qr}), \cdots,$$
$$(a_2{}^{pr} c_2{}^1, b_2{}^1 d_2{}^1), \cdots, (a_2{}^{pr} c_2{}^1, b_2{}^1 d_2{}^{tl}), \cdots, (a_2{}^{pr} c_2{}^{ql}, b_2{}^1 d_2{}^1), \cdots,$$
$$(a_2{}^{pr} c_2{}^{ql}, b_2{}^1 d_2{}^{t,ql}), \cdots, (a_2{}^{pr} c_2{}^{qr}, b_2{}^1 d_2{}^1), \cdots, (a_2{}^{pr} c_2{}^{qr}, b_2{}^1 d_2{}^{t,qr}), \cdots,$$
$$(a_2{}^{pr} c_2{}^1, b_2{}^{s,pr} d_2{}^1), \cdots, (a_2{}^{pr} c_2{}^1, b_2{}^{s,pr} d_2{}^{tl}), \cdots, (a_2{}^{pr} c_2{}^{ql}, b_2{}^{s,pr} d_2{}^1), \cdots,$$
$$(a_2{}^{pr} c_2{}^{ql}, b_2{}^{s,pr} d_2{}^{t,ql}), \cdots, (a_2{}^{pr} c_2{}^{qr}, b_2{}^{s,pr} d_2{}^1), \cdots, (a_2{}^{pr} c_2{}^{qr}, b_2{}^{s,pr} d_2{}^{t,qr})\}$$

此外,临时关系 A:C 的输出拆分运算和临时关系 B-D 的垂直拆分运算分别生成结果
关系 A、B 和 C、D。由于生成的结果关系与式(5.197)~式(5.200)的结果关系相同,这表明

了式(5.193)的有效性,证毕。

例 5.16

本例说明证明 5.10 中的操作数节点(A/B):(C/D)与(A:C)/(B-D)的输出-水平-水平拆分与水平-输出-垂直拆分的等价性。首先,节点(A/B):(C/D)输出分解为临时节点 A/B 与 C/D。然后,这两个临时节点分别水平拆分为结果节点 A、B 和 C、D。或者,将节点 (A:C)/(B-D)水平拆分为临时节点 A:C 和 B-D。然后,输出这两个临时节点,并将其垂直拆分为结果节点 A、C 和 B、D。图 5.73~图 5.78 和式(5.203)~式(5.208)中的拓扑表达式描述了这种混合特性的所有相关状态。

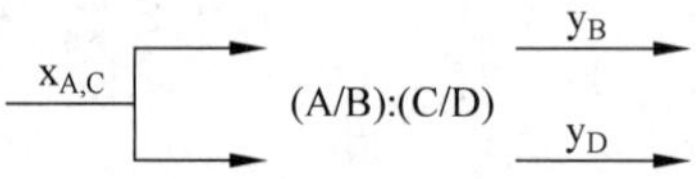

图 5.73 输出-水平-水平拆分的初始状态

$$[(A/B):(C/D)] (x_{A,C} | y_B, y_D) \tag{5.203}$$

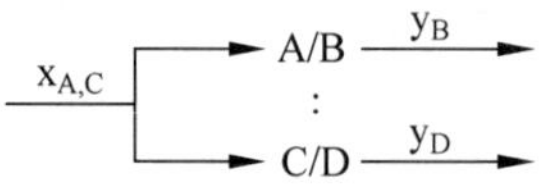

图 5.74 输出-水平-水平拆分的中间状态

$$[A/B] (x_{A,C} | y_B) : [C/D] (x_{A,C} | y_D) \tag{5.204}$$

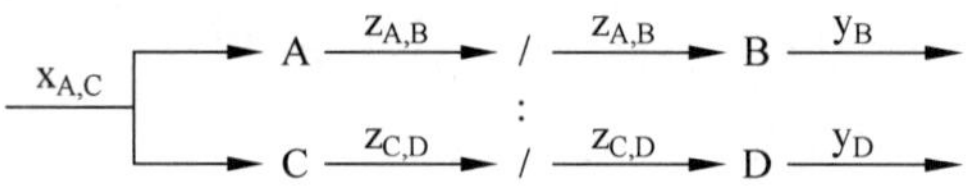

图 5.75 输出-水平-水平拆分的最终状态

$$\{[A] (x_{A,C} | z_{A,B}) / [B] (z_{A,B} | y_B)\} : \{[C] (x_{A,C} | z_{C,D}) / [D] (z_{C,D} | y_D)\} \tag{5.205}$$

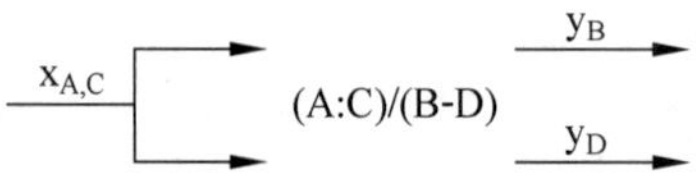

图 5.76 水平-输出-垂直拆分的初始状态

$$[(A:C)/(B-D)] (x_{A,C} | y_B, y_D) \tag{5.206}$$

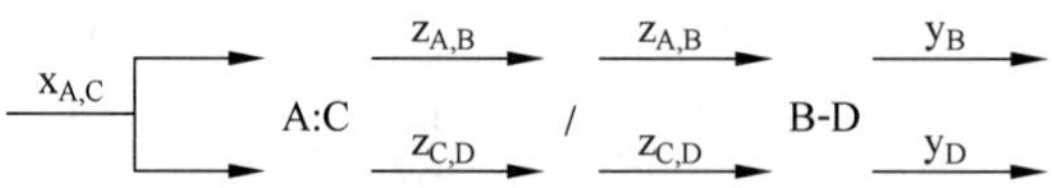

图 5.77 水平-输出-垂直拆分的中间始状态

$$[A:C] (x_{A,C} | z_{A,B}, z_{C,D}) / [B-D] (z_{A,B}, z_{C,D} | y_B, y_D) \tag{5.207}$$

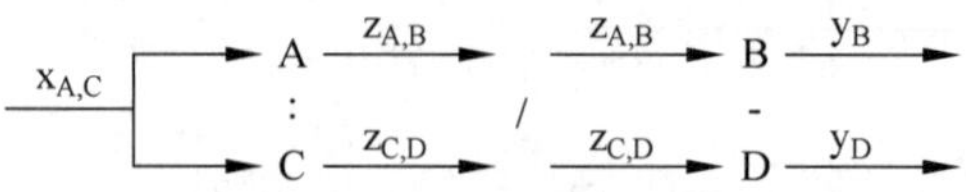

图 5.78 水平-输出-垂直拆分的最终状态

$$\{[A] (x_{A,C} | z_{A,B}) : [C] (x_{A,C} | z_{C,D})\} / \{[B] (z_{A,B} | y_B) - [D] (z_{C,D} | y_D)\} \tag{5.208}$$

5.9 结构特性的比较

本章介绍的基本运算的结构特性是本书所使用的语言合成方法的核心。这些特性尤其适用于合并运算,即把 FN 中的网络化规则库组合成模糊系统中的等效单规则库。相反,拆分运算的特性用于把模糊系统的单个规则库拆分为 FN 的语言等效网络化规则库。然而,在某些情况下的语言合成方法中,拆分运算的特性可能会补充合并运算的特性,这在本书后面章节的示例中会得到证明。

结构特性的应用取决于相应拓扑表达式中括号的位置。具体来说,括号中的运算首先执行结合性运算,最后执行可变性运算。

表 5.1 总结了基本运算的不同类型结构特性的特征。

表 5.1 基本运算的不同类型结构特性的特征

结 构 特 性	是否可合成	括号内优先级
水平合并运算的结合性	是	高
水平拆分运算的可变性	否	低
垂直合并运算的结合性	是	高
垂直拆分运算的可变性	否	低
输出合并运算的结合性	是	高
输出拆分运算的可变性	否	低

第 6 章将介绍 FN 理论框架中更深层次的概念。具体来说,第 6 章将会讨论 FN 的几种高级运算。

第6章

模糊网络的高级运算

6.1 高级运算简介

第 5 章介绍的基本运算的结构特性可应用于具有大量节点的 FN。这些节点可以是顺序结构、并行结构或者是具有公共输入的结构。然而，FN 的结构还可能包含节点之间更复杂的连接，这需要在应用基本运算的特性之前进行一些预操作。因此，需要对其他类型的高级运算（advanced operations）进行定义。

高级运算使得我们可在具有任意复杂结构的 FN 内操作节点。在这方面，FN 有两种高级运算——节点变换（node transformation）运算和节点识别（node identification）运算。节点变换用于分析所有节点都已知的 FN，根据语言合成方法找到等效模糊系统。与此相反，节点识别用于设计含有未知节点的 FN，以一种保证等效模糊系统达到预定性能的方式找到这些节点。当然，节点之间的所有连接都必须是已知的。

本章介绍的高级运算类似于应用数学和控制理论中所使用的运算。然而，这些高级运算也具有创新性，因为它们应用于 FN，而 FN 是一个新颖的概念。

接下来，以含有少量输入、输出和中间变量的节点为例来说明高级运算，当然，把这些示例扩展到更高维度也不难。除此之外，把与设计相关的高级运算先抽象为一般问题，然后以一般形式给出其解决方案。这些问题和示例使用布尔矩阵或二元关系作为节点级 FN 的形式模型，因为这些形式模型易于在语言合成方法中操作。因此，高级运算可视为将任意复杂 FN 简化为模糊系统的高级构成要素。

6.2 输入扩充中的节点变换

当 FN 特定层中两个以上节点具有共同输入，但并非所有节点都具有此共同输入时，通常将节点变换应用于输入扩充（input augmentation）。在这种情况下，需要用此共同输入来扩充节点的输入，以便所有节点都只有此共同输入。此种扩充的目的在于允许输出合并运算并将其结合性特性应用于 FN 第一层中的所有节点。因此，必须对输入扩充节点进行适当地变换以反映这些输入的存在。在这种情况下，由于可将输入集合扩展到具有任意数量的附加输入的节点，因此输入扩充运算总是可执行的。

在输入扩充中把布尔矩阵作为节点的形式模型时，节点变换表示按行扩展关联矩阵。

具体来说,结果矩阵是通过将操作数矩阵中的每一行复制 n 次获得的,n 为扩充输入的语言术语排列数减 1。结果矩阵中被复制的行所在的位置取决于此扩充输入在扩充输入集中的位置。

当将二元关系用作操作数节点的形式模型时,节点变换也可应用于二元关系中的输入扩充。在这种情况下,操作数节点的转换表示一种特殊关系的扩展,该扩展仅应用于操作数关系对中的第一个元素,而第二个元素保持不变。具体来说,操作数关系和结果关系对中的第一个元素分别表示来自原始输入集和扩充输入集中输入的语言术语所有可能的排列。在此过程中,操作数关系对中未改变的第二个元素在结果关系对中复制 n 次,n 为扩充输入的语言术语排列数减 1。

例 6.1

本例中的操作数节点 N 具有输入 x 和输出 y,在顶部扩充输入 x^{AI},即 x^{AI} 在扩充输入集中位于 x 之上。该节点可通过式(6.1)中的布尔矩阵和式(6.2)中的二元关系来描述。在这种情况下,节点 N 表示一个单节点 FN,可通过图 6.1 和式(6.3)中的拓扑表达式来描述。

$$N: \quad y \quad 1 \quad 2 \quad 3 \tag{6.1}$$

x			
1	0	1	0
2	0	0	1
3	1	0	0

$$N: \{(1,2),(2,3),(3,1)\} \tag{6.2}$$

$$\xrightarrow{\quad x \quad} \boxed{N} \xrightarrow{\quad y \quad}$$

图 6.1 扩充前具有一个输入的单节点 FN

$$[N](x|y) \tag{6.3}$$

该输入扩充的结果是,操作数节点 N 转换为了结果节点 N^{AI},N^{AI} 的输入集为 $\{x^{AI}, x\}$、输出为 y。节点 N^{AI} 可通过式(6.4)中的布尔矩阵和式(6.5)中的二元关系来描述。在这种情况下,节点 N^{AI} 表示一个单节点 FN,可通过图 6.2 和式(6.6)中的拓扑表达式来描述。

$$N^{AI}: \quad y \quad 1 \quad 2 \quad 3 \tag{6.4}$$

x^{AI}, x			
11	0	1	0
12	0	0	1
13	1	0	0
21	0	1	0
22	0	0	1
23	1	0	0
31	0	1	0
32	0	0	1
33	1	0	0

$$N^{AI}: \{(11, 2), (12, 3)(13, 1),$$
$$(21, 2), (22, 3)(23, 1),$$
$$(31, 2), (32, 3)(33, 1)\} \tag{6.5}$$

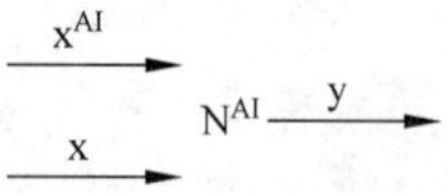

$$\xrightarrow{\quad x^{AI} \quad}$$
$$\xrightarrow{\quad x \quad} N^{AI} \xrightarrow{\quad y \quad}$$

图 6.2　具有一个输入并在顶部扩充后的单节点 FN

$$[N^{AI}](x^{AI}, x|y) \tag{6.6}$$

例 6.2

本例中的操作数节点 N 具有输入 x 和输出 y,在底部扩充输入 x^{AI},即 x^{AI} 在扩充输入集中位于 x 之下。该节点可通过式(6.7)中的布尔矩阵和式(6.8)中的二元关系来描述。在这种情况下,节点 N 表示一个单节点 FN,可通过图 6.1 中的方框图和式(6.3)中的拓扑表达式来描述。

$$N: \qquad y \quad 1 \quad 2 \quad 3 \tag{6.7}$$

x			
1	0	1	0
2	1	0	0
3	0	0	1

$$N: \{(1, 2), (2, 1), (3, 3)\} \tag{6.8}$$

该输入扩充的结果是,操作数节点 N 转换为具有输入集$\{x, x^{AI}\}$和输出 y 的结果节点 N^{AI}。该节点可通过式(6.9)中的布尔矩阵和式(6.10)中的二元关系来描述。在这种情况下,节点 N^{AI} 表示一个单节点 FN,可通过图 6.3 和式(6.11)中的拓扑表达式来描述。

$$N^{AI}: \qquad y \quad 1 \quad 2 \quad 3 \tag{6.9}$$

x, x^{AI}			
11	0	1	0
12	0	1	0
13	0	1	0
21	1	0	0
22	1	0	0
23	1	0	0
31	0	0	1
32	0	0	1
33	0	0	1

$$N^{AI}: \{(11, 2), (12, 2)(13, 2),$$
$$(21, 1), (22, 1)(23, 1),$$
$$(31, 3), (32, 3)(33, 3)\} \tag{6.10}$$

$$[N^{AI}](x, x^{AI}|y) \tag{6.11}$$

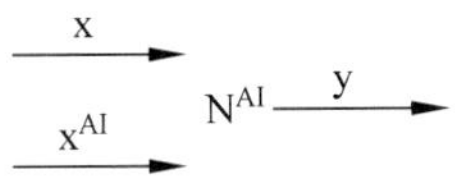

$$\xrightarrow{\quad x \quad} \atop \xrightarrow{\quad x^{AI} \quad} \quad N^{AI} \xrightarrow{\quad y \quad}$$

图 6.3 具有一个输入并在底部扩充后的单节点 FN

例 6.3

本例中的操作数节点 N 具有输入集$\{x_1,x_2\}$和输出 y,在输入集顶部扩充 x^{AI},即 x^{AI} 在扩充输入集中位于 x_1 与 x_2 之前。节点 N 可通过式(6.12)中的布尔矩阵和式(6.13)中的二元关系来描述。在这种情况下,节点 N 表示一个单节点 FN,FN 可通过图 6.4 和式(6.14)中的拓扑表达式来描述。

$$
\begin{array}{llll}
N: & y & 1 & 2 & 3 \\
\end{array}
\tag{6.12}
$$

x_1,x_2			
11	0	0	1
12	0	0	1
21	0	1	0
22	1	0	0

$$N: \{(11,3),(12,3),(21,2),(22,1)\} \tag{6.13}$$

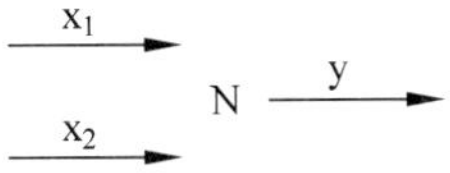

$$\xrightarrow{\quad x_1 \quad} \atop \xrightarrow{\quad x_2 \quad} \quad N \xrightarrow{\quad y \quad}$$

图 6.4 扩充前具有两个输入的单节点 FN

$$[N](x_1,x_2|y) \tag{6.14}$$

该输入扩充的结果是,操作数节点 N 转换为具有输入集$\{x^{AI},x_1,x_2\}$和输出 y 的结果节点 N^{AI}。节点 N^{AI} 可通过式(6.15)中的布尔矩阵和式(6.16)中的二元关系来描述。在这种情况下,节点 N^{AI} 表示一个单节点 FN,可通过图 6.5 和式(6.17)中的拓扑表达式来描述。

$$
\begin{array}{llll}
N^{AI}: & y & 1 & 2 & 3 \\
\end{array}
\tag{6.15}
$$

x^{AI},x_1,x_2			
111	0	0	1
112	0	0	1
121	0	1	0
122	1	0	0
211	0	0	1
212	0	0	1
221	0	1	0
222	1	0	0

$$N^{AI}: \{(111,3),(112,3),(121,2),(122,1), \tag{6.16}$$
$$(211,3),(212,3),(221,2),(222,1)\}$$

$$[N^{AI}](x^{AI},x_1,x_2|y) \tag{6.17}$$

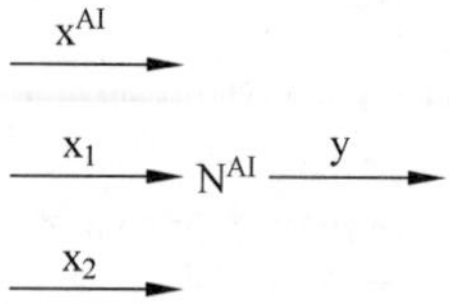

图 6.5　具有两个输入并在顶部扩充后的单节点 FN

例 6.4

本例中的操作数节点 N 具有输入集 $\{x_1, x_2\}$ 和输出 y，x^{AI} 从中间扩充进输入集，即 x^{AI} 在扩充输入集中位于 x_1 与 x_2 之间。节点 N 可通过式(6.18)中的布尔矩阵和式(6.19)中的二元关系来描述。在这种情况下，节点 N 表示一个单节点 FN，可通过图 6.4 和式(6.14)中的拓扑表达式来描述。

$$N: \qquad y \quad 1 \quad 2 \quad 3 \tag{6.18}$$

$$
\begin{array}{llll}
x_1, x_2 & & & \\
11 & 0 & 0 & 1 \\
12 & 0 & 1 & 0 \\
21 & 0 & 1 & 0 \\
22 & 1 & 0 & 0
\end{array}
$$

$$N: \{(11, 3), (12, 2), (21, 2), (22, 1)\} \tag{6.19}$$

该输入扩充的结果是，操作数节点 N 转换为具有输入集 $\{x_1, x^{AI}, x_2\}$ 和输出 y 的结果节点 N^{AI}。节点 N^{AI} 可通过式(6.20)中的布尔矩阵和式(6.21)中的二元关系来描述。在这种情况下，节点 N^{AI} 表示一个单节点 FN，可通过图 6.6 和式(6.22)中的拓扑表达式来描述。

$$N^{AI}: \qquad y \quad 1 \quad 2 \quad 3 \tag{6.20}$$

$$
\begin{array}{llll}
x_1, x^{AI}, x_2 & & & \\
111 & 0 & 0 & 1 \\
112 & 0 & 1 & 0 \\
121 & 0 & 0 & 1 \\
122 & 0 & 1 & 0 \\
211 & 0 & 1 & 0 \\
212 & 1 & 0 & 0 \\
221 & 0 & 1 & 0 \\
222 & 1 & 0 & 0
\end{array}
$$

$$N^{AI}: \{(111, 3), (112, 2), (121, 3), (122, 2), \tag{6.21}$$
$$(211, 2), (212, 1), (221, 2), (222, 1)\}$$

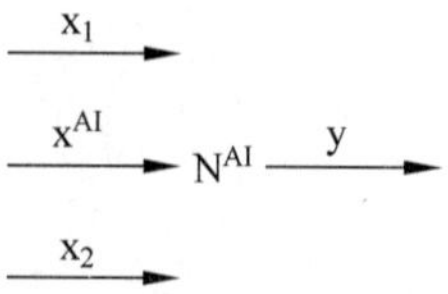

图 6.6　具有两个输入并在中间扩充后的单节点 FN

$$[N^{AI}](x_1, x^{AI}, x_2|y) \tag{6.22}$$

例 6.5

本例中的操作数节点 N 具有输入集 $\{x_1, x_2\}$ 和输出 y，x^{AI} 从底部扩充进输入集，即 x^{AI} 在扩充输入集中位于 x_1 与 x_2 之后。节点 N 可通过式(6.23)中的布尔矩阵和式(6.24)中的二元关系来描述。在这种情况下，节点 N 表示一个单节点 FN，可通过图 6.4 和式(6.14)中拓扑表达式来描述。

$$
\begin{array}{llll}
\text{N：} & \text{y} & 1 & 2 & 3 \\
\end{array} \tag{6.23}
$$

x_1, x_2			
11	0	0	1
12	0	1	0
21	1	0	0
22	1	0	0

$$\text{N：}\{(11,3), (12,2), (21,1), (22,1)\} \tag{6.24}$$

该输入扩充的结果是，操作数节点 N 转换为具有输入集 $\{x_1, x_2, x^{AI}\}$ 和输出 y 的结果节点 N^{AI}。节点 N^{AI} 可通过式(6.25)中的布尔矩阵和式(6.26)中的二元关系来描述。在这种情况下，节点 N^{AI} 表示一个单节点 FN，可通过图 6.7 和式(6.27)中的拓扑表达式来描述。

$$
\begin{array}{lllll}
N^{AI}： & & y & 1 & 2 & 3 \\
\end{array} \tag{6.25}
$$

x_1, x_2, x^{AI}			
111	0	0	1
112	0	0	1
121	0	1	0
122	0	1	0
211	1	0	0
212	1	0	0
221	1	0	0
222	1	0	0

$$N^{AI}：\{(111,3), (112,3), (121,2), (122,2), \tag{6.26}$$
$$(211,1), (212,1), (221,1), (222,1)\}$$

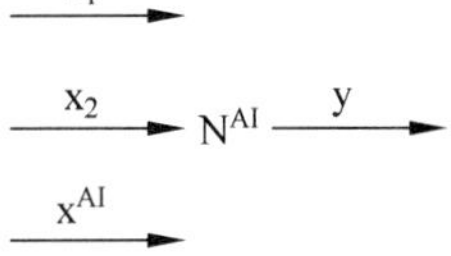

图 6.7　具有两个输入并在底部扩充后的单节点 FN

$$[N^{AI}](x_1, x_2, x^{AI}|y) \tag{6.27}$$

6.3 输出置换中的节点变换

当 FN 同一级别中两个(含)以上相邻节点间的连接具有交叉路径时,通常将节点变换应用于输出置换(output permutation)。在这种情况下,需要置换这些连接的输出点,以使对应路径变得平行。此置换的目的是允许水平合并运算及其结合性特性应用于 FN 中该级别的所有节点上。因此,必须对输出置换节点进行适当的变换,以反映这些输出在顺序上的变化。在这种情况下,由于可为任意数量的输出重新排列输出集,因此始终可应用输出置换。

当布尔矩阵在输出置换运算中用作节点的形式模型时,该节点变换对关联矩阵中非零列进行重新定位。具体来说,将操作数矩阵中的每个非零列移到相应列标签下而获得结果矩阵,列标签中的语言术语根据相应输出置换来排列。重新定位后,矩阵中非零列腾出的空间用零列填充,除非将另一个非零列作为整个节点转换过程的组成部分移至此处。

当二元关系用作操作数节点的形式模型时,节点变换也可应用于二元关系中的输出置换。在这种情况下,操作数节点的转换表示一种特殊类型的关系运算,它只应用于操作数关系对中的第二个元素,而第一个元素保持不变。具体来说,操作数关系和结果关系对中的第一个元素表示输入的语言术语所有可能的排列。在节点变换过程中,根据输出置换来排列输出对应的语言术语,从而获得操作数关系对中的第二个元素。

例 6.6

本例中的操作数节点 N 具有输入 x 和输出集 $\{y_1, y_2\}$,其输出被置换,即在重新排列后的输出集中,y_2 排在第一,y_1 排在第二。在置换之前,节点 N 可通过式(6.28)中的布尔矩阵和式(6.29)中的二元关系来描述。在这种情况下,节点 N 表示一个单节点 FN,可通过图 6.8 和式(6.30)中的拓扑表达式来描述。

N:	y_1, y_2	11	12	13	21	22	23	31	32	33	
x											(6.28)
1		0	0	0	0	0	1	0	0	0	
2		0	0	0	0	0	0	1	0	0	
3		0	1	0	0	0	0	0	0	0	

$$N: \{(1, 23), (2, 31), (3, 12)\} \tag{6.29}$$

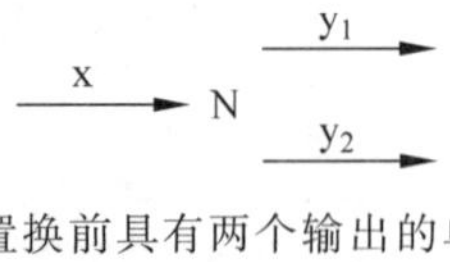

图 6.8 置换前具有两个输出的单节点 FN

$$[N](x \mid y_1, y_2) \tag{6.30}$$

该输出置换运算的结果是,操作数节点 N 转换为具有输入 x 和输出集 $\{y_2, y_1\}$ 的结果节点 N^{PO}。节点 N^{PO} 可通过式(6.31)中的布尔矩阵和式(6.32)中的二元关系来描述。在这种情况下,节点 N^{PO} 表示一个单节点 FN,可通过图 6.9 和式(6.33)中的拓扑表达式来描述。

$$N^{PO}: \quad y_2, y_1 \quad 11 \quad 12 \quad 13 \quad 21 \quad 22 \quad 23 \quad 31 \quad 32 \quad 33 \qquad (6.31)$$

x	11	12	13	21	22	23	31	32	33
1	0	0	0	0	0	0	0	1	0
2	0	0	1	0	0	0	0	0	0
3	0	0	0	1	0	0	0	0	0

$$N^{PO}: \{(1, 32), (2, 13), (3, 21)\} \qquad (6.32)$$

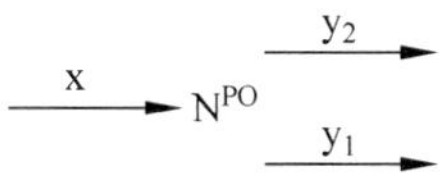

图 6.9　具有两个置换后的输出的单节点 FN

$$[N^{PO}](x \mid y_2, y_1) \qquad (6.33)$$

例 6.7

本例中的操作数节点 N 具有输入 x 和输出集 $\{y_1, y_2, y_3\}$,将其输出以中-上-下的方式进行置换,即在重新排列后的输出集中,y_2 排在第一,y_1 排在第二,y_3 排在第三。在置换之前,该节点可通过式(6.34)中的布尔矩阵和式(6.35)中的二元关系来描述。在这种情况下,节点 N 表示一个单节点 FN,可通过图 6.10 和式(6.36)中的拓扑表达式来描述。

$$N: \quad y_1, y_2, y_3 \quad 111 \quad 112 \quad 121 \quad 122 \quad 211 \quad 212 \quad 221 \quad 222 \qquad (6.34)$$

x	111	112	121	122	211	212	221	222
1	0	0	1	0	0	0	0	0
2	0	0	0	0	1	0	0	0
3	0	0	0	1	0	0	0	0

$$N: \{(1, 121), (2, 211), (3, 122)\} \qquad (6.35)$$

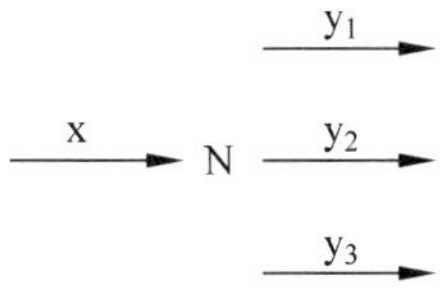

图 6.10　置换前具有 3 个输出的单节点 FN

$$[N](x \mid y_1, y_2, y_3) \qquad (6.36)$$

该输出置换运算的结果是,操作数节点 N 转换为具有输入 x 和输出集 $\{y_2, y_1, y_3\}$ 的结果节点 N^{PO}。节点 N^{PO} 可通过式(6.37)中的布尔矩阵和式(6.38)中的二元关系来描述。在这种情况下,节点 N^{PO} 表示一个单节点 FN,可通过图 6.11 和式(6.39)中的拓扑表达式来描述。

$$N^{PO}: \quad y_2, y_1, y_3 \quad 111 \quad 112 \quad 121 \quad 122 \quad 211 \quad 212 \quad 221 \quad 222 \qquad (6.37)$$

x	111	112	121	122	211	212	221	222
1	0	0	0	0	1	0	0	0
2	0	0	1	0	0	0	0	0
3	0	0	0	0	0	1	0	0

$$N^{PO}: \{(1, 211), (2, 121), (3, 212)\} \qquad (6.38)$$

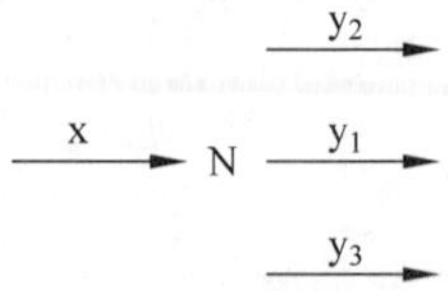

$$\xrightarrow{\quad y_2 \quad}$$

$$\xrightarrow{\quad x \quad} N \xrightarrow{\quad y_1 \quad}$$

$$\xrightarrow{\quad y_3 \quad}$$

图 6.11 以中-上-下方式置换输出后的单节点 FN

$$[N](x \mid y_2, y_1, y_3) \tag{6.39}$$

例 6.8

本例中的操作数节点 N 具有输入 x 和输出集 $\{y_1, y_2, y_3\}$，将其输出以上-下-中的方式进行置换，即在重新排列后的输出集中，y_1 排在第一，y_3 排在第二，y_2 排在第三。在置换之前，该节点可通过式（6.40）中的布尔矩阵和式（6.41）中的二元关系来描述。在这种情况下，节点 N 表示一个单节点 FN，可通过图 6.10 和式（6.36）中的拓扑表达式来描述。

N:	y_1, y_2, y_3	111	112	121	122	211	212	221	222
x									
1		0	1	0	0	0	0	0	0
2		0	0	1	0	0	0	0	0
3		0	0	0	0	0	1	0	0

$$(6.40)$$

$$N: \{(1, 112), (2, 121), (3, 212)\} \tag{6.41}$$

该输出置换运算的结果是，操作数节点 N 转换为具有输入 x 和输出集 $\{y_1, y_3, y_2\}$ 的结果节点 N^{PO}。该节点可通过式（6.42）中的布尔矩阵和式（6.43）中的二元关系来描述。在这种情况下，节点 N^{PO} 表示一个单节点 FN，可通过图 6.12 和式（6.44）中的拓扑表达式来描述。

N^{PO}:	y_1, y_3, y_2	111	112	121	122	211	212	221	222
x									
1		0	0	1	0	0	0	0	0
2		0	1	0	0	0	0	0	0
3		0	0	0	0	0	0	1	0

$$(6.42)$$

$$N^{PO}: \{(1, 121), (2, 112), (3, 221)\} \tag{6.43}$$

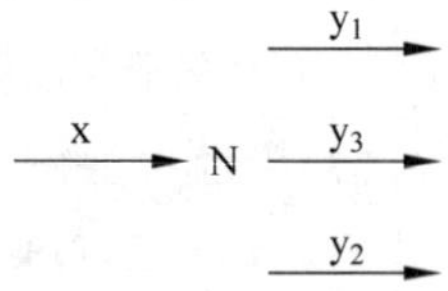

$$\xrightarrow{\quad y_1 \quad}$$

$$\xrightarrow{\quad x \quad} N \xrightarrow{\quad y_3 \quad}$$

$$\xrightarrow{\quad y_2 \quad}$$

图 6.12 以上-下-中方式置换输出后的单节点 FN

$$[N](x \mid y_1, y_3, y_2) \tag{6.44}$$

例 6.9

本例中的操作数节点 N 具有输入 x 和输出集 $\{y_1, y_2, y_3\}$，将其输出以从下至上的方式进行置换，即在重新排列后的输出集中，y_3 排在第一，y_2 排在第二，y_1 排在第三。在置换之前,该节点可通过式(6.45)中的布尔矩阵和式(6.46)中的二元关系来描述。在这种情况下,节点 N 表示一个单节点 FN,可通过图 6.10 和式(6.36)中的拓扑表达式来描述。

$$\text{N:} \quad y_1, y_2, y_3 \quad 111 \quad 112 \quad 121 \quad 122 \quad 211 \quad 212 \quad 221 \quad 222 \qquad (6.45)$$

x		111	112	121	122	211	212	221	222
1		0	1	0	0	0	0	0	0
2		0	0	0	0	1	0	0	0
3		0	0	0	1	0	0	0	0

$$\text{N:} \{(1, 112), (2, 211), (3, 122)\} \qquad (6.46)$$

该输出置换运算的结果是,操作数节点 N 转换为具有输入 x 和输出集$\{y_3, y_2, y_1\}$的结果节点 N^{PO}。该节点可通过式(6.47)中的布尔矩阵和式(6.48)中的二元关系来描述。在这种情况下,节点 N^{PO} 表示一个单节点 FN,可通过图 6.13 和式(6.49)中的拓扑表达式来描述。

$$N^{PO}: \quad y_3, y_2, y_1 \quad 111 \quad 112 \quad 121 \quad 122 \quad 211 \quad 212 \quad 221 \quad 222 \qquad (6.47)$$

x		111	112	121	122	211	212	221	222
1		0	0	0	0	1	0	0	0
2		0	1	0	0	0	0	0	0
3		0	0	0	0	0	0	1	0

$$N^{PO}: \{(1, 211), (2, 112), (3, 221)\} \qquad (6.48)$$

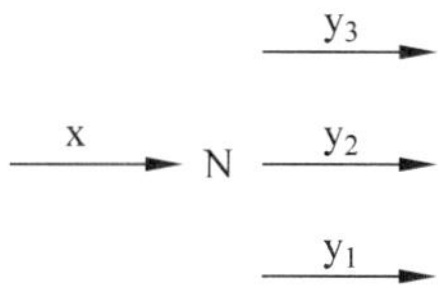

图 6.13　以下-中-上方式置换输出后的单节点 FN

$$[\text{N}](x \mid y_3, y_2, y_1) \qquad (6.49)$$

例 6.10

本例中的操作数节点 N 具有输入 x 和输出集$\{y_1, y_2, y_3\}$,将其输出以中-下-上的方式进行置换,即在重新排列后的输出集中,y_2 排在第一,y_3 排在第二,y_1 排在第三。在置换之前,该节点可通过式(6.50)中的布尔矩阵和式(6.51)中的二元关系来描述。在这种情况下,节点 N 表示一个单节点 FN,可通过图 6.10 和式(6.36)中的拓扑表达式来描述。

$$\text{N:} \quad y_1, y_2, y_3 \quad 111 \quad 112 \quad 121 \quad 122 \quad 211 \quad 212 \quad 221 \quad 222 \qquad (6.50)$$

x		111	112	121	122	211	212	221	222
1		0	1	0	0	0	0	0	0
2		0	0	0	1	0	0	0	0
3		0	0	1	0	0	0	0	0

$$\text{N:} \{(1, 112), (2, 122), (3, 121)\} \qquad (6.51)$$

该输出置换运算的结果是,操作数节点 N 转换为具有输入 x 和输出集$\{y_2, y_3, y_1\}$的结果节点 N^{PO}。该节点可通过式(6.52)中的布尔矩阵和式(6.53)中的二元关系来描述。

在这种情况下，节点 N^{PO} 表示一个单节点 FN，可通过图 6.14 和式(6.54)中的拓扑表达式来描述。

N^{PO}: y_2, y_3, y_1	111	112	121	122	211	212	221	222	(6.52)
x									
1	0	0	1	0	0	0	0	0	
2	0	0	0	0	0	0	1	0	
3	0	0	0	0	1	0	0	0	

$$N^{PO}: \{(1,\ 121),\ (2,\ 221),\ (3,\ 211)\} \tag{6.53}$$

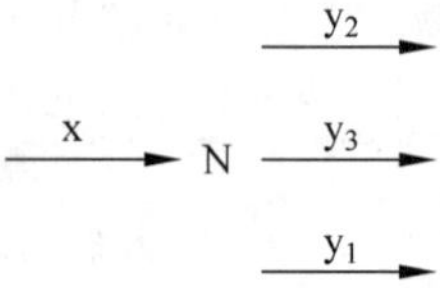

图 6.14 以中-下-上方式置换输出后的单节点 FN

$$[N](x|y_2,\ y_3,\ y_1) \tag{6.54}$$

例 6.11

本例中的操作数节点 N 具有输入 x 和输出集$\{y_1,\ y_2,\ y_3\}$，其输出以下-上-中的方式排列，即在重新排列后的输出集中，y_3 排在第一，y_1 排在第二，y_2 排在第三。在置换之前，该节点可用式(6.55)中的布尔矩阵和式(6.56)中的二元关系来描述。在这种情况下，节点 N 表示一个单节点 FN，可用图 6.10 中的方框图和式(6.36)中拓扑表达式来描述。

N: y_1, y_2, y_3	111	112	121	122	211	212	221	222	(6.55)
x									
1	0	0	0	0	1	0	0	0	
2	0	0	0	0	0	0	1	0	
3	0	0	0	0	0	1	0	0	

$$N: \{(1,\ 211),\ (2,\ 221),\ (3,\ 212)\} \tag{6.56}$$

该输出置换运算的结果是，操作数节点 N 转换为具有输入 x 和输出集$\{y_3,\ y_1,\ y_2\}$的结果节点 N^{PO}。该节点可通过式(6.57)中的布尔矩阵和式(6.58)中的二元关系来描述。在这种情况下，节点 N^{PO} 表示一个单节点 FN，可通过图 6.15 和式(6.59)中的拓扑表达式来描述。

N^{PO}: y_3, y_1, y_2	111	112	121	122	211	212	221	222	(6.57)
x									
1	0	0	1	0	0	0	0	0	
2	0	0	0	1	0	0	0	0	
3	0	0	0	0	0	0	1	0	

$$N^{PO}: \{(1,\ 121),\ (2,\ 122),\ (3,\ 221)\} \tag{6.58}$$

$$[N](x|y_3,\ y_1,\ y_2) \tag{6.59}$$

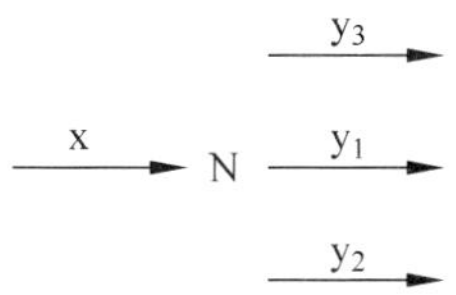

图 6.15 以下-上-中方式输出置换后的单节点 FN

6.4 等价反馈中的节点变换

FN 中一个或多个节点的输出被反馈为同一节点或其他节点的输入时,通常将节点变换应用于等价反馈(feedback equivalence)。在这种情况下,需要在这些节点的形式模型中等价地反映这种恒等反馈。这种等价性允许有反馈节点变成无反馈节点,从而作为合并运算中的操作数。因此,必须对等价反馈节点进行适当变换以反映恒等反馈的存在。在这种情况下,因为节点的某一输出的语言术语都有可能表示为该节点或其他节点中对应输入的相同语言术语,所以等价反馈总是可应用的。

当布尔矩阵在等价反馈运算中用作节点的形式模型时,该节点变换表示对相关操作数矩阵的修正。具体来说,令通用操作数矩阵中表示恒等反馈的每个元素为 1 且其他元素为 0,从而获得结果矩阵。非零元素的位置取决于节点的输入与输出的顺序,以及其中哪部分输出被反馈为哪部分输入。

把二元关系作为操作数节点的形式模型时,节点变换也可应用于等价反馈。在这种情况下,操作数节点的转换表示一种特殊的关系修正,每一对表示恒等反馈的通用操作数关系被保留,所有其他关系对被删除。

在上述内容中,操作数矩阵和操作数关系用"通用"来修饰,是因为它们都可表示一种通用类型的节点,该类型的节点必须通过变换来反映任意类型的恒等反馈。此外,假设操作数矩阵的所有元素都为 1 并保持不变,且所有表示恒等反馈的操作数关系对也为 1 并保持不变,则节点具有完整的规则库,即输入的语言术语的所有排列都存在。否则,规则库不完整,则令结果矩阵中的关联元素为 0,并移除结果关系中的关联对。

例 6.12

本例中的操作数节点 N 具有输入集 $\{z, x\}$ 和输出集 $\{z, y\}$,该节点的一个输出通过恒等反馈以顶-顶的方式被映射为自身的输入,即第一输出 z 被不变地反馈作为第一输入。节点 N 可用式(6.60)中的通用布尔矩阵和式(6.61)中的通用二元关系来描述。在这种情况下,节点 N 表示一个单节点 FN,可通过图 6.16 和式(6.62)中的拓扑表达式来描述。

N:	z, y	11	12	21	22		(6.60)
z, x							
11		1	1	1	1		
12		1	1	1	1		
21		1	1	1	1		
22		1	1	1	1		

$$N: \{(11, 11), (11, 12), (11, 21), (11, 22), \qquad (6.61)$$

$$(12,11),(12,12),(12,21),(12,22),$$
$$(21,11),(21,12),(21,21),(21,22),$$
$$(22,11),(22,12),(22,21),(22,22)\}$$

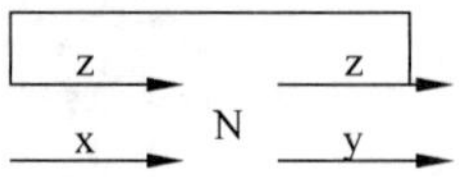

图 6.16　以顶-顶方式等价反馈前的单节点 FN

$$[N](z,x\mid z,y) \tag{6.62}$$

这种等价反馈的结果是,操作数节点 N 转换为具有输入集$\{x^{EF},x\}$和输出集$\{y^{EF},y\}$的结果节点 N^{EF}。节点 N^{EF} 可通过式(6.63)中的布尔矩阵和式(6.64)中的二元关系来描述。在这种情况下,节点 N^{EF} 表示一个单节点 FN,可通过图 6.17 和式(6.65)中的拓扑表达式来描述。

$$N^{EF}: \qquad y^{EF}, y \quad 11 \quad 12 \quad 21 \quad 22 \tag{6.63}$$

x^{EF}, x				
11	1	1	0	0
12	1	1	0	0
21	0	0	1	1
22	0	0	1	1

$$N^{EF}:\{(11,11),(11,12),$$
$$(12,11),(12,12),$$
$$(21,21),(21,22),$$
$$(22,21),(22,22)\} \tag{6.64}$$

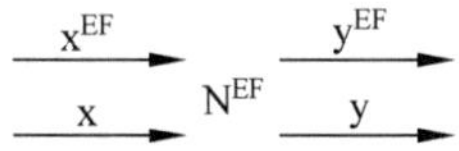

图 6.17　以顶-顶方式等价反馈后的单节点 FN

$$[N^{EF}](x^{EF},x\mid y^{EF},y) \tag{6.65}$$

例 6.13

在本例中,操作数节点 N 具有输入集$\{x,z\}$和输出集$\{z,y\}$,其中一个输出通过恒等反馈以顶-底方式映射为输入,即第一输出 z 被不变地反馈为第二输入。该节点可通过式(6.60)中的通用布尔矩阵和式(6.61)中的表示节点输入集与输出集的通用二元关系来描述。在这种情况下,节点 N 表示一个单节点 FN,可通过图 6.18 和式(6.66)中的拓扑表达式来描述。

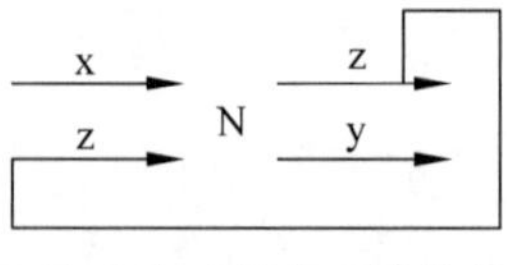

图 6.18　以顶-底方式等价反馈前的单节点 FN

$$[N](x,z\mid z,y) \tag{6.66}$$

这种等价反馈的结果是,操作数节点 N 转换为具有输入集$\{x,x^{EF}\}$和输出集$\{y^{EF},y\}$的

结果节点 N^{EF}。该节点可通过式(6.67)中的布尔矩阵和式(6.68)中的二元关系来描述。在这种情况下,节点 N^{EF} 表示一个单节点 FN,可通过图 6.19 和式(6.69)中的拓扑表达式来描述。

$$N^{EF}: \quad y^{EF}, y \quad 11 \quad 12 \quad 21 \quad 22 \tag{6.67}$$

x, x^{EF}				
11	1	1	0	0
12	0	0	1	1
21	1	1	0	0
22	0	0	1	1

$$N^{EF}: \{(11, 11), (11, 12), \tag{6.68}$$
$$(12, 21), (12, 22),$$
$$(21, 11), (21, 12),$$
$$(22, 21), (22, 22)\}$$

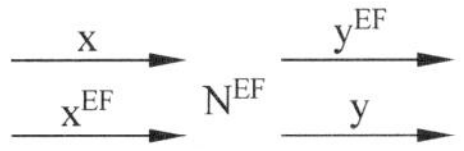

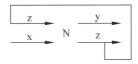

图 6.19 以顶-底方式等价反馈后的单节点 FN

$$[N^{EF}] (x, x^{EF} | y^{EF}, y) \tag{6.69}$$

例 6.14

本例中的操作数节点 N 具有输入集 $\{z, x\}$ 和输出集 $\{y, z\}$,该节点的一个输出以底-顶的方式通过恒等反馈被映射为输入,即第二输出 z 被不变地反馈为第一输入。该节点可通过式(6.60)中的通用布尔矩阵和式(6.61)中的表示节点输入集与输出集的通用二元关系来描述。在这种情况下,节点 N 表示一个单节点 FN,可通过图 6.20 和式(6.70)中的拓扑表达式来描述。

图 6.20 以底-顶方式等价反馈前的单节点 FN

$$[N] (z, x | y, z) \tag{6.70}$$

这种等价反馈的结果是,操作数节点 N 转换为具有输入集 $\{x^{EF}, x\}$ 和输出集 $\{y, y^{EF}\}$ 的结果节点 N^{EF}。该节点可通过式(6.71)中的布尔矩阵和式(6.72)中的二元关系来描述。在这种情况下,节点 N^{EF} 表示一个单节点 FN,可通过图 6.21 和式(6.73)中的拓扑表达式来描述。

$$N^{EF}: \quad y, y^{EF} \quad 11 \quad 12 \quad 21 \quad 22 \tag{6.71}$$

x^{EF}, x				
11	1	0	1	0
12	1	0	1	0
21	0	1	0	1
22	0	1	0	1

$$N^{EF}: \quad \{(11, 11), (11, 21), \tag{6.72}$$
$$(12, 11), (12, 21),$$
$$(21, 12), (21, 22),$$
$$(22, 12), (22, 22)\}$$

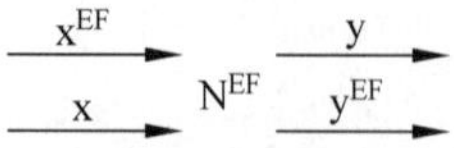

图 6.21　以底-顶方式等价反馈后的单节点 FN

$$[N^{EF}](x^{EF}, x | y, y^{EF}) \tag{6.73}$$

例 6.15

本例中的操作数节点 N 具有输入集 $\{x, z\}$ 和输出集 $\{y, z\}$，该节点的一个输出通过恒等反馈以底-底的方式映射为输入，即第二输出 z 被不变地反馈为第二输入。该节点可通过式(6.60)中的通用布尔矩阵和式(6.61)中表示节点的输入集与输出集的通用二元关系来描述。在这种情况下，节点 N 表示一个单节点 FN，可通过图 6.22 和式(6.74)中的拓扑表达式来描述。

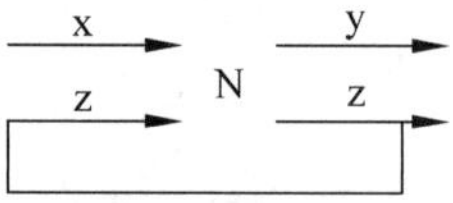

图 6.22　以底-底方式等价反馈前的单节点 FN

$$[N](x, z | y, z) \tag{6.74}$$

这种等价反馈的结果是，操作数节点 N 转换为具有输入集 $\{x, x^{EF}\}$ 和输出集 $\{y, y^{EF}\}$ 的结果节点 N^{EF}。该节点可通过式(6.75)中的布尔矩阵和式(6.76)中的二元关系来描述。在这种情况下，节点 N^{EF} 表示一个单节点 FN，可通过图 6.23 和式(6.77)中的拓扑表达式来描述。

N^{EF}: $\quad$ y, y^{EF}	11	12	21	22	
x, x^{EF}					(6.75)
11	1	0	1	0	
12	0	1	0	1	
21	1	0	1	0	
22	0	1	0	1	

$$N^{EF}: \quad \{(11, 11), (11, 21), \tag{6.76}$$
$$(12, 12), (12, 22),$$
$$(21, 11), (21, 21),$$
$$(22, 12), (22, 22)\}$$

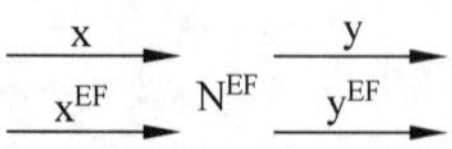

图 6.23　以底-底方式等价反馈后的单节点 FN

$$[N^{EF}](x, x^{EF}|y, y^{EF}) \tag{6.77}$$

6.5　水平合并中的节点识别

当 FN 同一级别中的一个或多个节点未知,但给出了该级别的等效模糊系统的节点时,节点变换通常应用于水平合并。在这种情况下,需要从该级别的其他节点和等效模糊系统的节点中找到未知节点。节点识别的目的是确保识别出的未知节点与已知节点水平合并后,生成的节点与预先给定的节点相同。在这种情况下,因为不能保证在上述要求下一定有解,因此,水平合并中的节点识别运算不能确保一定能执行。即使有解,可能也不唯一,因此可在节点识别优化过程中考虑等效模糊系统的性能。

把布尔矩阵用作水平合并中节点识别的形式模型时,节点识别过程基于布尔方程(Boolean equation)组来求解。在这种情况下,这些方程组中的已知系数是 FN 关联级别中已知单个节点的布尔矩阵元素和等效模糊系统给定节点的布尔矩阵元素,而未知变量是未知节点的布尔矩阵元素。

当二元关系用作已知、给定和未知节点的形式模型时,节点识别也可应用于二元关系中的水平合并。在这种情况下,节点识别过程基于关系方程组来求解,由此必须从已知关系、已知与未知关系组合而成的给定关系中找到一个或多个未知关系。具体来说,这些方程组中的已知对是 FN 关联级别中已知节点的二元关系对和等效模糊系统给定节点的二元关系对,而未知对是未知节点的二元关系对。

问题 6.1

在本问题中,节点 C 由节点 A 与 U 水平合并而成,在仅已知 A 和 C 时考虑节点识别。因此,需要在已知节点 A 和 C 的基础上识别未知节点 U。该问题可通过式(6.78)中的布尔矩阵方程以一般形式描述,其中 A、U 和 C 表示上述 3 个节点的布尔矩阵。式(6.79)～式(6.81)给出了这些布尔矩阵的维数和详细描述。

$$A * U = C \tag{6.78}$$

$$A_{p \times q} = \begin{matrix} a_{11} \cdots\cdots a_{1q} \\ \cdots\cdots\cdots \\ a_{p1} \cdots\cdots a_{pq} \end{matrix} \tag{6.79}$$

$$U_{q \times r} = \begin{matrix} u_{11} \cdots\cdots u_{1r} \\ \cdots\cdots\cdots \\ u_{q1} \cdots\cdots u_{qr} \end{matrix} \tag{6.80}$$

$$C_{p \times r} = \begin{matrix} c_{11} \cdots\cdots c_{1r} \\ \cdots\cdots\cdots \\ c_{p1} \cdots\cdots c_{pr} \end{matrix} \tag{6.81}$$

式(6.78)中的布尔矩阵方程可由 r 个布尔方程组(systems of Boolean equation)表示,其中,每组含有 p 个方程和 q 个未知数。这些布尔方程组由式(6.82)给出。

$$\max\ [\min\ (a_{11},\ u_{11}),\cdots,\ \min\ (a_{1q},\ u_{q1})]=c_{11} \tag{6.82}$$

....

$$\max\ [\min\ (a_{p1},\ u_{11}),\cdots,\ \min\ (a_{pq},\ u_{q1})]=c_{p1}$$

....

$$\max\ [\min\ (a_{11},\ u_{1r}),\cdots,\ \min\ (a_{1q},\ u_{qr})]=c_{1r}$$

....

$$\max\ [\min\ (a_{p1},\ u_{1r}),\cdots,\ \min\ (a_{pq},\ u_{qr})]=c_{pr}$$

式(6.82)中每个布尔方程组的解表示式(6.78)中的布尔矩阵方程中未知布尔矩阵 U 的一列。求解每个布尔方程组的最简单方法是先生成未知布尔矩阵中 0 和 1 的所有可能排列。在这种情况下,尤其是当布尔矩阵 A 中的某些列仅包含零元素(即全零列)时,很可能存在多重解。这些零元素对布尔矩阵 U 相应行中的元素具有覆盖作用。即在求得的解中,被覆盖的元素既可为 0 也可为 1。具体来说,式(6.78)中布尔矩阵方程解的数量 V 由式(6.83)中的通用公式给出,其中 r 是 U 的列数,s 是 A 中全零列的数量。

$$V=r^{s}+1 \tag{6.83}$$

例 6.16

本例中的 FN 具有两个顺序节点 A 和 U,其中 $\{x_{A1},\ x_{A2}\}$ 是 A 的输入集,$z_{A,U}$ 是中间变量,$\{y_{U1},\ y_{U2}\}$ 是 U 的输出集,如图 6.24 和式(6.84)中的拓扑表达式所描述。已知节点 A 和 C 由式(6.85)、式(6.86)中的布尔矩阵和式(6.87)、式(6.88)中的二元关系描述。

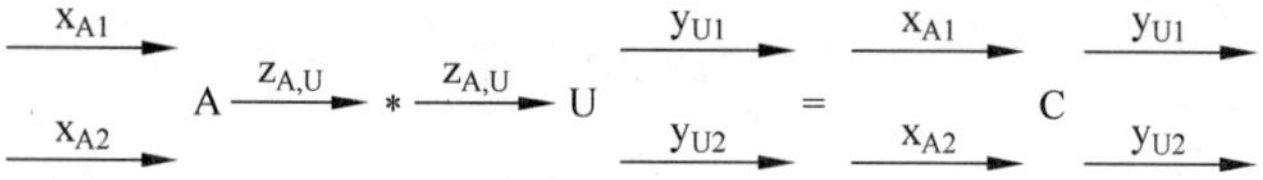

图 6.24　节点 A 和 U 水平合并为节点 C 的 FN

$$[A]\ (x_{A1},\ x_{A2}\,|\,z_{A,U})*[U]\ (z_{A,U}\,|\,y_{U1},\ y_{U2})=[C]\ (x_{A1},\ x_{A2}\,|\,y_{U1},\ y_{U2}) \tag{6.84}$$

A: (6.85)

$x_{A1},\ x_{A2}$ \ $z_{A,U}$	1	2	3
11	1	0	0
12	1	0	0
21	0	0	1
22	0	0	1

A: $\{(11,1),\ (12,1),\ (21,3),\ (22,3)\}$ (6.86)

C: (6.87)

$x_{A1},\ x_{A2}$ \ $y_{U1},\ y_{U2}$	11	12	21	22
11	0	0	0	1
12	0	0	0	1
21	1	0	0	0
22	1	0	0	0

C: $\{(11,22),\ (12,22),\ (21,11),\ (22,11)\}$ (6.88)

未知节点 U 的布尔矩阵的列可从式(6.82)中找到,式(6.89)~式(6.92)给出了本例的详细形式。

$$\max\ [\min(1,u_{11}),\ \min(0,u_{21}),\ \min(0,u_{31})]=0 \tag{6.89}$$
$$\max\ [\min(1,u_{11}),\ \min(0,u_{21}),\ \min(0,u_{31})]=0$$
$$\max\ [\min(0,u_{11}),\ \min(0,u_{21}),\ \min(1,u_{31})]=1$$
$$\max\ [\min(0,u_{11}),\ \min(0,u_{21}),\ \min(1,u_{31})]=1$$

$$\max\ [\min(1,u_{12}),\ \min(0,u_{22}),\ \min(0,u_{32})]=0 \tag{6.90}$$
$$\max\ [\min(1,u_{12}),\ \min(0,u_{22}),\ \min(0,u_{32})]=0$$
$$\max\ [\min(0,u_{12}),\ \min(0,u_{22}),\ \min(1,u_{32})]=0$$
$$\max\ [\min(0,u_{12}),\ \min(0,u_{22}),\ \min(1,u_{32})]=0$$

$$\max\ [\min(1,u_{13}),\ \min(0,u_{23}),\ \min(0,u_{33})]=0 \tag{6.91}$$
$$\max\ [\min(1,u_{13}),\ \min(0,u_{23}),\ \min(0,u_{33})]=0$$
$$\max\ [\min(0,u_{13}),\ \min(0,u_{23}),\ \min(1,u_{33})]=0$$
$$\max\ [\min(0,u_{13}),\ \min(0,u_{23}),\ \min(1,u_{33})]=0$$

$$\max\ [\min(1,u_{14}),\ \min(0,u_{24}),\ \min(0,u_{34})]=1 \tag{6.92}$$
$$\max\ [\min(1,u_{14}),\ \min(0,u_{24}),\ \min(0,u_{34})]=1$$
$$\max\ [\min(0,u_{14}),\ \min(0,u_{24}),\ \min(1,u_{34})]=0$$
$$\max\ [\min(0,u_{14}),\ \min(0,u_{24}),\ \min(1,u_{34})]=0$$

式(6.83)可计算式(6.89)～式(6.92)中的 4 个布尔方程组解的数量,式(6.93)是式(6.83)在本例中的应用。

$$4^1+1=5 \tag{6.93}$$

节点 U 的解由布尔矩阵和式(6.94)～式(6.103)中的二元关系描述。在这种情况下,$U_i,i=1,2,\cdots,5$ 表示解集中的每个解。每个解表示一个一致的规则库,即该规则库的布尔矩阵在每行中不超过一个非零元素。

$$U_1: \tag{6.94}$$

$z_{A,U}$	y_{U1}，y_{U2}	11	12	21	22
1		0	0	0	1
2		0	0	0	0
3		1	0	0	0

$$U_1:\ \{(1,22),(3,11)\} \tag{6.95}$$

$$U_2: \tag{6.96}$$

$z_{A,U}$	y_{U1}，y_{U2}	11	12	21	22
1		0	0	0	1
2		1	0	0	0
3		1	0	0	0

$$U_2:\ \{(1,22),(2,11),(3,11)\} \tag{6.97}$$

$$U_3: \quad y_{U1}, y_{U2} \quad 11 \quad 12 \quad 21 \quad 22 \tag{6.98}$$

$z_{A,U}$	11	12	21	22
1	0	0	0	1
2	0	1	0	0
3	1	0	0	0

$$U_3: \quad \{(1, 22), (2, 12), (3, 11)\} \tag{6.99}$$

$$U_4: \quad y_{U1}, y_{U2} \quad 11 \quad 12 \quad 21 \quad 22 \tag{6.100}$$

$z_{A,U}$	11	12	21	22
1	0	0	0	1
2	0	0	1	0
3	1	0	0	0

$$U_4: \quad \{(1, 22), (2, 21), (3, 11)\} \tag{6.101}$$

$$U_5: \quad y_{U1}, y_{U2} \quad 11 \quad 12 \quad 21 \quad 22 \tag{6.102}$$

$z_{A,U}$	11	12	21	22
1	0	0	0	1
2	0	0	0	1
3	1	0	0	0

$$U_5: \quad \{(1, 22), (2, 22), (3, 11)\} \tag{6.103}$$

问题 6.2

在本问题中,节点 U 和 B 水平合并为节点 C,在仅已知 B 和 C 时考虑节点识别。因此,需要在已知节点 B 和 C 的基础上识别未知节点 U。该问题可通过式(6.104)中的布尔矩阵方程以一般形式描述,其中 U、B 和 C 表示上述 3 个节点的布尔矩阵。式(6.105)~式(6.107)给出了这些布尔矩阵的维度和详细描述。

$$U * B = C \tag{6.104}$$

$$U_{p \times q} = \begin{matrix} u_{11} \cdots\cdots u_{1q} \\ \cdots\cdots\cdots\cdots \\ u_{p1} \cdots\cdots u_{pq} \end{matrix} \tag{6.105}$$

$$B_{q \times r} = \begin{matrix} b_{11} \cdots\cdots b_{1r} \\ \cdots\cdots\cdots\cdots \\ b_{q1} \cdots\cdots b_{qr} \end{matrix} \tag{6.106}$$

$$C_{p \times r} = \begin{matrix} c_{11} \cdots\cdots c_{1r} \\ \cdots\cdots\cdots\cdots \\ c_{p1} \cdots\cdots c_{pr} \end{matrix} \tag{6.107}$$

式(6.104)中的布尔矩阵方程可表示为 p 个布尔方程组,其中每组由 r 个方程和 q 个未知数组成。这些布尔方程组由式(6.108)给出。

$$\max \left[\min (u_{11}, b_{11}), \cdots, \min (u_{1q}, b_{q1})\right] = c_{11} \tag{6.108}$$
$$\cdots\cdots\cdots\cdots\cdots\cdots\cdots\cdots\cdots\cdots\cdots\cdots\cdots\cdots$$
$$\max \left[\min (u_{11}, b_{1r}), \cdots, \min (u_{1q}, b_{qr})\right] = c_{1r}$$

$$\max \left[\min (u_{p1}, b_{11}), \cdots, \min (u_{pq}, b_{q1})\right] = c_{p1}$$
$$\cdots\cdots\cdots\cdots\cdots\cdots\cdots\cdots\cdots\cdots\cdots\cdots\cdots\cdots$$
$$\max \left[\min (u_{p1}, b_{1r}), \cdots, \min (u_{pq}, b_{qr})\right] = c_{pr}$$

式(6.108)中每个布尔方程组的解表示式(6.104)中布尔矩阵方程内未知布尔矩阵 U 中的一行。求解每个布尔方程组的最简单方法是生成未知布尔矩阵中 0 和 1 的所有可能排列。在这种情况下,特别是当布尔矩阵 B 中的某些行仅包含零元素(即全零行)时,很可能存在多重解。这些零元素对布尔矩阵 U 相应列中的元素具有覆盖作用,即在求得的解中,被覆盖的元素既可为 0 也可为 1。具体来说,式(6.104)中布尔矩阵方程解的数量 V 由式(6.109)中的通用公式给出,其中 p 是 U 的行数,s 是 B 的全零行的数量。

$$V = (2^p)^s \tag{6.109}$$

例 6.17

本例中 FN 具有两个顺序节点 U 和 B,其中$\{x_{U1}, x_{U2}\}$是 U 的输入集,$z_{U,B}$是中间变量,$\{y_{B1}, y_{B2}\}$是 B 的输出集,如图 6.25 和式(6.110)中的拓扑表达式所描述。已知节点 B 和 C 由式(6.111)、式(6.112)中的布尔矩阵和式(6.113)、式(6.114)中的二元关系描述。

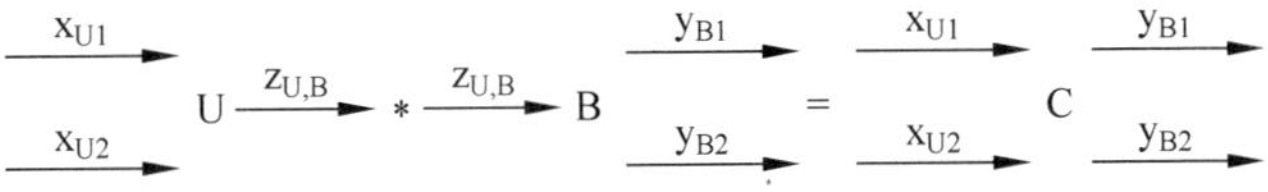

图 6.25 节点 U 和 B 水平合并为节点 C 的 FN

$$[U] (x_{U1}, x_{U2} | z_{U,B}) * [B] (z_{U,B} | y_{B1}, y_{B2}) = [C] (x_{U1}, x_{U2} | y_{B1}, y_{B2}) \tag{6.110}$$

B:

$z_{U,B}$	$y_{B1} \cdot y_{B2}$ 11	12	21	22	
1		1	0	0	0
2		0	0	0	0
3		0	0	0	1

(6.111)

B: $\{(1, 11), (3, 22)\}$ (6.112)

C:

$x_{U1} \cdot x_{U2}$	$y_{B1} \cdot y_{B2}$ 11	12	21	22	
11		0	0	0	1
12		0	0	0	1
21		1	0	0	0
22		1	0	0	0

(6.113)

C: $\{(11, 22), (12, 22), (21, 11), (22, 11)\}$ (6.114)

未知节点 U 的布尔矩阵的行数可按式(6.108)来计算,式(6.115)~式(6.118)给出了本例的详细形式。

$$\max [\min (u_{11}, 1), \min (u_{12}, 0), \min (u_{13}, 0)] = 0 \tag{6.115}$$

$$\max [\min (u_{11}, 0), \min (u_{12}, 0), \min (u_{13}, 0)] = 0$$

$$\max [\min (u_{11}, 0), \min (u_{12}, 0), \min (u_{13}, 0)] = 0$$

$$\max [\min (u_{11}, 0), \min (u_{12}, 0), \min (u_{13}, 1)] = 1$$

$$\max\ [\min(u_{21}, 1), \min(u_{22}, 0), \min(u_{23}, 0)] = 0 \tag{6.116}$$

$$\max\ [\min(u_{21}, 0), \min(u_{22}, 0), \min(u_{23}, 0)] = 0$$

$$\max\ [\min(u_{21}, 0), \min(u_{22}, 0), \min(u_{23}, 0)] = 0$$

$$\max\ [\min(u_{21}, 0), \min(u_{22}, 0), \min(u_{23}, 1)] = 1$$

$$\max\ [\min(u_{31}, 1), \min(u_{32}, 0), \min(u_{33}, 0)] = 1 \tag{6.117}$$

$$\max\ [\min(u_{31}, 0), \min(u_{32}, 0), \min(u_{33}, 0)] = 0$$

$$\max\ [\min(u_{31}, 0), \min(u_{32}, 0), \min(u_{33}, 0)] = 0$$

$$\max\ [\min(u_{31}, 0), \min(u_{32}, 0), \min(u_{33}, 1)] = 0$$

$$\max\ [\min(u_{41}, 1), \min(u_{42}, 0), \min(u_{43}, 0)] = 1 \tag{6.118}$$

$$\max\ [\min(u_{41}, 0), \min(u_{42}, 0), \min(u_{43}, 0)] = 0$$

$$\max\ [\min(u_{41}, 0), \min(u_{42}, 0), \min(u_{43}, 0)] = 0$$

$$\max\ [\min(u_{41}, 0), \min(u_{42}, 0), \min(u_{43}, 1)] = 0$$

式(6.115)~式(6.118)中的 4 个布尔方程组解的数量可用式(6.109)来计算,式(6.119)是式(6.116)在本例中的应用。

$$(2^4)^1 = 16 \tag{6.119}$$

节点 U 的解由布尔矩阵和式(6.120)~式(6.151)中的二元关系给出。在这种情况下,$U_i, i = 1, 2, \cdots, 16$ 表示解集中的每个解。如果某个解表示不一致的规则库,即该规则库的布尔矩阵至少有一行存在两个(含)以上非零元素,此时舍弃该解。因此,节点 U 的唯一可行解是 U_1。

$$U_1: \qquad\qquad z_{U,B} \quad 1 \quad 2 \quad 3 \tag{6.120}$$

x_{U1}, x_{U2}	1	2	3
11	0	0	1
12	0	0	1
21	1	0	0
22	1	0	0

$$U_1: \quad \{(11, 3), (12, 3), (21, 1), (22, 1)\} \tag{6.121}$$

$$U_2: \qquad\qquad z_{U,B} \quad 1 \quad 2 \quad 3 \tag{6.122}$$

x_{U1}, x_{U2}	1	2	3
11	0	1	1
12	0	0	1
21	1	0	0
22	1	0	0

$$U_2: \quad \{(11, 2), (11, 3), (12, 3), (21, 1), (22, 1)\} \tag{6.123}$$

$U_3:$

$z_{U,B}$	1	2	3	(6.124)
x_{U1}，x_{U2}				
11	0	0	1	
12	0	1	1	
21	1	0	0	
22	1	0	0	

$$U_3: \quad \{(11,3),(12,2),(12,3),(21,1),(22,1)\} \tag{6.125}$$

$U_4:$

$z_{U,B}$	1	2	3	(6.126)
x_{U1}，x_{U2}				
11	0	0	1	
12	0	0	1	
21	1	1	0	
22	1	0	0	

$$U_4: \quad \{(11,3),(12,3),(21,1),(21,2),(22,1)\} \tag{6.127}$$

$U_5:$

$z_{U,B}$	1	2	3	(6.128)
x_{U1}，x_{U2}				
11	0	0	1	
12	0	0	1	
21	1	0	0	
22	1	1	0	

$$U_5: \quad \{(11,3),(12,3),(21,1),(22,1),(22,2)\} \tag{6.129}$$

$U_6:$

$z_{U,B}$	1	2	3	(6.130)
x_{U1}，x_{U2}				
11	0	1	1	
12	0	1	1	
21	1	0	0	
22	1	0	0	

$$U_6: \quad \{(11,2),(11,3),(12,2),(12,3),(21,1),(22,1)\} \tag{6.131}$$

$U_7:$

$z_{U,B}$	1	2	3	(6.132)
x_{U1}，x_{U2}				
11	0	1	1	
12	0	0	1	
21	1	1	0	
22	1	0	0	

U_7：　$\{(11, 2)，(11, 3)，(12, 3)，(21, 1)，(21, 2)，(22, 1)\}$ 　　　　　(6.133)

U_8：　　　　$z_{U,B}$　1　2　3 　　　　　(6.134)

　　x_{U1}，x_{U2}

　　11　　　　　　0　1　1

　　12　　　　　　0　0　1

　　21　　　　　　1　0　0

　　22　　　　　　1　1　0

U_8：　$\{(11, 2)，(11, 3)，(12, 3)，(21, 1)，(22, 1)，(22, 2)\}$ 　　　　　(6.135)

U_9：　　　　$z_{U,B}$　1　2　3 　　　　　(6.136)

　　x_{U1}，x_{U2}

　　11　　　　　　0　0　1

　　12　　　　　　0　1　1

　　21　　　　　　1　1　0

　　22　　　　　　1　0　0

U_9：　$\{(11, 3)，(12, 2)，(12, 3)，(21, 1)，(21, 2)，(22, 1)\}$ 　　　　　(6.137)

U_{10}：　　　　$z_{U,B}$　1　2　3 　　　　　(6.138)

　　x_{U1}，x_{U2}

　　11　　　　　　0　0　1

　　12　　　　　　0　1　1

　　21　　　　　　1　0　0

　　22　　　　　　1　1　0

U_{10}：　$\{(11, 3)，(12, 2)，(12, 3)，(21, 1)，(22, 1)，(22, 2)\}$ 　　　　　(6.139)

U_{11}：　　　　$z_{U,B}$　1　2　3 　　　　　(6.140)

　　x_{U1}，x_{U2}

　　11　　　　　　0　0　1

　　12　　　　　　0　0　1

　　21　　　　　　1　1　0

　　22　　　　　　1　1　0

$U_{11}: \quad \{(11, 3), (12, 3), (21, 1), (21, 2), (22, 1), (22, 2)\}$ (6.141)

$U_{12}:$

$z_{U,B}$	1	2	3
x_{U1}, x_{U2}			
11	0	1	1
12	0	1	1
21	1	1	0
22	1	0	0

(6.142)

$U_{12}: \quad \{(11, 2), (11, 3), (12, 2), (12, 3), (21, 1), (21, 2), (22, 1)\}$ (6.143)

$U_{13}:$

$z_{U,B}$	1	2	3
x_{U1}, x_{U2}			
11	0	1	1
12	0	1	1
21	1	0	0
22	1	1	0

(6.144)

$U_{13}: \quad \{(11, 2), (11, 3), (12, 2), (12, 3), (21, 1), (22, 1), (22, 2)\}$ (6.145)

$U_{14}:$

$z_{U,B}$	1	2	3
x_{U1}, x_{U2}			
11	0	1	1
12	0	0	1
21	1	1	0
22	1	1	0

(6.146)

$U_{14}: \quad \{(11, 2), (11, 3), (12, 3), (21, 1), (21, 2), (22, 1), (22, 2)\}$ (6.147)

$U_{15}:$

$z_{U,B}$	1	2	3
x_{U1}, x_{U2}			
11	0	0	1
12	0	1	1
21	1	1	0
22	1	1	0

(6.148)

$U_{15}: \quad \{(11, 3), (12, 2), (12, 3), (21, 1), (21, 2), (22, 1), (22, 2)\}$ (6.149)

$$U_{16}: \qquad z_{U,B} \quad 1 \quad 2 \quad 3 \tag{6.150}$$

$$
\begin{array}{lccc}
x_{U1}, \; x_{U2} & & & \\
11 & 0 & 1 & 1 \\
12 & 0 & 1 & 1 \\
21 & 1 & 1 & 0 \\
22 & 1 & 1 & 0 \\
\end{array}
$$

$$U_{16}: \quad \{(11,2),(11,3),(12,2),(12,3),(21,1),(21,2),(22,1),(22,2)\} \tag{6.151}$$

问题 6.3

在本问题中，节点 A、U 和 B 水平合并为节点 C，在仅已知 A、B 和 C 时考虑节点识别。因此，需要在已知节点 A、B 和 C 的基础上识别未知节点 U。此问题可通过式（6.152）中的布尔矩阵方程以一般形式描述，其中 A、U、B 和 C 表示上述 4 个节点的布尔矩阵。式（6.153）～式（6.156）给出了这些布尔矩阵的维数和详细描述。

$$A * U * B = C \tag{6.152}$$

$$
A_{p \times q} = \begin{array}{ccc}
a_{11} & \cdots\cdots & a_{1q} \\
\cdots & \cdots\cdots & \cdots \\
a_{p1} & \cdots\cdots & a_{pq}
\end{array} \tag{6.153}
$$

$$
U_{q \times r} = \begin{array}{ccc}
u_{11} & \cdots\cdots & u_{1r} \\
\cdots & \cdots\cdots & \cdots \\
u_{q1} & \cdots\cdots & u_{qr}
\end{array} \tag{6.154}
$$

$$
B_{r \times s} = \begin{array}{ccc}
b_{11} & \cdots\cdots & b_{1s} \\
\cdots & \cdots\cdots & \cdots \\
b_{r1} & \cdots\cdots & b_{rs}
\end{array} \tag{6.155}
$$

$$
C_{p \times s} = \begin{array}{ccc}
c_{11} & \cdots\cdots & c_{1s} \\
\cdots & \cdots\cdots & \cdots \\
c_{p1} & \cdots\cdots & c_{ps}
\end{array} \tag{6.156}
$$

式（6.152）中的布尔矩阵方程可用两种不同的方式求解。无论哪种情况，都可根据问题 6.1 和问题 6.2 的解决方案找到解。

在第一种解法中，式（6.152）由两个布尔矩阵方程构成的方程组来表示。式（6.157）～式（6.158）可表示此情况，其中 D 是式（6.159）给出的另一个未知布尔矩阵。求解该布尔矩阵方程组，可先求解式（6.158）中的 D，然后求解式（6.157）中的 U。

$$A * U = D \tag{6.157}$$

$$D * B = C \tag{6.158}$$

$$
D_{p \times r} = \begin{array}{ccc}
d_{11} & \cdots\cdots & d_{1r} \\
\cdots & \cdots\cdots & \cdots \\
d_{p1} & \cdots\cdots & d_{pr}
\end{array} \tag{6.159}
$$

在第二种解法中,式(6.152)也由两个布尔矩阵方程构成的方程组来表示。式(6.160)~式(6.161)可表示此情况,其中 E 是式(6.162)给出的另一个未知布尔矩阵。求解该布尔矩阵方程组,可先求解式(6.161)中的 E,然后求解式(6.160)中的 U。

$$U * B = E \tag{6.160}$$

$$A * E = C \tag{6.161}$$

$$E_{q \times s} = \begin{matrix} e_{11} \cdots\cdots e_{1s} \\ \cdots\cdots\cdots\cdots \\ e_{q1} \cdots\cdots e_{qs} \end{matrix} \tag{6.162}$$

例 6.18

本例中的 FN 具有 3 个顺序节点 A、U 和 B,其中 $\{x_{A1},x_{A2}\}$ 是 A 的输入集,$z_{A,U}$ 与 $z_{U,B}$ 是 U 的中间变量,$\{y_{B1},y_{B2}\}$ 是 B 的输出集。这些节点水平合并成节点 C 中,C 为该 FN 的等效模糊系统。如图 6.26 和式(6.163)中的拓扑表达式所描述,B 和 C 由例 6.16 中的式(6.85)~式(6.86)、例 6.17 中的式(6.111)、式(6.112)及式(6.164)、式(6.165)中的布尔矩阵和二元关系描述。

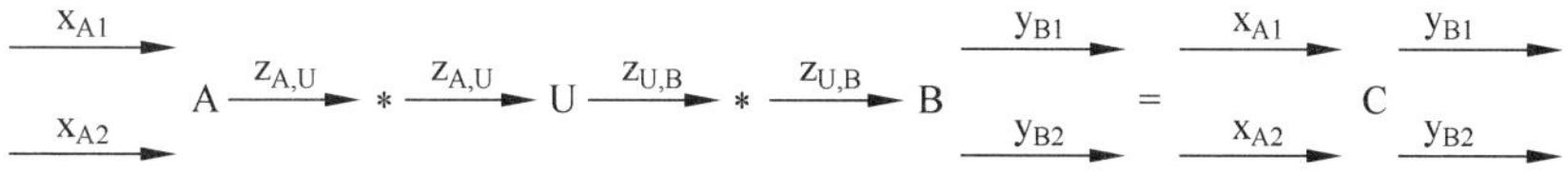

图 6.26　节点 A、U 和 B 水平合并为节点 C 的 FN

$$[A](x_{A1},x_{A2} \,|\, z_{A,U}) * [U](z_{A,U} \,|\, z_{U,B}) * [B](z_{U,B} \,|\, y_{B1},y_{B2}) = [C](x_{A1},x_{A2} \,|\, y_{B1},y_{B2}) \tag{6.163}$$

C:

x_{A1},x_{A2} ＼ y_{B1},y_{B2}	11	12	21	22
11	0	0	0	1
12	0	0	0	1
21	1	0	0	0
22	1	0	0	0

(6.164)

C:　$\{(11, 22),(12, 22),(21, 11),(22, 11)\}$ (6.165)

在第一种解法中,节点 D 的唯一可行解是 D_1,如式(6.166)~式(6.167)中的布尔矩阵和二元关系所描述。舍弃剩余的 15 个潜在解,因为它们都不代表一致规则库。

D_1:

x_{A1},x_{A2} ＼ $z_{U,B}$	1	2	3
11	0	0	1
12	0	0	1
21	1	0	0
22	1	0	0

(6.166)

D_1:　$\{(11, 3),(12, 3),(21, 1),(22, 1)\}$ (6.167)

节点 U 的解集为 $\{U_1,U_2,U_3,U_4\}$,如式(6.168)~式(6.175)中的布尔矩阵和二元关系所描述。这些解都表示一致的规则库。

U_1:　　　$z_{U,B}$　1　2　3　　　　　　　　　　　　　　　(6.168)

$z_{A,U}$

1　　　　　0　0　1

2　　　　　0　0　0

3　　　　　1　0　0

U_1: $\{(1,3),(3,1)\}$　　　　　　　　　　　　　　　　　　(6.169)

U_2:　　　　$z_{U,B}$　1　2　3　　　　　　　　　　　　　　(6.170)

$z_{A,U}$

1　　　　　0　0　1

2　　　　　1　0　0

3　　　　　1　0　0

U_2: $\{(1,3),(2,1),(3,1)\}$　　　　　　　　　　　　　　(6.171)

U_3:　　　　$z_{U,B}$　1　2　3　　　　　　　　　　　　　　(6.172)

$z_{A,U}$

1　　　　　0　0　1

2　　　　　0　1　0

3　　　　　1　0　0

U_3: $\{(1,3),(2,2),(3,1)\}$　　　　　　　　　　　　　　(6.173)

U_4:　　　　$z_{U,B}$　1　2　3　　　　　　　　　　　　　　(6.174)

$z_{A,U}$

1　　　　　0　0　1

2　　　　　0　0　1

3　　　　　1　0　0

U_4: $\{(1,3),(2,3),(3,1)\}$　　　　　　　　　　　　　　(6.175)

在第二种解法中,节点 E 的解集为$\{E_1,E_2,E_3,E_4,E_5\}$,如式(6.176)~式(6.185)中的布尔矩阵和二元关系所描述。这些解都表示一致的规则库。

E_1:　　y_{B1},x_{B2}　11　12　21　22　　　　　　　　　　(6.176)

$z_{A,U}$

1　　　　　0　0　0　1

2　　　　　0　0　0　0

3　　　　　1　0　0　0

E_1: $\{(1,22),(3,11)\}$　　　　　　　　　　　　　　　　(6.177)

E_2:　　y_{B1},x_{B2}　11　12　21　22　　　　　　　　　　(6.178)

$z_{A,U}$

1　　　　　0　0　0　1

2　　　　　1　0　0　0

3　　　　　1　0　0　0

E_2: $\{(1,22),(2,11),(3,11)\}$　　　　　　　　　　　　(6.179)

$$E_3: \quad y_{B1}, x_{B2} \quad 11 \quad 12 \quad 21 \quad 22 \tag{6.180}$$

$z_{A,U}$	11	12	21	22
1	0	0	0	1
2	0	1	0	0
3	1	0	0	0

$$E_3: \quad \{(1, 22), (2, 12), (3, 11)\} \tag{6.181}$$

$$E_4: \quad y_{B1}, x_{B2} \quad 11 \quad 12 \quad 21 \quad 22 \tag{6.182}$$

$z_{A,U}$	11	12	21	22
1	0	0	0	1
2	0	0	1	0
3	1	0	0	0

$$E_4: \quad \{(1, 22), (2, 21), (3, 11)\} \tag{6.183}$$

$$E_5: \quad y_{B1}, x_{B2} \quad 11 \quad 12 \quad 21 \quad 22 \tag{6.184}$$

$z_{A,U}$	11	12	21	22
1	0	0	0	1
2	0	0	0	1
3	1	0	0	0

$$E_5: \quad \{(1, 22), (2, 22), (3, 11)\} \tag{6.185}$$

节点 U 的解集是$\{U_1, U_2, U_3, U_4\}$,如式(6.168)~式(6.175)中的布尔矩阵和二元关系所描述。U 的这些解都来自 E,表示一致的规则库。具体来说,可行解 U_1 和 U_3 来自基本解 E_1,附加解 U_2 和 U_4 分别来自非基本解 E_2 和 E_5,而非基本解 E_3 与 E_4 在 U 中没有对应的解。在这种情况下,术语"基本解"是指具有至少一个零行的布尔矩阵,而术语"非基本解"是指没有任何零行的布尔矩阵。

6.6 垂直合并中的节点识别

当 FN 同一层中的一个或多个节点未知,但给出了该层等效模糊系统的节点时,节点变换通常应用于垂直合并。在这种情况下,需要从该层中的其他节点和等效模糊系统的节点中找到未知节点。节点识别的目的是确保识别出的未知节点与已知节点垂直合并后,生成的节点与预先给定的节点相同。在这种情况下,因为不能保证在上述要求下一定有解,所以垂直合并中的节点识别运算不能确保一定能执行。如果有解,则通常是唯一解。

当把布尔矩阵用作垂直合并中节点识别的形式模型时,一般通过检查已知矩阵和给定矩阵的结构来完成识别过程。在这种情况下,需要查找已知布尔矩阵的非零元素的位置与给定布尔矩阵的同一非零块的对应关系。如果找到此关系,则未知布尔矩阵等于此非零块或等于给定布尔矩阵的压缩映像。将给定布尔矩阵中所有的非零块用1表示、零块用0表示,从而得到该布尔矩阵的压缩映像。

当二元关系用作已知的、给定的和未知的节点的形式模型时,节点识别也可应用于二元关系中的垂直合并。在这种情况下,在已知关系对与任何给定关系中具有相似模式的对块(block of pair)之间寻求位置上的对应关系,使得每个块中相对应的第一元素和第二元素相同。如果找到此对应关系,则可从给定关系中的对块与已知关系中的单个关系对之间的相似性推导出未知的二元关系。

问题 6.4

在本问题中,节点 A 和 U 垂直合并为节点 C,在仅已知 A 和 C 时考虑节点识别。因此,需要在已知节点 A 和 C 的基础上识别未知节点 U。此问题可通过式(6.186)中的布尔矩阵方程以一般形式描述,其中 A、U 和 C 表示上述 3 个节点的布尔矩阵。式(6.187)～式(6.189)给出了这些布尔矩阵的维数和详细描述。

$$A + U = C \tag{6.186}$$

$$A_{p \times q} = \begin{matrix} a_{11} \cdots a_{1q} \\ \cdots \cdots \cdots \\ a_{p1} \cdots a_{pq} \end{matrix} \tag{6.187}$$

$$U_{r \times s} = \begin{matrix} u_{11} \cdots u_{1s} \\ \cdots \cdots \cdots \\ u_{r1} \cdots u_{rs} \end{matrix} \tag{6.188}$$

$$C_{p.r \times q.s} = \begin{matrix} c_{11} \cdots c_{1,r.s} \\ \cdots \cdots \cdots \\ c_{p.r,1} \cdots c_{p.r,q.s} \end{matrix} \tag{6.189}$$

如果式(6.189)中的布尔矩阵 C 中非零块 C^k 的个数不超过 p 个($1 \leqslant k \leqslant p$),则 A 中对应 C^k 在 C 中所在位置的元素都等于 1,而 A 中对应 C^0 在 C 中所在位置的所有其他元素都等于 0,此时布尔矩阵 U 等于 C^k。在这种情况下,C^k 中各元素所在位置可通过式(6.190)来描述,该式还显示了 C^k 中各元素下标 i 和 j 的初始值。C^0 具有与非零块 C^k 相同的行数和列数。

$$C_k = \begin{matrix} c_{ij}^k \cdots c_{i,j+s-1}^k \\ \cdots \cdots \cdots \\ c_{i+r-1,j}^k \cdots c_{i+r-1,j+s-1}^k \end{matrix} , \quad i=1,1+r,\cdots,1+(p-1).r; \quad j=1,1+s,\cdots,1+(q-1).s \tag{6.190}$$

例 6.19

本例中的 FN 具有两个并行节点 A 和 U,其中 x_A 是 A 的输入,y_A 是 A 的输出,x_U 是 U 的输入,y_U 是 U 的输出。这些节点垂直合并为节点 C,如图 6.27 和式(6.191)中的拓扑表达式所描述。已知节点 A 和 C 由式(6.192)、式(6.193)中的布尔矩阵和式(6.194)、式(6.195)中的二元关系描述。

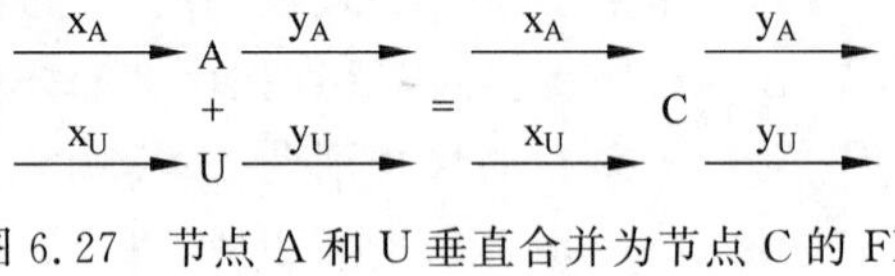

图 6.27 节点 A 和 U 垂直合并为节点 C 的 FN

$$[A](x_A|y_A) + [U](x_U|y_U) = [C](x_A, x_U|y_A, y_U) \tag{6.191}$$

$$A: \tag{6.192}$$

x_A \ y_A	1	2	3
1	0	1	0
2	1	0	0
3	0	0	1

A：$\{(1,2),(2,1),(3,3)\}$　　　　　　　　　　　　　　　　　　　　(6.193)

C：

y_A, y_U	11	12	13	21	22	23	31	32	33	
x_A, x_U										(6.194)
11	0	0	0	1	0	0	0	0	0	
12	0	0	0	0	0	1	0	0	0	
13	0	0	0	0	1	0	0	0	0	
21	1	0	0	0	0	0	0	0	0	
22	0	0	1	0	0	0	0	0	0	
23	0	1	0	0	0	0	0	0	0	
31	0	0	0	0	0	0	1	0	0	
32	0	0	0	0	0	0	0	0	1	
33	0	0	0	0	0	0	0	1	0	

C：$\{(11,21),(12,23),(13,22),$　　　　　　　　　　　　　　　(6.195)
　　　$(21,11),(22,13),(23,12),$
　　　$(31,31),(32,33),(33,32)\}$

式(6.194)中的布尔矩阵 C 仅包含 3 个相同的非零块 C^k，并且在矩阵 C 中任何 C^k 块所在的行(简称块行，block row)中，这样的 C^k 块不多于一个。此外，A 中对应 C^k 在 C 中所在位置的元素都等于 1，而 A 中对应 C^0 在 C 中所在位置的所有其他元素都等于 0。

因此，布尔矩阵 U 等于 C^k，如式(6.196)、式(6.197)中的布尔矩阵和二元关系所描述。在这种情况下，C^k，$k=1,2,3$ 的元素在 C 中的位置由式(6.198)～式(6.200)给出。

U：

y_U	1	2	3	
x_U				(6.196)
1	1	0	0	
2	0	0	1	
3	0	1	0	

U：$\{(1,1),(2,3),(3,2)\}$　　　　　　　　　　　　　　　　　　(6.197)

$$C^1 = \begin{matrix} c_{14}^1 & c_{15}^1 & c_{16}^1 \\ c_{24}^1 & c_{25}^1 & c_{26}^1 \\ c_{34}^1 & c_{35}^1 & c_{36}^1 \end{matrix} \qquad (6.198)$$

$$C^2 = \begin{matrix} c_{41}^2 & c_{42}^2 & c_{43}^2 \\ c_{51}^2 & c_{52}^2 & c_{53}^2 \\ c_{61}^2 & c_{62}^2 & c_{63}^2 \end{matrix} \qquad (6.199)$$

$$C^3 = \begin{matrix} c_{77}^3 & c_{78}^3 & c_{79}^3 \\ c_{87}^3 & c_{88}^3 & c_{89}^3 \\ c_{97}^3 & c_{98}^3 & c_{99}^3 \end{matrix} \qquad (6.200)$$

问题 6.5

在本问题中，节点 U 和 B 垂直合并为节点 C，在仅已知 B 和 C 时考虑节点识别。因此，需要在已知节点 B 和 C 的基础上识别未知节点 U。该问题可通过式(6.201)中的布尔矩阵方程以一般形式描述,其中 U、B 和 C 表示上述 3 个节点的布尔矩阵。这些布尔矩阵的维数和详细描述见式(6.202)、式(6.203)、式(6.189)。

$$U + B = C \tag{6.201}$$

$$U_{p \times q} = \begin{matrix} u_{11} \cdots \cdots u_{1q} \\ \cdots \cdots \cdots \cdots \\ u_{p1} \cdots \cdots u_{pq} \end{matrix} \tag{6.202}$$

$$B_{r \times s} = \begin{matrix} b_{11} \cdots \cdots b_{1s} \\ \cdots \cdots \cdots \cdots \\ b_{r1} \cdots \cdots b_{rs} \end{matrix} \tag{6.203}$$

如果式(6.189)中的布尔矩阵 C 仅包含不超过 p 个相同的非零块 C^k($1 \leqslant k \leqslant p$),则在该矩阵的任何块行中,$C^k$ 不超过一个,并且布尔矩阵 B 等于 C^k,因此 U 中对应 C^k 在 C 中所在位置的元素都等于 1,而 U 中对应 C^0 在 C 中所在位置的所有其他元素都等于 0。在这种情况下,C^k 可通过式(6.190)来描述,该式还显示了 C^k 元素下标 i 和 j 允许的初始值。C^0 具有与 C^k 相同的行数和列数。

例 6.20

本例中的 FN 具有两个并行节点 U 和 B,其中 x_U 是 U 的输入,y_U 是 U 的输出,x_B 是 B 的输入,y_B 是 B 的输出。这些节点垂直合并到节点 C,如图 6.28 和式(6.204)中的拓扑表达式所描述。已知节点 B 和 C 由式(6.205)、式(6.206)和式(6.207)、式(6.208)中的布尔矩阵和二元关系描述。

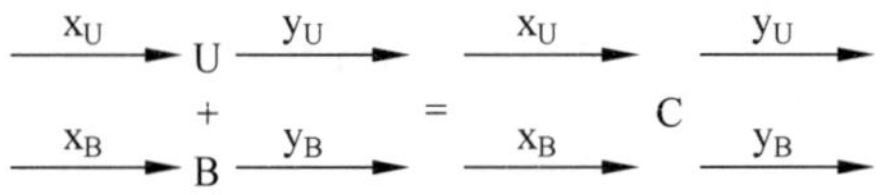

图 6.28　节点 U 和 B 垂直合并为节点 C 的 FN

$$[U](x_U|y_U) + [B](x_B|y_B) = [C](x_U, x_B|y_U, y_B) \tag{6.204}$$

B:

x_B \ y_B	1	2	3	(6.205)
1	0	1	0	
2	0	0	1	
3	1	0	0	

B:　$\{(1, 2), (2, 3), (3, 1)\}$ $\tag{6.206}$

C:

x_U, x_B \ y_U, y_B	11	12	13	21	22	23	31	32	33	(6.207)
11	0	0	0	0	0	0	0	1	0	
12	0	0	0	0	0	0	0	0	1	
13	0	0	0	0	0	0	1	0	0	
21	0	1	0	0	0	0	0	0	0	
22	0	0	1	0	0	0	0	0	0	

23	1	0	0	0	0	0	0	0	0
31	0	0	0	0	1	0	0	0	0
32	0	0	0	0	0	1	0	0	0
33	0	0	0	1	0	0	0	0	0

$$C: \{(11,32),(12,33),(13,31), \tag{6.208}$$
$$(21,12),(22,13),(23,11),$$
$$(31,22),(32,23),(33,21)\}$$

式(6.207)中的布尔矩阵 C 仅包含 3 个相同的非零块 C^k，且在该矩阵的任何块行中这样的块不多于一个。此外，布尔矩阵 B 等于 C^k。

因此，U 中对应 C^k 在 C 中所在位置的元素都等于 1，而 U 中对应 C^0 在 C 中所在位置的所有其他元素都等于 0，如式(6.209)、式(6.210)中的布尔矩阵和二元关系所描述，式(6.211)、式(6.199)和式(6.212)给出了 C^k，$k=1,2,3$。

$$U: \qquad y_U \quad 1 \quad 2 \quad 3 \tag{6.209}$$

x_U			
1	0	0	1
2	1	0	0
3	0	1	0

$$U: \{(1,3),(2,1),(3,2)\} \tag{6.210}$$

$$C^1 = \begin{matrix} c_{17}^{\,1} & c_{18}^{\,1} & c_{19}^{\,1} \\ c_{27}^{\,1} & c_{28}^{\,1} & c_{29}^{\,1} \\ c_{37}^{\,1} & c_{38}^{\,1} & c_{39}^{\,1} \end{matrix} \tag{6.211}$$

C^2 同(6.199)

$$C^3 = \begin{matrix} c_{74}^{\,3} & c_{75}^{\,3} & c_{76}^{\,3} \\ c_{84}^{\,3} & c_{85}^{\,3} & c_{86}^{\,3} \\ c_{94}^{\,3} & c_{95}^{\,3} & c_{96}^{\,3} \end{matrix} \tag{6.212}$$

问题 6.6

在本问题中，节点 A、U 和 B 垂直合并为节点 C，在仅已知 A、B 和 C 时考虑节点识别。因此，需要在已知节点 A、B 和 C 的基础上识别未知节点 U。此问题可通过式(6.213)中的布尔矩阵方程以一般形式描述，其中 A、U、B 和 C 表示上述 4 个节点的布尔矩阵。这些布尔矩阵的维数和详细描述见式(6.187)、式(6.214)、式(6.203)和式(6.215)。

$$A + U + B = C \tag{6.213}$$

$$U_{f \times g} = \begin{matrix} u_{11} \cdots\cdots u_{1g} \\ \cdots\cdots\cdots\cdots \\ u_{f1} \cdots\cdots u_{fg} \end{matrix} \tag{6.214}$$

$$C_{p.f.r \times q.g.s} = \begin{matrix} c_{11} \cdots\cdots\cdots c_{1,q.g.s} \\ \cdots\cdots\cdots\cdots\cdots \\ c_{p.f.r,1} \cdots\cdots c_{p.f.r,q.g.s} \end{matrix} \tag{6.215}$$

式(6.213)中的布尔矩阵方程可用两种不同的方法来求解。无论哪种情况,都可根据问题 6.4 和问题 6.5 的求解方法找到解。

在第一种解法中,式(6.213)由两个布尔矩阵方程构成的方程组来表示,如式(6.216)、式(6.217)所示,其中 D 是由式(6.218)给出的一个额外的未知布尔矩阵。求解该布尔矩阵方程组时,可先求解式(6.217)中的 D,然后求解式(6.216)中的 U。

$$A * U = D \tag{6.216}$$

$$D * B = C \tag{6.217}$$

$$D_{p \times g} = \begin{matrix} d_{11} \cdots \cdots d_{1g} \\ \cdots \cdots \cdots \cdots \\ d_{p1} \cdots \cdots d_{pg} \end{matrix} \tag{6.218}$$

在第二种解法中,式(6.213)也由两个布尔矩阵方程构成的方程组来表示,如式(6.219)、式(6.220)所示,其中 E 是式(6.221)给出的一个额外的未知布尔矩阵。求解该布尔矩阵方程组时,可先求解式(6.220)中的 E,然后求解式(6.219)中的 U。

$$U + B = E \tag{6.219}$$

$$A + E = C \tag{6.220}$$

$$E_{f \times s} = \begin{matrix} e_{11} \cdots \cdots e_{1s} \\ \cdots \cdots \cdots \cdots \\ e_{f1} \cdots \cdots e_{fs} \end{matrix} \tag{6.221}$$

例 6.21

本例中的 FN 具有 3 个并行节点 A、U 和 B,其中 x_A 是 A 的输入,y_A 是 A 的输出,x_U 是 U 的输入,y_U 是 U 的输出,x_B 是 B 的输入,y_B 是 B 的输出。这些节点垂直合并为节点 C,如图 6.29 中的方框图和式(6.222)中的拓扑表达式所描述。已知节点 A、B 和 C 由式(6.192)、式(6.193)、式(6.205)、式(6.206)和式(6.223)、式(6.224)中的布尔矩阵和二元关系描述。在这种情况下,式(6.223)中布尔矩阵的标签和元素由紧凑符号表示。具体来说,大写字母 A、B、C、D、E、F、G、H、I 各自代表括号中的 3 个连续的行和 3 个连续的列,例如,1_3 表示式(6.205)中节点 B 的布尔方阵,0_3 表示维数等于 1_3 的零布尔矩阵。

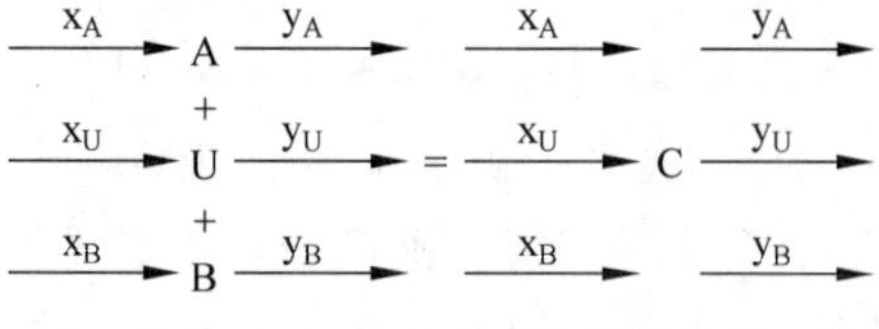

图 6.29　节点 A、U 和 B 垂直合并为节点 C 的 FN

$$[A](x_A | y_A) + [U](x_U | y_U) + [B](x_B | y_B) = [C](x_A, x_U, x_B | y_A, y_U, y_B) \tag{6.222}$$

C:	y_A, y_U, y_B	A	B	C	D	E	F	G	H	I	(6.223)
x_A, x_U, x_B											
A (111-113)		0_3	0_3	0_3	0_3	0_3	1_3	0_3	0_3	0_3	
B (121-123)		0_3	0_3	0_3	0_3	1_3	0_3	0_3	0_3	0_3	

C (131-133)	0_3	0_3	0_3	1_3	0_3	0_3	0_3	0_3	0_3
D (211-213)	0_3	0_3	1_3	0_3	0_3	0_3	0_3	0_3	0_3
E (221-223)	0_3	1_3	0_3	0_3	0_3	0_3	0_3	0_3	0_3
F (231-233)	1_3	0_3	0_3	0_3	0_3	0_3	0_3	0_3	0_3
G (311-313)	0_3	0_3	0_3	0_3	0_3	0_3	0_3	0_3	1_3
H (321-323)	0_3	0_3	0_3	0_3	0_3	0_3	0_3	1_3	0_3
I (331-333)	0_3	0_3	0_3	0_3	0_3	0_3	1_3	0_3	0_3

C：{(111, 232), (112, 233), (113, 231), 　　　　　　(6.224)

　　(121, 222), (122, 223), (123, 221),

　　(131, 212), (132, 213), (133, 211),

　　(211, 132), (212, 133), (213, 131),

　　(221, 122), (222, 123), (223, 121),

　　(231, 112), (232, 113), (233, 111),

　　(311, 332), (312, 333), (313, 331),

　　(321, 322), (322, 323), (323, 321),

　　(331, 312), (332, 313), (333, 311)}

情况一，节点 D 的解由式(6.225)、式(6.226)的布尔矩阵和二元关系所描述，节点 U 的解由式(6.227)、式(3.228)的布尔矩阵和二元关系所给出。

D：　　　　y_A，y_U　11　12　13　21　22　23　31　32　33　　　　(6.225)

x_A，x_U	11	12	13	21	22	23	31	32	33
11	0	0	0	0	0	1	0	0	0
12	0	0	0	0	1	0	0	0	0
13	0	0	0	1	0	0	0	0	0
21	0	0	1	0	0	0	0	0	0
22	0	1	0	0	0	0	0	0	0
23	1	0	0	0	0	0	0	0	0
31	0	0	0	0	0	0	0	0	1
32	0	0	0	0	0	0	0	1	0
33	0	0	0	0	0	0	1	0	0

D：{(11, 23), (12, 22), (13, 21), 　　　　　　(6.226)

　　(21, 13), (22, 12), (23, 11),

　　(31, 33), (32, 32), (33, 31)}

U：　　　y_U　1　2　3　　　　　　(6.227)

x_U	1	2	3
1	0	0	1
2	0	1	0
3	1	0	0

U：{(1, 3), (2, 2), (3, 1)}　　　　　　(6.228)

情况二，节点 E 的解由式(6.229)、式(6.230)中的布尔矩阵和二元关系所描述，而节点

U 的解也由式(6.227)、式(3.228)中的布尔矩阵及二元关系所给出。

$$E: \qquad (6.229)$$

x_U, x_B \ y_U, y_B	11	12	13	21	22	23	31	32	33
11	0	0	0	0	0	0	0	1	0
12	0	0	0	0	0	0	0	0	1
13	0	0	0	0	0	0	1	0	0
21	0	0	0	0	1	0	0	0	0
22	0	0	0	0	0	1	0	0	0
23	0	0	0	1	0	0	0	0	0
31	0	1	0	0	0	0	0	0	0
32	0	0	1	0	0	0	0	0	0
33	1	0	0	0	0	0	0	0	0

$$E: \quad \{(11, 32), (12, 33), (13, 31), \qquad (6.230)$$
$$(21, 22), (22, 23), (23, 21),$$
$$(31, 12), (32, 13), (33, 11)\}$$

6.7 输出合并中的节点识别

当 FN 同一层中的公共输入的一个或多个节点未知,但给出了该层等效模糊系统的节点时,节点变换通常应用于输出合并。在这种情况下,需要从该层中的其他节点和等效模糊系统的节点中找到未知节点。此类节点识别的目的是确保识别出的未知节点的输出与已知节点合并后,生成的节点与预先给定的节点相同。在这种情况下,因为不能保证在上述要求下一定有解,所以不能确保输出合并中的节点识别一定能执行。如果有解则通常是唯一解。

当把布尔矩阵用作输出合并中节点识别的形式模型时,可通过检查已知矩阵和给定矩阵的结构来完成识别过程。在这种情况下,可以在已知布尔矩阵的非零元素和给定布尔矩阵的非零行块之间寻求位置上的对应关系。如果找到了这样的对应关系,则未知布尔矩阵的行等于非零行块或给定布尔矩阵的压缩映像。将给定布尔矩阵中所有的非零行块用 1 表示、零行块用 0 表示,从而得到该压缩映像。

当二元关系用作已知的、给定的和未知的节点的形式模型时,节点识别也可应用于二元关系中的输出合并。在这种情况下,在已知关系对与给定关系中具有相似模式的对之间寻求位置上的对应。如果找到此对应关系,则可从给定关系中的对与已知关系中的对之间的相似性推导出未知的二元关系。

问题 6.7

在本问题中,具有公共输入的两个节点 A 和 U 输出合并为节点 C,在仅已知 A 和 C 时考虑节点识别。因此,需要在已知节点 A 和 C 的基础上识别未知节点 U。此问题可通过式(6.231)中的布尔矩阵方程以一般形式描述,其中 A、U 和 C 表示上述 3 个节点的布尔矩阵。式(6.232)~式(6.234)给出了这些布尔矩阵的维数和详细描述。

$$A \; U = C \tag{6.231}$$

$$A_{p \times q} = \begin{array}{ccc} a_{11} & \cdots & a_{1q} \\ \cdots & \cdots & \cdots \\ a_{p1} & \cdots & a_{pq} \end{array} \tag{6.232}$$

$$U_{p \times r} = \begin{array}{ccc} u_{11} & \cdots & u_{1r} \\ \cdots & \cdots & \cdots \\ u_{p1} & \cdots & u_{pr} \end{array} \tag{6.233}$$

$$C_{p \times q \cdot r} = \begin{array}{ccc} c_{11} & \cdots & c_{1,q \cdot r} \\ \cdots & \cdots & \cdots \\ c_{p,1} & \cdots & c_{p,q \cdot r} \end{array} \tag{6.234}$$

如果式(6.234)中的布尔矩阵 C 中非零行块 C^k 的个数不超过 p 个,$1 \leqslant k \leqslant p$,则 A 中对应 C^k 在 C 中所在位置的元素都等于1,而 A 中对应零行块 C^0 在 C 中所在位置的所有其他元素都等于0,布尔矩阵 U 等于 C^k。此时,C^k 中各元素所在的位置可通过式(6.235)来描述,该式还显示了 C^k 中各元素下标 i 和 j 的初始值。C^0 具有与 C^k 相同的行数和列数。

$$C^k = c_{ij}{}^k \cdots c_{i+r-1,j}{}^k, \quad i=1,2,\cdots,p; \quad j=1,1+r,\cdots,1+(q\text{-}1) \cdot r \tag{6.235}$$

例 6.22

本例中的 FN 具有两个节点 A 和 U,该两节点具有公共输入 $x_{A,U}$,y_A 是 A 的输出,y_U 是 U 的输出,如图 6.30 和式(6.236)中的拓扑表达式所描述。已知节点 A 和 C 由式(6.237)、式(6.239)中的布尔矩阵和式(6.238)、式(6.240)中的二元关系描述。

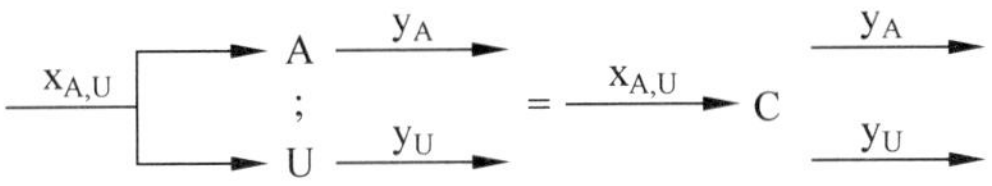

图 6.30 节点 A 和 U 输出合并为节点 C 的 FN

$$[A](x_{A,U}|y_A) \; [U](x_{A,U}|y_U) = [C](x_{A,U}|y_A, y_U) \tag{6.236}$$

A:

$x_{A,U}$	y_A	1	2	3
1		0	1	0
2		1	0	0
3		0	0	1

(6.237)

$$A: \quad \{(1,2),(2,1),(3,3)\} \tag{6.238}$$

C:

$x_{A,U}$	y_A, y_U	11	12	13	21	22	23	31	32	33
1		0	0	0	1	0	0	0	0	0
2		0	0	1	0	0	0	0	0	0
3		0	0	0	0	0	0	0	1	0

(6.239)

$$C: \quad \{(1,21),(2,13),(3,32)\} \tag{6.240}$$

式(6.239)中的布尔矩阵 C 仅包含 3 个非零行块 C^k,并且在该矩阵的任何行中这样的 C^k 不多于一个。此外,A 中对应 C^k 在 C 中所在位置的元素都等于1,而 A 中对应 C^0 在 C

中所在位置的所有其他元素都等于 0。

因此,布尔矩阵 U 的行数等于 C^k,如式(6.241)、式(6.242)中的布尔矩阵和二元关系所描述。在这种情况下,C^k,k=1,2,3 的元素在 C 中的位置由式(6.243)和式(6.245)给出。

$$U: \quad y_U \quad 1 \quad 2 \quad 3 \tag{6.241}$$

$$
\begin{array}{c}
x_{A,U} \\
1 \\
2 \\
3
\end{array}
\quad
\begin{array}{ccc}
1 & 0 & 0 \\
0 & 0 & 1 \\
0 & 1 & 0
\end{array}
$$

$$U: \quad \{(1,1),(2,3),(3,2)\} \tag{6.242}$$

$$C^1 = c_{14}{}^1 \quad c_{15}{}^1 \quad c_{16}{}^1 \tag{6.243}$$

$$C^2 = c_{21}{}^2 \quad c_{22}{}^2 \quad c_{23}{}^2 \tag{6.244}$$

$$C^3 = c_{37}{}^3 \quad c_{38}{}^3 \quad c_{39}{}^3 \tag{6.245}$$

问题 6.8

在本问题中,具有公共输入的两个节点 U 和 B 的输出合并为节点 C,在仅已知 B 和 C 时考虑节点识别。因此,需要在已知节点 B 和 C 的基础上识别未知节点 U。该问题可通过式(6.246)中的布尔矩阵方程以一般形式描述,其中 U、B 和 C 表示上述 3 个节点的布尔矩阵。这些布尔矩阵的维数和详细描述见式(6.247)、式(6.248)、式(6.234)。

$$U \, ; \, B = C \tag{6.246}$$

$$U_{p \times q} = \begin{array}{c} u_{11} \cdots\cdots u_{1q} \\ \cdots\cdots\cdots\cdots \\ u_{p1} \cdots\cdots u_{pq} \end{array} \tag{6.247}$$

$$B_{p \times r} = \begin{array}{c} b_{11} \cdots\cdots b_{1r} \\ \cdots\cdots\cdots\cdots \\ b_{p1} \cdots\cdots b_{pr} \end{array} \tag{6.248}$$

如果式(6.246)中的布尔矩阵 C 中非零行块 C^k 的个数不超过 p 个,$1 \leqslant k \leqslant p$,在该矩阵的任何行中,这样的行块不超过一个,并且布尔矩阵 B 的行等于 C^k。此外,U 中对应 C^k 在 C 中所在位置的元素都等于 1,而 U 中对应 C^0 在 C 中所在位置的所有其他元素都等于 0。在这种情况下,C^k 中各元素所在的位置可通过式(6.235)来描述,该式还显示了 C^k 中各元素下标 i 和 j 的初始值。C^0 具有与非零行块 C^k 相同的行数和列数。

例 6.23

本例中的 FN 具有两个节点 U 和 B,其公共输入为 $x_{U,B}$,y_U 是 U 的输出,y_B 是 B 的输出,如图 6.31 和式(6.249)中的拓扑表达式所描述。已知节点 B 和 C 由式(6.250)、式(6.252)中的布尔矩阵和式(6.251)、式(6.253)中的二元关系描述。

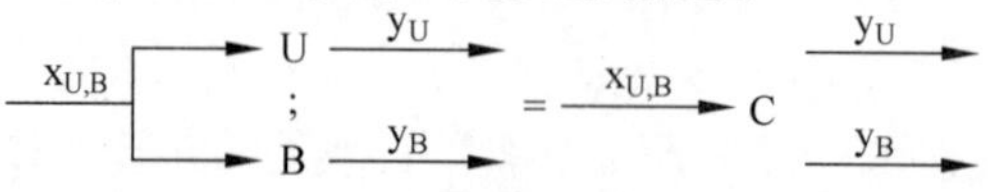

图 6.31 节点 U 和 B 输出合并为节点 C 的 FN

$$[U] (x_{U,B} | y_U) ; [B] (x_{U,B} | y_B) = [C] (x_{U,B} | y_U , y_B) \tag{6.249}$$

$$B: \quad y_B \quad 1 \quad 2 \quad 3 \tag{6.250}$$

$$x_{U,B}$$

1	0	1	0
2	0	0	1
3	1	0	0

$$B: \quad \{(1, 2), (2, 3), (3, 1)\} \tag{6.251}$$

$$C: \quad y_U , y_B \quad 11 \quad 12 \quad 13 \quad 21 \quad 22 \quad 23 \quad 31 \quad 32 \quad 33 \tag{6.252}$$

$$x_{U,B}$$

1	0	0	0	0	0	0	0	1	0
2	0	0	1	0	0	0	0	0	0
3	0	0	0	1	0	0	0	0	0

$$C: \quad \{(1, 32), (2, 13), (3, 21)\} \tag{6.253}$$

等式(6.252)中的布尔矩阵 C 仅包含 3 个非零块 C^k,在该矩阵的任何行中这样的块不多于一个。此外,布尔矩阵 B 的行数等于 C^k。

因此,U 中对应 C^k 在 C 中所在位置的元素都等于 1,而对应 C^0 在 C 中所在位置的所有其他元素都等于 0,如式(6.254)、式(6.255)中的布尔矩阵与二元关系所描述。在这种情况下,C^k,k=1,2,3 的元素在 C 中的位置由式(6.244)、式(6.256)和式(2.257)给出。

$$U: \quad y_U \quad 1 \quad 2 \quad 3 \tag{6.254}$$

$$x_{U,B}$$

1	0	0	1
2	1	0	0
3	0	1	0

$$U: \quad \{(1, 3), (2, 1), (3, 2)\} \tag{6.255}$$

$$C^1 = c_{17}{}^1 \quad c_{18}{}^1 \quad c_{19}{}^1 \tag{6.256}$$

$$C^2 \quad 见(6.244)$$

$$C^3 = c_{34}{}^3 \quad c_{35}{}^3 \quad c_{36}{}^3 \tag{6.257}$$

问题 6.9

在这个问题中,3 个节点 A、U 和 B 输出合并为节点 C,在仅已知 A、B 和 C 时考虑节点识别。因此,需要在已知节点 A、B 和 C 的基础上识别未知节点 U。此问题可通过式(6.258)中的布尔矩阵方程以一般形式描述,其中 A、U、B 和 C 表示上述 4 个节点的布尔矩阵。这些布尔矩阵的维数和详细描述见式(6.232)、式(6.233)及式(6.259)、式(6.260)。

$$A ; U ; B = C \tag{6.258}$$

$$B_{p \times s} = \begin{matrix} b_{11} \cdots\cdots b_{1s} \\ \cdots\cdots\cdots\cdots\cdots \\ b_{p1} \cdots\cdots b_{ps} \end{matrix} \tag{6.259}$$

$$C_{p \times q.r.s} = \begin{matrix} c_{11} \cdots\cdots\cdots c_{1,q.r.s} \\ \cdots\cdots\cdots\cdots\cdots \\ c_{p,1} \cdots\cdots\cdots c_{p,q.r.s} \end{matrix} \tag{6.260}$$

式(6.258)中的布尔矩阵方程可用两种不同的方式求解。无论哪种情况,都可根据问题 6.7 和问题 6.8 的求解方法找到解。

在第一种解法中,式(6.258)由两个布尔矩阵方程构成的方程组来表示,如式(6.261)、式(6.262)所示,其中 D 是式(6.263)给出的一个额外的未知布尔矩阵。求解该布尔矩阵方程时,可先求解式(6.262)中的 D,然后求解式(6.261)中的 U。

$$A \, ; \, U = D \tag{6.261}$$

$$D \, ; \, B = C \tag{6.262}$$

$$D_{p \times q.r} = \begin{matrix} d_{11} \cdots\cdots d_{1,q.r} \\ \cdots\cdots\cdots\cdots\cdots \\ d_{p1} \cdots\cdots d_{p,q.r} \end{matrix} \tag{6.263}$$

在第二种解法中,式(6.258)也可由两个布尔矩阵方程构成的方程组来表示,如式(6.264)、式(6.265)所示,其中 E 是式(6.266)给出的另一个未知布尔矩阵。求解该布尔矩阵方程时,可先求解式(6.265)中的 E,然后求解式(6.264)中的 U。

$$U \, ; \, B = E \tag{6.264}$$

$$A \, ; \, E = C \tag{6.265}$$

$$E_{p \times r.s} = \begin{matrix} e_{11} \cdots\cdots e_{1,r.s} \\ \cdots\cdots\cdots\cdots\cdots \\ e_{p1} \cdots\cdots e_{p,r.s} \end{matrix} \tag{6.266}$$

例 6.24

本例中的 FN 具有 3 个节点 A、U 和 B,其公共输入为 $x_{A,U,B}$,y_A 是 A 的输出,y_U 是 U 的输出,y_B 是 B 的输出。这些节点的输出合并为节点 C,节点 C 表示该 FN 的等效模糊系统,如图 6.32 和式(6.267)中的拓扑表达式所示,B 和 C 由式(6.237)、式(6.238)、式(6.250)、式(6.251)、式(6.268)、式(6.269)中的布尔矩阵和二元关系描述。在这种情况下,式(6.269)中布尔矩阵的标签和元素用紧凑符号表示。具体来说,根据式(6.223),大写字母 A、B、C、D、E、F、G、H、I 各自代表 3 个连续的列,例如,1_j,$j=1,2,3$ 表示式(6.250)中节点 B 的布尔矩阵中的第 j 个布尔行,0_3 表示维数等于 1_j 的零布尔行。

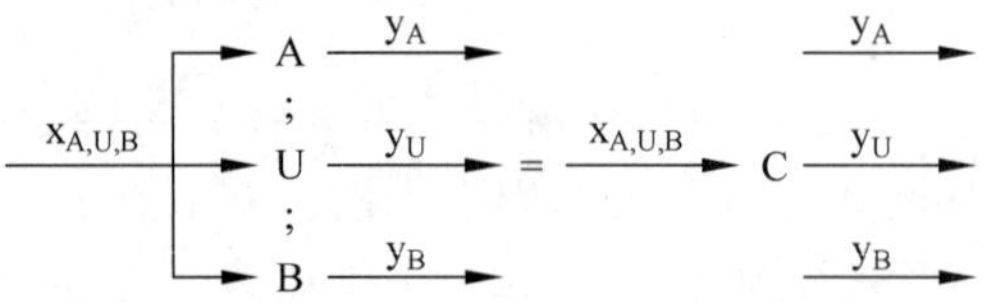

图 6.32　节点 A、U 和 B 输出合并为节点 C 的 FN

$$[A] \, (x_{A,U,B} | y_A) \, ; \, [U] \, (x_{A,U,B} | y_U) \, ; \, [B] \, (x_{A,U,B} | y_B) = [C] \, (x_{A,U,B} | y_A, y_U, y_B) \tag{6.267}$$

C:	y_A, y_U, y_B	A	B	C	D	E	F	G	H	I	(6.268)
$x_{A,U,B}$											
1		0_3	0_3	0_3	0_3	0_3	1_1	0_3	0_3	0_3	
2		0_3	1_2	0_3	0_3	0_3	0_3	0_3	0_3	0_3	
3		0_3	0_3	0_3	0_3	0_3	0_3	1_3	0_3	0_3	

C：$\{(1，232)，(2，123)，(3，311)\}$ (6.269)

在第一种解法中，节点 D 的解由式(6.270)、式(6.271)中的布尔矩阵和二元关系给出，而节点 U 的解由式(6.272)、式(6.273)中的布尔矩阵和二元关系给出。

D： $y_A，y_U$ 11　12　13　21　22　23　31　32　33 (6.270)

$x_{A，U，B}$

	11	12	13	21	22	23	31	32	33
1	0	0	0	0	0	1	0	0	0
2	0	1	0	0	0	0	0	0	0
3	0	0	0	0	0	0	1	0	0

D：$\{(1，23)，(2，12)，(3，31)\}$ (6.271)

U： y_U　1　2　3 (6.272)

$x_{A，U，B}$

	1	2	3
1	0	0	1
2	0	1	0
3	1	0	0

U：$\{(1，3)，(2，2)，(3，1)\}$ (6.273)

在第二种解法中，节点 E 的解由式(6.274)、式(6.275)中的布尔矩阵和二元关系给出，而节点 U 的解也由式(6.272)、式(6.273)中的布尔矩阵和二元关系给出。

E： $y_U，y_B$ 11　12　13　21　22　23　31　32　33 (6.274)

$x_{A，U，B}$

	11	12	13	21	22	23	31	32	33
1	0	0	0	0	0	0	0	1	0
2	0	0	0	0	0	1	0	0	0
3	1	0	0	0	0	0	0	0	0

E：$\{(1，32)，(2，23)，(3，11)\}$ (6.275)

6.8　高级运算的比较

本章介绍的高级运算是本书所使用的语言合成方法的核心。这些高级运算尤其适用于输入扩充、输出置换和等价反馈中的节点变换，可作为水平、垂直和输出合并等基本运算的补充，从而将 FN 内的网络化规则库合并成模糊系统的等效单规则库。其他高级运算，如水平、垂直和输出合并中的节点识别，旨在将模糊系统的单个规则库分解为 FN 中的语言等效网络化规则库。然而，在某些情况下的语言合成方法中，分解高级运算可与合成高级运算一起使用，本书接下来会有说明。

部分高级运算始终有解。例外情况是节点识别运算可能无解。在这种情况下，当存在一个解时，水平合并中的节点识别可能有多个解，而垂直和输出合并的节点识别通常有一个唯一解。输入扩充、输出置换和等价反馈中的节点变换具有类似的结果，通常也具有唯一解。

表 6.1 总结了 FN 中不同类型高级运算的解的特点。

表 6.1　FN 中不同类型高级运算的解的特点

高级运算	可组合性	存在性	唯一性
输入扩充中的节点变换	是	是	是
输出置换中的节点变换	是	是	是
等价反馈中的节点变换	是	是	是
水平合并中的节点识别	否	否	否
垂直合并中的节点识别	否	否	是
输出合并中的节点识别	否	否	是

第 7 章将展示第 4～6 章所介绍的理论在 FN 中的应用,特别是在几种基本类型的前馈型 FN 中的应用。

第7章

前馈型模糊网络

7.1　前馈型模糊网络概述

第 4～6 章主要介绍了在具有互连节点的简易 FN 中的基本运算、结构特性和高级运算。尽管这些简易 FN 可看作复杂 FN 的一部分，但到目前为止，还只是隐含地提到了复杂 FN。因此，需要明确地说明在复杂 FN 的总体结构中如何应用上述运算及其特性。

本章介绍前馈型模糊网络(feedforward fuzzy network)的基本运算、结构特性与高级运算。前馈型 FN 仅前向连接，即从驻留在特定层中的节点连到后续层中的节点。该前馈特性由 FN 方框图中的右向箭头来反映。此时，右向箭头表示一个节点的输出前馈为另一个节点的输入。

在 FN 的分析和设计中，考虑 4 种类型的前馈型 FN。首先介绍模糊网络分析，然后介绍模糊网络设计。在分析过程中，所有网络节点都是已知的，其目的是推导出等效单节点[①]的公式。在设计过程中，在所有其他网络节点已知的情况下一次只能有一个网络节点未知，目的是从已知网络节点和等效单节点推导出未知节点。设计任务可很容易地扩展到具有多个未知节点的情况。

这 4 种类型的前馈型 FN 表示在 FN 基础网格结构中不同层级数的网络拓扑。每种类型都通过几个示例进行了说明，每个示例都辅以高级别抽象的方框图和拓扑表达式来呈现。FN 的这些形式模型为网络级的，在语言合成方法中很容易执行这些高级运算。布尔矩阵仅在方框图、拓扑表达式及设计任务中隐式地用作形式模型。

虽然所有示例都只是针对节点数量较少的前馈型 FN，但将这些示例扩展到节点数量更多的网络中并不难。扩展后的唯一区别是推导过程的复杂性会更高，包括在分析任务中推导等效单节点的公式和在设计任务中推导未知节点的算法。

7.2　单级单层网络

最简单的 FN 为单级单层(single level and single layer)。该网络只有一个节点位于基

---

① 译者注：the single node representing the linguistically equivalent fuzzy system 的译文为"表示语言等效模糊系统的单节点"。为了文字上的简洁，本书在翻译时将其简称为等效单节点。

础网格结构的单级和单层中。由于没有其他节点,因此该节点没有前馈连接。此外,该节点的输出和输入之间没有任何连接。因为这种连接仅出现在反馈型中,所以不在本章讨论的范围。

因此,具有单级单层的 FN 是一种与单规则库模糊系统相同的单节点网络。这意味着模糊系统是一种简单的 FN,即特殊的单节点 FN。类似地,FN 可视为一个复杂的模糊系统,即普通的具有网络化规则库的模糊系统。

由于本书的重点是 FN,因此在本节中简单地考虑与模糊系统相同的单级单层 FN 的完整性和一致性。后续章节将详细讨论作为扩展模糊系统的另外 3 种前馈型 FN。

7.3 单级多层网络

一种稍复杂的 FN 类型是单级多层(single level and multiple layers)FN,它至少有两个节点位于基础网格结构的单级多层中,等同于由多个单规则库模糊系统组成的序列。由于存在多个节点,因此至少部分节点间存在前馈连接。然而,同一节点的输出和输入之间没有任何连接,后一节点的输出和前一节点的输入之间也没有任何连接,这是因为,这种连接仅出现在反馈型中,超出了本章的范围。

例 7.1

本例中的 FN 具有节点 N_{11} 和 N_{12},其中 x_{11} 是 N_{11} 的输入,y_{12} 是 N_{12} 的输出,$z_{11,12}^{1,2}$ 是从 N_{11} 的第一输出到 N_{12} 的第二输入的连接,$z_{11,12}^{2,1}$ 是从 N_{11} 的第二输出到 N_{12} 的第一输入的连接。这个初始 FN 可通过图 7.1 和式(7.1)中的拓扑表达式来描述。可看到,连接路径出现了交叉。

$$[N_{11}] (x_{11} | z_{11,12}^{1,2}, z_{11,12}^{2,1}) * [N_{12}] (z_{11,12}^{2,1}, z_{11,12}^{1,2} | y_{12}) \tag{7.1}$$

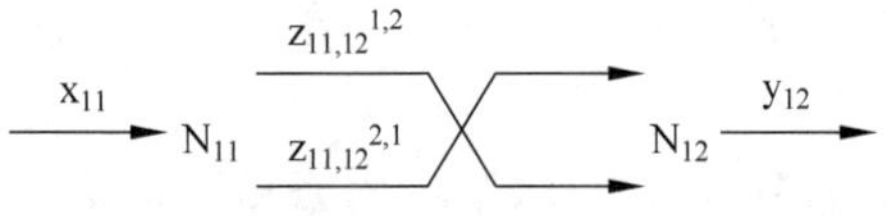

图 7.1 例 7.1 中的初始 FN

为了水平合并初始 FN 的节点 N_{11} 和 N_{12},需要消除连接路径的交叉。这可通过在节点 N_{11} 的输出点置换 $z_{11,12}^{1,2}$ 与 $z_{11,12}^{2,1}$ 的连接来实现。该置换运算将初始 FN 转换为具有节点 N_{11}^{PO} 与 N_{12} 的过渡 FN,用 N_{11}^{PO} 替换 N_{11} 来反映此输出置换。该过渡 FN 可通过图 7.2 和式(7.2)中的拓扑表达式来描述,可看出,连接路径已经并行。

$$[N_{11}^{PO}] (x_{11} | z_{11,12}^{2,1}, z_{11,12}^{1,2}) * [N_{12}] (z_{11,12}^{2,1}, z_{11,12}^{1,2} | y_{12}) \tag{7.2}$$

由于连接路径并行,因此过渡 FN 的节点 N_{11}^{PO} 与 N_{12} 可水平合并。该合并运算将过渡 FN 转换为具有等效单节点的终极 FN,节点 N_{11}^{PO} 与 N_{12} 的合并通过替代节点 $N_{11}^{PO} * N_{12}$ 来反映。该最终 FN 可通过图 7.3 和式(7.3)中的拓扑表达式来描述,可看出,两个原始节点隐含在等效单节点中,对比初始 FN 而言,第二个节点保持不变。

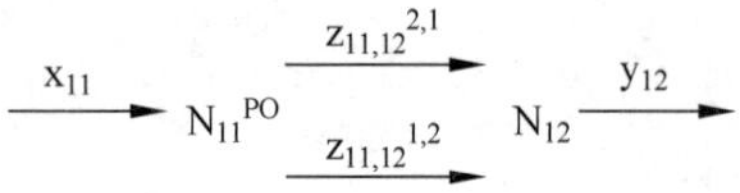

图 7.2 例 7.1 中的过渡 FN

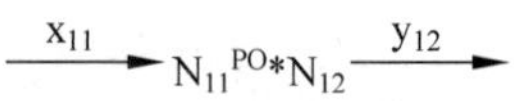

图 7.3 例 7.1 中的最终 FN

$$[N_{11}{}^{PO} * N_{12}](x_{11} \mid y_{12}) \tag{7.3}$$

例 7.1 介绍了所有网络节点已知时的网络分析。在网络设计中，至少有一个节点是未知的。在这种情况下，算法 7.1 和算法 7.2 描述了当其他节点及等效单节点 N_E 已知时，从图 7.1 中推导出初始 FN 中未知节点的过程。此时，节点 N_E 由式(7.4)中的布尔矩阵方程给出。

$$N_E = N_{11}{}^{PO} * N_{12} \tag{7.4}$$

算法 7.1

1. 定义 N_E 与 N_{12}。
2. 如果有解，从式(7.4)中推导 $N_{11}{}^{PO}$。
3. 通过置换 $N_{11}{}^{PO}$ 的输出找到 N_{11}。

算法 7.2

1. 定义 N_E 与 N_{11}。
2. 通过 N_{11} 的输出置换找到 $N_{11}{}^{PO}$。
3. 如果有解，根据式(7.4)推导出 N_{12}。

例 7.2

本例中的 FN 具有节点 N_{11}、N_{12} 和 N_{13}，其中 x_{11} 是 N_{11} 的输入，y_{13} 是 N_{13} 的输出，$z_{11,12}{}^{1,2}$ 是从 N_{11} 的第一输出到 N_{12} 的第二输入的连接，$z_{11,12}{}^{2,1}$ 是从 N_{11} 的第二输出到 N_{12} 的第一输入的连接，$z_{12,13}{}^{1,2}$ 是从 N_{12} 的第一输出到 N_{13} 的第二输入的连接，$z_{12,13}{}^{2,1}$ 是从 N_{12} 的第二输出到 N_{13} 的第一输入的连接。这个初始 FN 可通过图 7.4 和式(7.5)中的拓扑表达式来描述。可看出，连接路径出现了交叉。

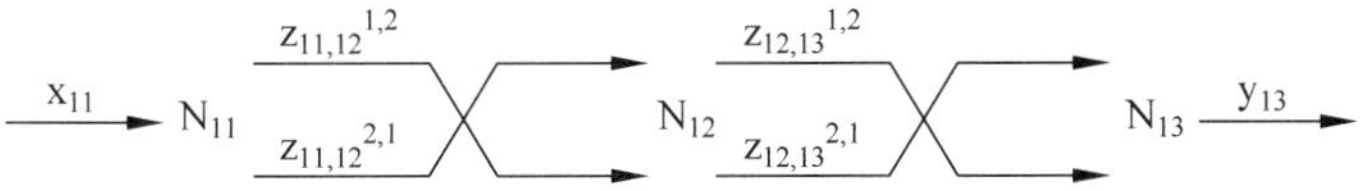

图 7.4　例 7.2 中的初始 FN

$$[N_{11}](x_{11} \mid z_{11,12}{}^{1,2}, z_{11,12}{}^{2,1}) * [N_{12}](z_{11,12}{}^{2,1}, z_{11,12}{}^{1,2} \mid z_{12,13}{}^{1,2}, z_{12,13}{}^{2,1}) * \tag{7.5}$$
$$[N_{13}](z_{12,13}{}^{2,1}, z_{12,13}{}^{1,2} \mid y_{13})$$

为了水平合并初始 FN 的节点 N_{11}、N_{12} 和 N_{13}，需要消除连接路径中的交叉。首先在节点 N_{11} 的输出点置换 $z_{11,12}{}^{1,2}$ 与 $z_{11,12}{}^{2,1}$ 的连接，然后在节点 N_{12} 的输出点处置换 $z_{12,13}{}^{1,2}$ 和 $z_{12,13}{}^{2,1}$ 的连接。此置换运算将初始 FN 转换为具有节点 $N_{11}{}^{PO}$、$N_{12}{}^{PO}$ 与 N_{13} 的过渡 FN，用 $N_{11}{}^{PO}$ 和 $N_{12}{}^{PO}$ 分别替换 N_{11} 和 N_{12} 来反映此输出置换。该过渡 FN 可通过图 7.5 和式(7.6)中的拓扑表达式来描述。可看出，连接路径已经并行。

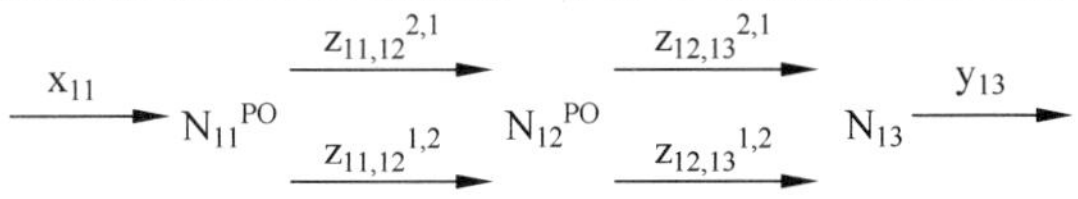

图 7.5　例 7.2 中的过渡 FN

$[N_{11}{}^{PO}]$ $(x_{11} | z_{11,12}{}^{2,1}, z_{11,12}{}^{1,2}) * [N_{12}{}^{PO}]$ $(z_{11,12}{}^{2,1}, z_{11,12}{}^{1,2} | z_{12,13}{}^{2,1}, z_{12,13}{}^{1,2}) *$ (7.6)

$[N_{13}]$ $(z_{12,13}{}^{2,1}, z_{12,13}{}^{1,2} | y_{13})$

由于连接路径已经并行,因此过渡 FN 的节点 $N_{11}{}^{PO}$、$N_{12}{}^{PO}$ 与 N_{13} 可进行水平合并。该合并运算将过渡 FN 转换为具有等效单节点的最终 FN,用 $N_{11}{}^{PO} * N_{12}{}^{PO} * N_{13}$ 作为替代节点来反映节点 $N_{11}{}^{PO}$、$N_{12}{}^{PO}$ 与 N_{13} 的合并。最终 FN 可通过图 7.6 和式(7.7)中的拓扑表达式来描述。从中可看出,3 个原始节点隐含在等效单节点中,对比初始 FN 而言,第三个节点保持不变。

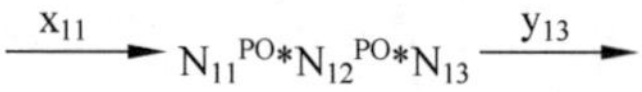

$$\xrightarrow{x_{11}} N_{11}{}^{PO}*N_{12}{}^{PO}*N_{13} \xrightarrow{y_{13}}$$

图 7.6　例 7.2 中的最终 FN

$$[N_{11}{}^{PO} * N_{12}{}^{PO} * N_{13}] (x_{11} | y_{13}) \tag{7.7}$$

例 7.2 介绍了所有网络节点已知时的网络分析。在网络设计时,至少有一个节点是未知的。在这种情况下,算法 7.3～算法 7.5 描述了当其他节点及等效单节点 N_E 已知时,从图 7.4 推导出初始 FN 中未知节点的过程。在这种情况下,节点 N_E 可用式(7.8)所示的布尔矩阵方程表示。

$$N_E = N_{11}{}^{PO} * N_{12}{}^{PO} * N_{13} \tag{7.8}$$

算法 7.3

1. 定义 N_E、N_{12} 与 N_{13}。

2. 通过 N_{12} 的输出置换找到 $N_{12}{}^{PO}$。

3. 如果可行,从式(7.8)中推导 $N_{11}{}^{PO}$。

4. 通过置换 $N_{11}{}^{PO}$ 的输出找到 N_{11}。

算法 7.4

1. 定义 N_E、N_{11} 与 N_{13}。

2. 通过 N_{11} 的输出置换找到 $N_{11}{}^{PO}$。

3. 如果可行,从式(7.8)中推导 $N_{12}{}^{PO}$。

4. 通过置换 $N_{12}{}^{PO}$ 的输出找到 N_{12}。

算法 7.5

1. 定义 N_E、N_{11} 与 N_{12}。

2. 通过 N_{11} 的输出置换找到 $N_{11}{}^{PO}$。

3. 通过 N_{12} 的输出置换找到 $N_{12}{}^{PO}$。

4. 如果可行,从式(7.4)中推导 N_{13}。

例 7.3

本例中的 FN 具有节点 N_{11}、N_{12} 与 N_{13},其中 x_{11} 是 N_{11} 的输入,y_{13} 是 N_{13} 的输出,

$z_{11,13}^{1,2}$ 是从 N_{11} 的第一输出到 N_{13} 的第二输入的连接，$z_{11,12}^{2,1}$ 是从 N_{11} 的第二输出到 N_{12} 的唯一输入的连接。该初始 FN 可通过图 7.7 和式(7.9)中的拓扑表达式来描述。从中可看出，虚拟第二级的底部有一条穿过 FN 第二层的交叉连接路径。

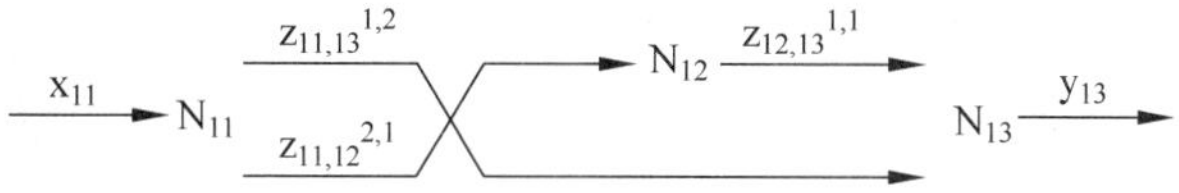

图 7.7　例 7.3 中的初始 FN

$$[N_{11}]\,(x_{11}\,|\,z_{11,13}^{1,2},\,z_{11,12}^{2,1}) * [N_{12}]\,(z_{11,12}^{2,1}\,|\,z_{12,13}^{1,1}) * \qquad (7.9)$$
$$[N_{13}]\,(z_{12,13}^{1,1},\,z_{11,13}^{1,2}\,|\,y_{13})$$

为了水平合并初始 FN 的节点 N_{11}、N_{12} 与 N_{13}，需要消除底部连接路径中的交叉，这可通过在节点 N_{11} 的输出点置换连接 $z_{11,13}^{1,2}$ 与 $z_{11,12}^{2,1}$ 来实现。该置换运算将初始 FN 转换为具有节点 N_{11}^{PO}、N_{12} 和 N_{13} 的第一过渡 FN，用 N_{11}^{PO} 替换 N_{11} 来反映此输出置换。第一过渡 FN 可通过图 7.8 和式(7.10)中的拓扑表达式来描述，可看出，图 7.8 的底部有一条平行连接路径，在虚拟第二级内通过 FN 的第二层传播。

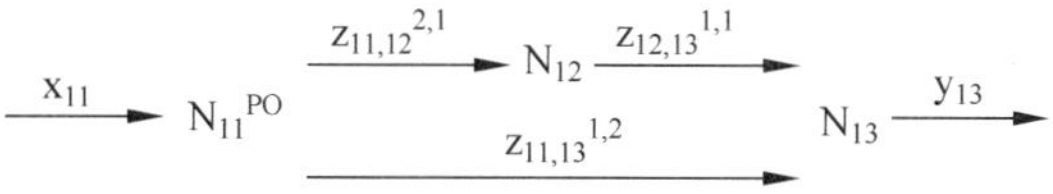

图 7.8　例 7.3 中的第一过渡 FN

$$[N_{11}^{PO}]\,(x_{11}\,|\,z_{11,12}^{2,1},\,z_{11,13}^{1,2}) * [N_{12}]\,(z_{11,12}^{2,1}\,|\,z_{12,13}^{1,1}) * \qquad (7.10)$$
$$[N_{13}]\,(z_{12,13}^{1,1},\,z_{11,13}^{1,2}\,|\,y_{13})$$

此外，还需要通过插入隐式恒等节点 I_{22} 来表示底部的并行连接路径。将第一过渡 FN 转换为具有节点 N_{11}^{PO}、N_{12}、N_{13} 与 I_{22} 的第二过渡 FN，可用图 7.9 中的方框图和式(7.11)中的拓扑表达式来描述。可看出，在虚拟第二级内，通过 FN 第二层传播的平行连接路径被保留。

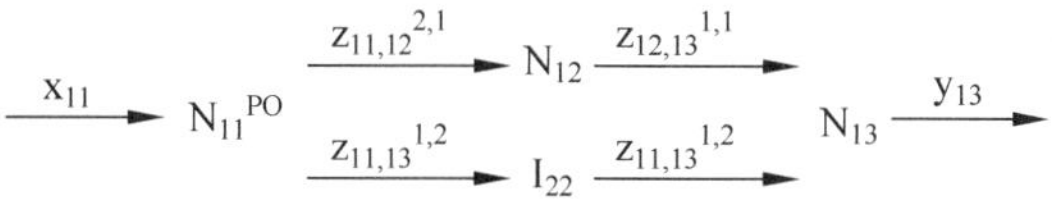

图 7.9　例 7.3 中的第二过渡 FN

$$[N_{11}^{PO}]\,(x_{11}\,|\,z_{11,12}^{2,1},\,z_{11,13}^{1,2}) * \qquad (7.11)$$
$$\{[N_{12}]\,(z_{11,12}^{2,1}\,|\,z_{12,13}^{1,1}) + [I_{22}]\,(z_{11,13}^{1,2}\,|\,z_{11,13}^{1,2})\} * [N_{13}]\,(z_{12,13}^{1,1},\,z_{11,13}^{1,2}\,|\,y_{13})$$

过渡 FN 中的节点 N_{12} 和 I_{22} 可垂直合并为临时节点 $N_{12}+I_{22}$。该节点可进一步与左侧的节点 N_{11}^{PO}、右侧的节点 N_{13} 水平合并。这些合并运算将过渡 FN 转换为具有等效单节点的最终 FN，节点 N_{11}^{PO}、$N_{12}+I_{22}$ 与 N_{13} 的水平合并通过其替代节点 $N_{11}^{PO}*(N_{12}+I_{22})*N_{13}$ 来反映。最终 FN 可通过图 7.10 和式(7.12)中的拓扑表达式描述，可看出，并行连接路径中的恒等节点和 3 个原始节点隐含在等效单节点中。与初始 FN 相比，后两个节点 N_2 和 N_{13} 保持不变。

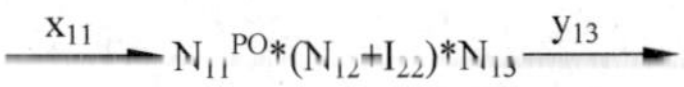

$$x_{11} \longrightarrow N_{11}{}^{PO}*(N_{12}+I_{22})*N_{13} \xrightarrow{y_{13}}$$

图 7.10 例 7.3 中的最终 FN

$$\left[N_{11}{}^{PO} * (N_{12} + I_{22}) * N_{13} \right] (x_{11} \,|\, y_{13}) \qquad (7.12)$$

例 7.3 介绍了所有网络节点已知时的网络分析。在网络设计中,至少有一个节点是未知的。在这种情况下,算法 7.6～算法 7.8 描述了当其他节点、隐式恒等节点 I_{22} 和等效单节点 N_E 已知时,从图 7.7 中推导出初始 FN 中未知节点的过程。在这种情况下,节点 N_E 由式(7.13)中的布尔矩阵方程给出。

$$N_E = N_{11}{}^{PO} * (N_{12} + I_{22}) * N_{13} \qquad (7.13)$$

算法 7.6

1. 定义 N_E、N_{12}、N_{13} 与 I_{22}。

2. 通过垂直合并 N_{12} 与 I_{22} 找到 $N_{12} + I_{22}$。

3. 如果可行,从式(7.13)推导 $N_{11}{}^{PO}$。

4. 通过置换 $N_{11}{}^{PO}$ 的输出找到 N_{11}。

算法 7.7

1. 定义 N_E、N_{11}、N_{13} 与 I_{22}。

2. 通过 N_{11} 的输出置换找到 $N_{11}{}^{PO}$。

3. 如果可行,从式(7.13)推导 $N_{12} + I_{22}$。

4. 从 $N_{12} + I_{22}$ 推导 N_{12}。

算法 7.8

1. 定义 N_E、N_{11}、N_{12} 与 I_{22}。

2. 通过 N_{11} 的输出置换找到 $N_{11}{}^{PO}$。

3. 通过 N_{12} 与 I_{22} 的输出合并运算找到 $N_{12} + I_{22}$。

4. 如果可行,从式(7.13)推导 N_{13}。

例 7.4

本例中的 FN 具有节点 N_{11}、N_{12} 和 N_{13},其中 x_{11} 是 N_{11} 的输入,y_{13} 是 N_{13} 的输出,$z_{11,12}{}^{1,1}$ 是从 N_{11} 的第一输出到 N_{12} 的唯一输入的连接,$z_{11,13}{}^{2,1}$ 是 N_{11} 第二输出到 N_{13} 第一输入的连接,$z_{12,13}{}^{1,2}$ 是从 N_{12} 的唯一输出到 N_{13} 第二输入的连接。该初始 FN 可通过图 7.11 和式(7.14)中的拓扑表达式来描述,可看出,在虚拟第零级内,有一条穿过 FN 第二层的交叉连接路径。

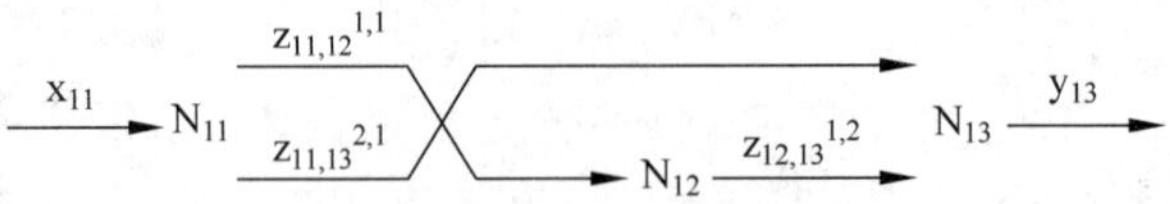

图 7.11 例 7.4 中的初始 FN

$$\left[N_{11} \right] (x_{11} \,|\, z_{11,12}{}^{1,1}, z_{11,13}{}^{2,1}) * \left[N_{12} \right] (z_{11,12}{}^{1,1} \,|\, z_{12,13}{}^{1,2}) * \qquad (7.14)$$
$$\left[N_{13} \right] (z_{11,13}{}^{2,1}, z_{12,13}{}^{1,2} \,|\, y_{13})$$

为了水平合并初始 FN 的节点 N_{11}、N_{12} 和 N_{13},需要消除顶部连接路径的交叉,这可通过在节点 N_{11} 的输出点置换连接 $z_{11,12}^{1,1}$ 与 $z_{11,13}^{2,1}$ 来实现。该置换运算将初始 FN 转换为具有节点 N_{11}^{PO}、N_{12} 和 N_{13} 的第一过渡 FN,用 N_{11}^{PO} 替换 N_{11} 来反映此输出置换。第一过渡 FN 可通过图 7.12 和式(7.15)中的拓扑表达式来描述。可看出,在虚拟第零级内,有一条平行连接路径通过 FN 的第二层传播。

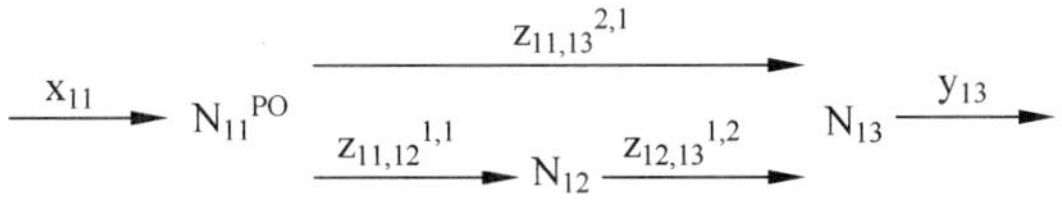

$$\xrightarrow{x_{11}} N_{11}^{PO} \begin{array}{c} \xrightarrow{z_{11,13}^{2,1}} \\ \xrightarrow{z_{11,12}^{1,1}} N_{12} \xrightarrow{z_{12,13}^{1,2}} \end{array} N_{13} \xrightarrow{y_{13}}$$

图 7.12 例 7.4 中的第一过渡 FN

$$[N_{11}^{PO}] (x_{11} | z_{11,13}^{2,1}, z_{11,12}^{1,1}) * [N_{12}] (z_{11,12}^{1,1} | z_{12,13}^{1,2}) \} * \qquad (7.15)$$
$$[N_{13}] (z_{11,13}^{2,1}, z_{12,13}^{1,2} | y_{13})$$

此外,还需要通过插入隐式恒等节点 I_{02} 来表示顶部的并行连接路径,将第一过渡 FN 转换为具有节点 N_{11}^{PO}、N_{12}、N_{13} 与 I_{02} 的第二过渡 FN。第二过渡 FN 可通过图 7.13 和式(7.16)中的拓扑表达式来描述。从中可看出,在虚拟第零级内通过 FN 第二层传播的顶部平行连接路径被保留。

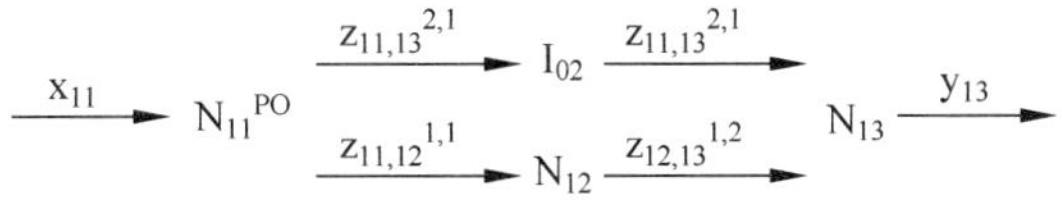

$$\xrightarrow{x_{11}} N_{11}^{PO} \begin{array}{c} \xrightarrow{z_{11,13}^{2,1}} I_{02} \xrightarrow{z_{11,13}^{2,1}} \\ \xrightarrow{z_{11,12}^{1,1}} N_{12} \xrightarrow{z_{12,13}^{1,2}} \end{array} N_{13} \xrightarrow{y_{13}}$$

图 7.13 例 7.4 中的第二过渡 FN

$$[N_{11}^{PO}] (x_{11} | z_{11,13}^{2,1}, z_{11,12}^{1,1}) * \qquad (7.16)$$
$$\{[I_{02}] (z_{11,13}^{2,1} | z_{11,13}^{2,1}) + [N_{12}] (z_{11,12}^{1,1} | z_{12,13}^{1,2}) \} * [N_{13}] (z_{11,13}^{2,1}, z_{12,13}^{1,2} | y_{13})$$

过渡 FN 的节点 I_{02} 和 N_{12} 可垂直合并为临时节点 $I_{02} + N_{12}$。该节点可进一步与左侧的节点 N_{11}^{PO}、右侧的节点 N_{13} 水平合并。这些合并运算将过渡 FN 转换为具有等效单节点的最终 FN,节点 N_{11}^{PO}、$I_{02} + N_{12}$ 与 N_{13} 的水平合并通过其替代节点 $N_{11}^{PO} * (I_{02} + N_{12}) * N_{13}$ 来反映。最终 FN 可用图 7.14 和式(7.17)中的拓扑表达式来描述。从中可看出,顶部平行连接路径的同一节点和 3 个原始节点隐含在等效单节点中,最后两个节点相对于初始 FN 保持不变。

$$[N_{11}^{PO} * (I_{02} + N_{12}) * N_{13}] (x_{11} | y_{13}) \qquad (7.17)$$

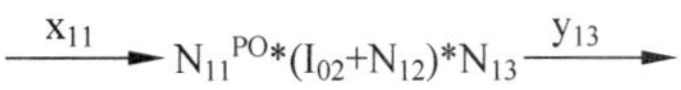

$$\xrightarrow{x_{11}} N_{11}^{PO} * (I_{02} + N_{12}) * N_{13} \xrightarrow{y_{13}}$$

图 7.14 例 7.4 中的最终 FN

例 7.4 介绍了所有网络节点已知时的网络分析。在网络设计中,至少有一个节点是未知的。在这种情况下,算法 7.9～算法 7.11 描述了当其他节点、隐式恒等节点 I_{02} 和等效单节点 N_E 已知时,从图 7.11 中推导初始 FN 中未知节点的过程。此时,节点 N_E 由式(7.18)中的布尔矩阵方程给出。

$$N_E = N_{11}^{PO} * (I_{02} + N_{12}) * N_{13} \qquad (7.18)$$

算法 7.9

1. 定义 N_E、N_{12}、N_{13} 与 I_{02}。

2. 通过垂直合并 I_{02} 与 N_{12} 找到 $I_{02} + N_{12}$。

3. 如果可行，从式(7.18)推导出 $N_{11}{}^{PO}$。

4. 通过置换 $N_{11}{}^{PO}$ 的输出找到 N_{11}。

算法 7.10

1. 定义 N_E、N_{11}、N_{13} 与 I_{02}。

2. 通过 N_{11} 的输出置换找到 $N_{11}{}^{PO}$。

3. 如果可行，从式(7.18)推导出 $I_{02} + N_{12}$。

4. 如果可行，从 $I_{02} + N_{12}$ 推导出 N_{12}。

算法 7.11

1. 定义 N_E、N_{11}、N_{12} 与 I_{02}。

2. 通过 N_{11} 的输出置换找到 $N_{11}{}^{PO}$。

3. 通过垂直合并 I_{02} 与 N_{12} 找到 $I_{02} + N_1$。

4. 如果可行，从式(7.18)推导出 N_{13}。

7.4 多级单层网络

另一种更复杂的 FN 类型是具有多级单层(multiple levels and single layer)的 FN。该网络至少具有两个位于基础网格结构的多级单层中的节点，即它与一叠[①](a stack of)单规则库模糊系统相同。由于存在多个节点，因此其中部分节点可能存在公共输入。然而，同一节点的输出和输入之间没有任何连接，后一节点的输出和前一节点的输入之间也没有任何连接。这种连接仅出现在反馈型中，超出了本章的范围。

例 7.5

本例中的 FN 具有节点 N_{11} 和 N_{21}，其中 $x_{11,21}{}^{1,1}$ 是公共输入，该公共输入是 N_{11} 的第一输入，也是 N_{21} 的唯一输入，$x_{11}{}^2$ 是 N_{11} 的第二输入，y_{11} 是 N_{11} 的输出，y_{21} 是 N_{21} 的输出。该初始 FN 可用图 7.15 和式(7.19)中的拓扑表达式来描述。从中可看出，顶部节点中有一个输入不是底部节点的输入。

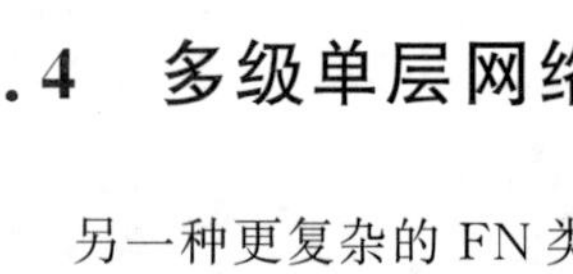

$$[N_{11}] (x_{11,21}{}^{1,1}, x_{11}{}^2 | y_{11}) ; [N_{21}] (x_{11,21}{}^{1,1} | y_{21})$$

(7.19)

图 7.15　例 7.5 中的初始 FN

为了合并初始 FN 的节点 N_{11} 与 N_{21} 的输出，需要共用顶部节点的不常用输入 $x_{11}{}^2$。这可通过用相同的输入扩充底部节点来实现。该扩充运算将初始 FN 转换为具有节点 N_{11} 和 $N_{21}{}^{AI}$ 的过渡 FN，用 $N_{21}{}^{AI}$ 替换 N_{21} 来反映输入的增加。过渡 FN 可通过图 7.16 和式(7.20)中的拓扑表达式来描述。可看出，顶部节点的所有输入都已共用，因为它们都成为了底部

---

① 译者注：作者用 a stack of 形象地描述了这些单规则库模糊系统在位置上处于纵向并列的堆叠关系。

节点的输入。

$$[N_{11}]\ (x_{11,21}{}^{1,1},x_{11}{}^2\mid y_{11})\ ;\ [N_{21}{}^{AI}]\ (x_{11,21}{}^{1,1},x_{11}{}^2\mid y_{21}) \tag{7.20}$$

由于所有输入已共用,因此可合并过渡 FN 的节点 N_{11} 和 $N_{21}{}^{AI}$ 的输出。该合并运算将过渡 FN 转换为具有等效单节点的最终 FN,节点 N_{11} 和 $N_{21}{}^{AI}$ 的合并通过其替换为节点 N_{11}；$N_{21}{}^{AI}$ 来反映。最终 FN 可通过图 7.17 和式(7.21)中的拓扑表达式来描述。可看出,两个原始节点隐含在等效单节点中,对比初始 FN,顶部节点保持不变。

图 7.16　例 7.5 中的过渡 FN　　　　　　图 7.17　例 7.5 中的最终 FN

$$[N_{11}\ ;\ N_{21}{}^{AI}]\ (x_{11,21}{}^{1,1},x_{11}{}^2\mid y_{11},y_{21}) \tag{7.21}$$

例 7.5 介绍了所有网络节点已知时的网络分析。网络设计中,至少有一个节点是未知的。在这种情况下,算法 7.12～算法 7.13 描述了当其他节点和等效单节点 N_E 已知时,从图 7.15 推导出初始 FN 中未知节点的过程。在这种情况下,节点 N_E 由式(7.22)中的布尔矩阵方程给出。

$$N_E = N_{11}\ ;\ N_{21}{}^{AI} \tag{7.22}$$

算法 7.12

1. 定义 N_E 与 N_{21}。
2. 通过 N_{21} 的输入扩充找到 $N_{21}{}^{AI}$。
3. 如果可行,从式(7.22)推导出 N_{11}。

算法 7.13

1. 定义 N_E 与 N_{11}。
2. 如果可行,从式(7.22)推导出 $N_{21}{}^{AI}$。
3. 通过 $N_{21}{}^{AI}$ 输入扩充的逆运算找到 N_{21}。

例 7.6

本例中的 FN 具有节点 N_{11} 和 N_{21},其中,公共输入 $x_{11,21}{}^{1,1}$ 是 N_{11} 的唯一输入,也是 N_{21} 的第一输入；$x_{21}{}^2$ 是 N_{21} 的第二输入,y_{11} 是 N_{11} 的输出,y_{21} 是 N_{21} 的输出。该初始 FN 可通过图 7.18 和式(7.23)中的拓扑表达式来描述。可看出,底部节点有一个输入是不常用的,因为它不是顶部节点的输入。

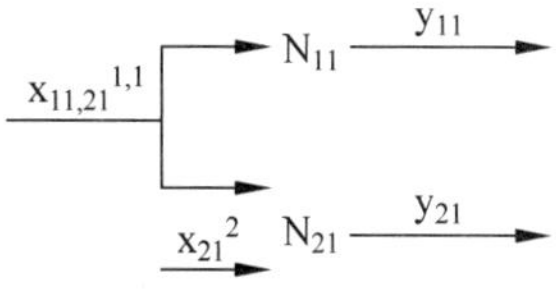

图 7.18　例 7.6 中的初始 FN

$$[N_{11}]\ (x_{11,21}{}^{1,1}\mid y_{11})\ ;\ [N_{21}]\ (x_{11,21}{}^{1,1},x_{21}{}^2\mid y_{21}) \tag{7.23}$$

为了合并初始 FN 中节点 N_{11} 与 N_{21} 的输出,需要共用底部节点的不常用输入 $x_{21}{}^2$。

可通过用相同的输入扩充顶部节点来实现。此扩充运算将初始 FN 转换为具有节点 N_{11}^{AI} 与 N_{21} 的过渡 FN，用 N_{11}^{AI} 替换 N_{11} 来反映输入的扩充。该过渡 FN 可通过图 7.19 和式(7.24)中的拓扑表达式来描述。可看出，底部节点的所有输入都已共用，因为它们也成为了顶部节点的输入。

$$[N_{11}^{AI}] (x_{11,21}^{1,1}, x_{21}^{2} | y_{11}) ; [N_{21}] (x_{11,21}^{1,1}, x_{21}^{2} | y_{21}) \tag{7.24}$$

由于输入已共用，因此可合并过渡 FN 中节点 N_{11}^{AI} 与 N_{21} 的输出。该合并运算将过渡 FN 转换为具有等效单节点的最终 FN，替代节点 N_{11}^{AI}；N_{21} 可反映节点 N_{11}^{AI} 与 N_{21} 的合并。该最终 FN 可通过图 7.20 和式(7.25)中的拓扑表达式来描述。可看出，两个原始节点隐含在等效单节点中，对比初始 FN，底部节点保持不变。

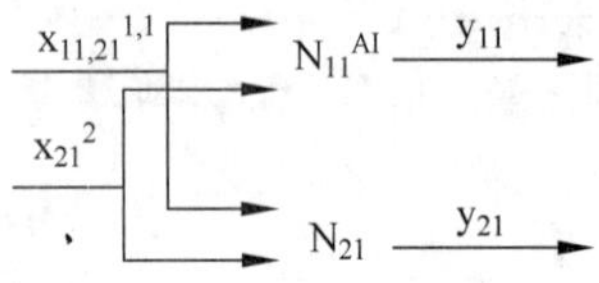

图 7.19　例 7.6 中的过渡 FN 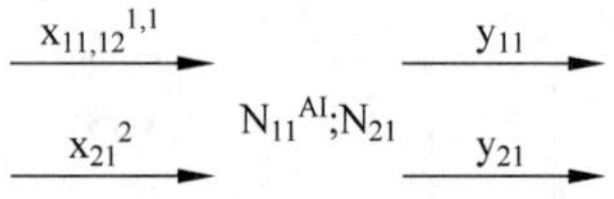　　　　图 7.20　例 7.6 中的最终 FN

$$[N_{11}^{AI} ; N_{21}] (x_{11,21}^{1,1}, x_{21}^{2} | y_{11}, y_{21}) \tag{7.25}$$

例 7.6 介绍了所有网络节点已知时的网络分析。在网络设计中，至少有一个节点是未知的。在这种情况下，算法 7.14 和算法 7.15 描述了当其他节点和等效单节点 N_E 已知时，从图 7.18 中推导出初始 FN 中未知节点的过程。在这种情况下，节点 N_E 由式(7.26)中的布尔矩阵方程给出。

$$N_E = N_{11}^{AI} ; N_{21} \tag{7.26}$$

算法 7.14

1. 定义 N_E 与 N_{21}。
2. 如果可行，从式(7.26)推导出 N_{11}^{AI}。
3. 通过 N_{11}^{AI} 输入扩充的逆运算找到 N_{11}。

算法 7.15

1. 定义 N_E 与 N_{11}。
2. 通过 N_{11} 的输入扩充找到 N_{11}^{AI}。
3. 如果可行，从式(7.26)推导出 N_{21}。

例 7.7

本例中的 FN 具有节点 N_{11}、N_{21} 和 N_{31}，其中公共输入 $x_{11,21,31}^{1,1,1}$ 是 N_{11} 的第一输入，也是 N_{21} 和 N_{31} 的唯一输入；x_{11}^{2} 为 N_{11} 的第二输入，y_{11} 为 N_{11} 的输出，y_{21} 为 N_{21} 的输出，y_{31} 为 N_{31} 的输出。此初始 FN 可通过图 7.21 和式(7.27)中的拓扑表达式来描述。从中可看出，顶部节点有一个输入是不常用的，因为它不是中间节点和底部节点的输入。

$$[N_{11}] (x_{11,21,31}^{1,1,1}, x_{11}^{2} | y_{11}) ; [N_{21}] (x_{11,21,31}^{1,1,1} | y_{21}) ; [N_{31}] (x_{11,21,31}^{1,1,1} | y_{31}) \tag{7.27}$$

为了合并初始 FN 中节点 N_{11}、N_{21} 与 N_{31} 的输出,需要共用顶部节点的不常用输入 $x_{11}{}^2$。这可通过用 $x_{11}{}^2$ 扩充中间节点和底部节点来实现。该扩充运算将初始 FN 转换为具有节点 N_{11}、$N_{21}{}^{AI}$ 与 $N_{31}{}^{AI}$ 的过渡 FN,通过分别用 $N_{21}{}^{AI}$ 与 $N_{31}{}^{AI}$ 替换 N_{21} 与 N_{31} 来反映输入扩充。该过渡 FN 可通过图 7.22 和式(7.28)中的拓扑表达式来描述。可看出,顶部节点的所有输入都变成了公共输入,因为它们也是中间节点和底部节点的输入。

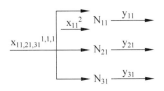

图 7.21　例 7.7 中的初始 FN

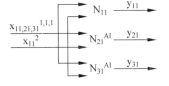

图 7.22　例 7.7 中的过渡 FN

$$[N_{11}](x_{11,21,31}{}^{1,1,1}, x_{11}{}^2 | y_{11}); \quad [N_{21}{}^{AI}](x_{11,21,31}{}^{1,1,1}, x_{11}{}^2 | y_{21}); \tag{7.28}$$
$$[N_{31}{}^{AI}](x_{11,21,31}{}^{1,1,1}, x_{11}{}^2 | y_{31})$$

由于输入已共用,因此可合并过渡 FN 的节点 N_{11}、$N_{21}{}^{AI}$ 和 $N_{31}{}^{AI}$ 的输出。该合并运算将过渡 FN 转换为具有等效单节点的最终 FN,替代节点 N_{11};$N_{21}{}^{AI}$;$N_{31}{}^{AI}$ 可反映节点 N_{11}、$N_{21}{}^{AI}$ 与 $N_{31}{}^{AI}$ 的合并。最终 FN 可通过图 7.23 和式(7.29)中的拓扑表达式来描述。从中可看出,3 个原始节点隐含在等效单节点中,对比初始 FN,顶部节点保持不变。

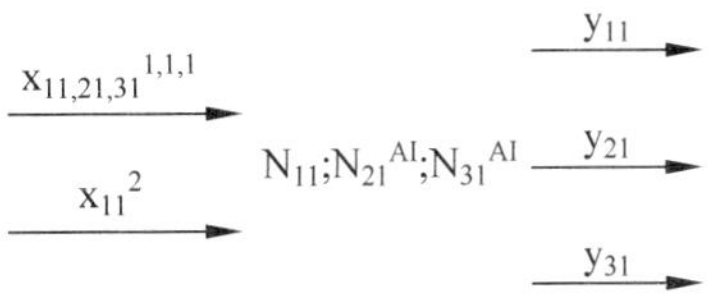

图 7.23　例 7.7 中的最终 FN

$$[N_{11}; N_{21}{}^{AI}; N_{31}{}^{AI}](x_{11,21,31}{}^{1,1,1}, x_{11}{}^2 | y_{11}, y_{21}, y_{31}) \tag{7.29}$$

例 7.7 介绍了所有网络节点已知时的网络分析。在网络设计中,至少有一个节点是未知的。在这种情况下,算法 7.16~算法 7.18 描述了当其他节点和等效单节点 N_E 已知时,从图 7.21 中推导出初始 FN 中未知节点的过程。在这种情况下,节点 N_E 由式(7.30)中的布尔矩阵方程给出。

$$N_E = N_{11}; N_{21}{}^{AI}; N_{31}{}^{AI} \tag{7.30}$$

算法 7.16

1. 定义 N_E、N_{21} 与 N_{31}。

2. 通过 N_{21} 的输入扩充找到 $N_{21}{}^{AI}$。

3. 通过 N_{31} 的输入扩充找到 $N_{31}{}^{AI}$。

4. 如果可行,从式(7.30)中推导出 N_{11}。

算法 7.17

1. 定义 N_E、N_{11} 与 N_{31}。

2. 通过 N_{31} 的输入扩充找到 $N_{31}{}^{AI}$。

3. 如果可行,从式(7.30)中推导出 $N_{21}{}^{AI}$。

4. 通过 $N_{21}{}^{AI}$ 输入扩充的逆运算找到 N_{21}。

算法 7.18

1. 定义 N_E、N_{11} 与 N_{21}。
2. 通过 N_{21} 的输入扩充找到 $N_{21}{}^{AI}$。
3. 如果可行,从式(7.30)中推导出 $N_{31}{}^{AI}$。
4. 通过 $N_{31}{}^{AI}$ 输入扩充的逆运算找到 N_{31}。

例 7.8

本例中的 FN 具有节点 N_{11}、N_{21} 和 N_{31},其中公共输入 $x_{11,21,31}{}^{1,1,1}$ 是 N_{21} 的第一输入,也是 N_{11} 和 N_{31} 的唯一输入;$x_{21}{}^2$ 是 N_{21} 的第二输入,y_{11} 是 N_{11} 的输出,y_{21} 是 N_{21} 的输出,y_{31} 是 N_{31} 的输出。此初始 FN 可通过图 7.24 和式(7.31)中的拓扑表达式来描述。可看出,中间节点有一个输入是不常用的,因为它不是顶部节点和底部节点的输入。

$$[N_{11}](x_{11,21,31}{}^{1,1,1}|y_{11})\;;\;[N_{21}](x_{11,21,31}{}^{1,1,1},\;x_{21}{}^2|y_{21})\;;\;[N_{31}](x_{11,21,31}{}^{1,1,1}|y_{31}) \tag{7.31}$$

为了合并初始 FN 中节点 N_{11}、N_{21} 与 N_{31} 的输出,需要共用中间节点的不常用输入 $x_{21}{}^2$,可通过用 $x_{21}{}^2$ 扩充顶部节点和底部节点来实现。此扩充运算将初始 FN 转换为具有节点 $N_{11}{}^{AI}$、N_{21} 与 $N_{31}{}^{AI}$ 的过渡 FN,通过用 $N_{11}{}^{AI}$ 和 $N_{31}{}^A$ 分别替换 N_{11} 和 N_{31} 来反映输入的扩充。该过渡 FN 可通过图 7.25 和式(7.32)中的拓扑表达式来描述。可看出,中间节点的所有输入都变成了公共输入,因为它们也是顶部节点和底部节点的输入。

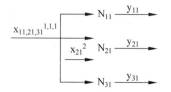

图 7.24 例 7.8 中的初始 FN

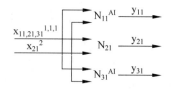

图 7.25 例 7.8 中的过渡 FN

$$[N_{11}{}^{AI}](x_{11,21,31}{}^{1,1,1},\;x_{21}{}^2|y_{11})\;;\;[N_{21}](x_{11,21,31}{}^{1,1,1},\;x_{21}{}^2|y_{21})\;;\;[N_{31}{}^{AI}](x_{11,21,31}{}^{1,1,1},x_{21}{}^2|y_{31}) \tag{7.32}$$

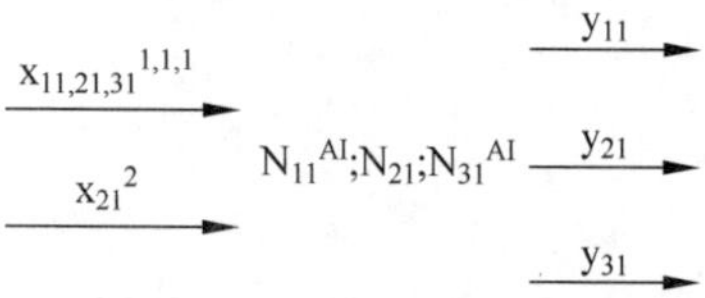

由于输入已共用,因此可合并过渡 FN 中节点 $N_{11}{}^{AI}$、N_{21} 与 $N_{31}{}^{AI}$ 的输出。该合并运算将此过渡 FN 转换为具有等效单节点的最终 FN,用替代节点 $N_{11}{}^{AI}$;N_{21};$N_{31}{}^A$ 来反映节点 $N_{11}{}^{AI}$、N_{21} 与 $N_{31}{}^{AI}$ 的合并。最终 FN 可通过图 7.26 和式(7.33)中的拓扑表达式来描述。可看出,3 个原始节点隐含在等效单节点中,对比初始 FN,中间节点保持不变。

图 7.26 例 7.8 中的最终 FN

$$[N_{11}{}^{AI};N_{21};N_{31}{}^{AI}](x_{11,21,31}{}^{1,1,1},\;x_{21}{}^2|y_{11},\;y_{21},\;y_{31}) \tag{7.33}$$

例 7.8 介绍了所有网络节点已知时的网络分析。在网络设计中,至少有一个节点是未知的。在这种情况下,算法 7.19~算法 7.21 描述了当其他节点和等效单节点 N_E 已知时,从图 7.24 中推导出初始 FN 中未知节点的过程。在这种情况下,节点 N_E 由等式(7.34)中的布尔矩阵方程给出。

$$N_E = N_{11}^{AI} ; N_{21} ; N_{31}^{AI} \tag{7.34}$$

算法 7.19

1. 定义 N_E、N_{21} 与 N_{31}。
2. 通过 N_{31} 的输入扩充找到 N_{31}^{AI}。
3. 如果可行,从式(7.34)推导出 N_{11}^{AI}。
4. 通过 N_{11}^{AI} 输入扩充的逆运算找到 N_{11}。

算法 7.20

1. 定义 N_E、N_{11} 与 N_{31}。
2. 通过 N_{11} 的输入扩充找到 N_{11}^{AI}。
3. 通过 N_{31} 的输入扩充找到 N_{31}^{AI}。
4. 如何可行,从式(7.34)推导出 N_{21}。

算法 7.21

1. 定义 N_E、N_{11} 与 N_{21}。
2. 通过 N_{11} 的输入扩充找到 N_{11}^{AI}。
3. 如果可行,从式(7.34)推导出 N_{31}^{AI}。
4. 通过 N_{31}^{AI} 输入扩充的逆运算找到 N_{31}。

例 7.9

本例中的 FN 具有节点 N_{11}、N_{21} 与 N_{31},其中公共输入 $x_{11,21,31}^{1,1,1}$ 是 N_{31} 的第一输入,也是 N_{11} 与 N_{21} 的唯一输入; x_{31}^2 是 N_{31} 的第二输入,y_{11} 是 N_{11} 的输出,y_{21} 是 N_{21} 的输出,y_{31} 是 N_{31} 的输出。初始 FN 可通过图 7.27 和式(7.35)中的拓扑表达式来描述。从中可看出,底部节点有一个输入是不常用的,因为它不是顶部节点和中间节点的输入。

$$[N_{11}](x_{11,21,31}^{1,1,1} \mid y_{11}) ; [N_{21}](x_{11,21,31}^{1,1,1} \mid y_{21}) ; [N_{31}](x_{11,21,31}^{1,1,1}, x_{31}^2 \mid y_{31}) \tag{7.35}$$

为了合并初始 FN 中节点 N_{11}、N_{21} 和 N_{31} 的输出,需要共用底部节点的不常用输入 x_{31}^2。这可通过用 x_{31}^2 扩充顶部节点和中间节点来实现。该扩充运算将初始 FN 转换为具有节点 N_{11}^{AI}、N_{21}^{AI} 和 N_{31} 的过渡 FN,该过渡 FN 可通过图 7.28 和式(7.36)中的拓扑表达式来描述。可看出,底部节点的所有输入都变成了公共输入,因为它们也是顶部节点和中间节点的输入。

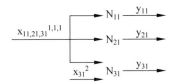

图 7.27 例 7.9 中的初始 FN

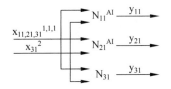

图 7.28 例 7.9 中的过渡 FN

$$[N_{11}{}^{AI}]\,(x_{11,21,31}{}^{1,1,1},\ x_{31}{}^{2}\,|\,y_{11})\,;\ [N_{21}{}^{AI}]\,(x_{11,21,31}{}^{1,1,1},\ x_{31}{}^{2}\,|\,y_{21})\,; \qquad (7.36)$$
$$[N_{31}]\,(x_{11,21,31}{}^{1,1,1},x_{31}{}^{2}\,|\,y_{31})$$

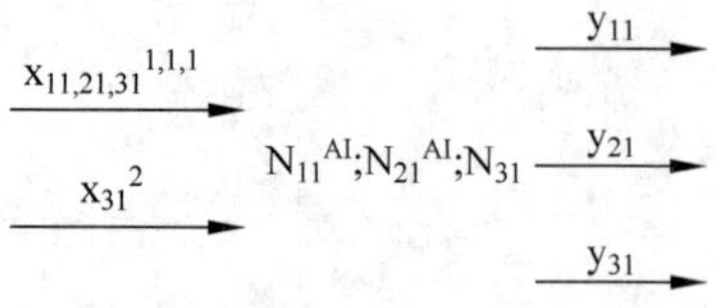

图 7.29　例 7.9 中的最终 FN

因为输入已共用,所以过渡 FN 中节点 $N_{11}{}^{AI}$、$N_{21}{}^{AI}$ 与 N_{31} 的输出可被合并。该合并运算将过渡 FN 转换为具有等效单节点的最终 FN,用替代节点 $N_{11}{}^{AI}$;$N_{21}{}^{AI}$;N_{31} 来反映节点 $N_{11}{}^{AI}$、$N_{21}{}^{AI}$ 和 N_{31} 的合并。最终 FN 可通过图 7.29 和式(7.37)中的拓扑表达式来描述。可看出,3 个原始节点隐含在等效单节点中,对比初始 FN,底部节点保持不变。

$$[N_{11}{}^{AI};\,N_{21}{}^{AI};\,N_{31}]\,(x_{11,21,31}{}^{1,1,1},\ x_{31}{}^{2}\,|\,y_{11},\,y_{21},\,y_{31}) \qquad (7.37)$$

例 7.9 介绍了所有网络节点已知时的网络分析。在网络设计中,至少有一个节点是未知的。在这种情况下,算法 7.22~算法 7.24 描述了当其他节点和等效单节点 N_E 已知时,从图 7.27 中推导出初始 FN 中未知节点的过程。在这种情况下,节点 N_E 由式(7.38)中的布尔矩阵方程给出。

$$N_E = N_{11};\, N_{21}{}^{AI};\, N_{31}{}^{AI} \qquad (7.38)$$

算法 7.22

1. 定义 N_E、N_{21} 与 N_{31}。

2. 通过 N_{21} 的输入扩充找到 $N_{21}{}^{AI}$。

3. 通过 N_{31} 的输入扩充找到 $N_{31}{}^{AI}$。

4. 从式(7.38)推导出 N_{11}。

算法 7.23

1. 定义 N_E、N_{11} 与 N_{31}。

2. 通过 N_{31} 的输入扩充找到 $N_{31}{}^{AI}$。

3. 如果可行,从式(7.38)推导出 $N_{21}{}^{AI}$。

4. 通过 $N_{21}{}^{AI}$ 输入扩充的逆运算找到 N_{21}。

算法 7.24

1. 定义 N_E、N_{11} 与 N_{21}。

2. 通过 N_{21} 的输入扩充找到 $N_{21}{}^{AI}$。

3. 从式(7.38)推导出 $N_{31}{}^{AI}$。

4. 通过 $N_{31}{}^{AI}$ 输入扩充的逆运算找到 N_{31}。

7.5　多级多层网络

最复杂的 FN 类型是具有多级多层(multiple levels and multiple layers)的 FN。该网络的基础网格结构的级与层中分别至少有两个节点,它与由多个单规则库模糊系统构成的网格相同。由于位于同一级的多层中存在多个节点,因此这些节点之间部分存在前馈连接。此外,由于位于同一层的多级中存在多个节点,因此这些节点可能存在公共输入。然而,同一节点的输出和输入之间没有任何连接,后一节点的输出和前一节点的输入之间也没有任何连接。这类连接仅出现在反馈型中,超出了本章的范围。

例 7.10

本例中的 FN 具有节点 N_{11}、N_{21}、N_{12} 和 N_{22},其中 x_{11} 是 N_{11} 的输入,x_{21} 是 N_{21} 的输入;y_{12} 是 N_{12} 的输出,y_{22} 是 N_{22} 的输出;$z_{11,12}{}^{1,1}$ 是从 N_{11} 的第一输出到 N_{12} 的第一输入的连接,$z_{11,22}{}^{2,1}$ 是从 N_{11} 的第二输出到 N_{22} 的唯一输入的连接,$z_{21,12}{}^{1,2}$ 是从 N_{21} 的唯一输出到 N_{12} 的第二输入的连接。此初始 FN 可通过图 7.30 和式(7.39)中的拓扑表达式来描述。可看出,中间和底部的连接路径有交叉。

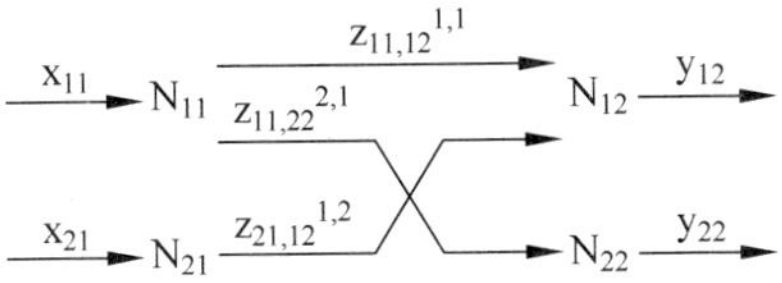

图 7.30 例 7.10 中的初始 FN

$$\{[N_{11}]\,(x_{11}\,|\,z_{11,12}{}^{1,1},\ z_{11,22}{}^{2,1}) + [N_{21}]\,(x_{21}\,|\,z_{21,12}{}^{1,2})\}* \tag{7.39}$$
$$\{[N_{12}]\,(z_{11,12}{}^{1,1},\ z_{21,12}{}^{1,2}\,|\,y_{12}) + [N_{22}]\,(z_{11,22}{}^{2,1}\,|\,y_{22})\}$$

初始 FN 中的 4 个节点可两两成对垂直合并,即 N_{11} 与 N_{21} 及 N_{12} 与 N_{22}。该合并运算将初始 FN 转换为具有节点 $N_{11}+N_{21}$ 和 $N_{12}+N_{22}$ 的第一过渡 FN,用 $N_{11}+N_{22}$ 替换 N_{11} 与 N_{21}、用 $N_{12}+N_{21}$ 替换 N_{12} 与 N_{22} 来反映节点的合并。第一过渡 FN 可通过图 7.31 和式(7.40)中的拓扑表达式来描述。从中可看出,中间和底部的连接仍然有交叉路径。

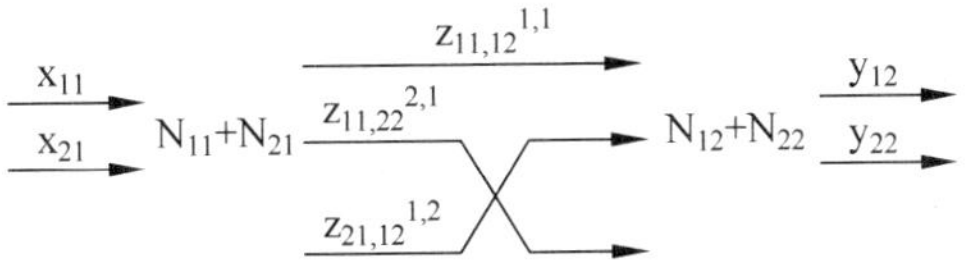

图 7.31 例 7.10 中的第一过渡 FN

$$[N_{11}+N_{21}]\,(x_{11},\ x_{21}\,|\,z_{11,12}{}^{1,1},\ z_{11,22}{}^{2,1},\ z_{21,12}{}^{1,2})* \tag{7.40}$$
$$[N_{12}+N_{22}]\,(z_{11,12}{}^{1,1},\ z_{21,12}{}^{1,2},\ z_{11,22}{}^{2,1}\,|\,y_{12},\ y_{22})$$

为水平合并第一过渡 FN 的节点 $N_{11}+N_{21}$ 与 $N_{12}+N_{22}$,需消除连接路径的交叉。可在节点 $N_{11}+N_{21}$ 的输出点置换连接 $z_{11,22}{}^{2,1}$ 与 $z_{11,12}{}^{2}$。该置换运算将第一过渡 FN 转换为具有节点 $(N_{11}+N_{21})^{PO}$ 与 $N_{12}+N_{22}$ 的第二过渡 FN,通过用 $(N_{11}+N_{21})^{PO}$ 替换 $N_{12}+N_{22}$ 来反映输出置换。第二过渡 FN 可通过图 7.32 和式 7.41 中的拓扑表达式来描述。可看出,所有的连接路径都已并行。

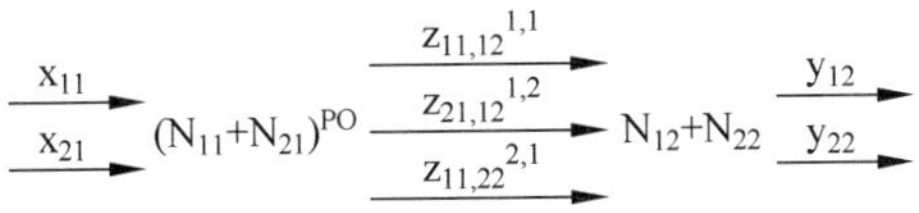

图 7.32 例 7.10 中的第二过渡 FN

$$\left[(N_{11}+N_{21})^{PO}\right]\,(x_{11},\ x_{21}\,|\,z_{11,12}{}^{1,1},\ z_{21,12}{}^{1,2},\ z_{11,22}{}^{2,1})* \tag{7.41}$$

$$[N_{12} + N_{22}] (z_{11,12}{}^{1,1}, z_{21,12}{}^{1,2}, z_{11,22}{}^{2,1} | y_{12}, y_{22})$$

由于连接路径已并行,因此第二过渡 FN 的节点$(N_{11} + N_{21})^{PO}$ 与 $N_{12} + N_{22}$ 可水平合并。该合并运算将第二过渡 FN 转换为具有等效单节点的最终 FN,用替代节点$(N_{11} + N_{21})^{PO} * (N_{12} + N_{22})$来反映节点$(N_{11} + N_{21})^{PO}$ 与 $N_{12} + N_{22}$ 的合并。最终 FN 可通过图 7.33 和式(7.42)中的拓扑表达式来描述。可看出,两个合成节点(composite node)[①]隐含在等效单节点中,第一合成节点已输出置换。

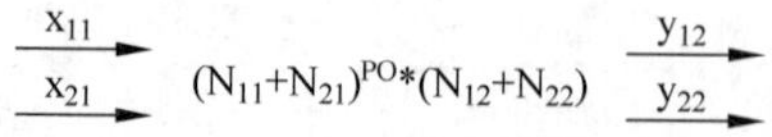

$$\xrightarrow{\quad x_{11} \quad} \quad \xrightarrow{\quad x_{21} \quad} \quad (N_{11}+N_{21})^{PO}*(N_{12}+N_{22}) \quad \xrightarrow{\quad y_{12} \quad} \quad \xrightarrow{\quad y_{22} \quad}$$

图 7.33   例 7.10 中的最终 FN

$$[(N_{11} + N_{21})^{PO} * (N_{12} + N_{22})] (x_{11}, x_{21} | y_{12}, y_{22}) \tag{7.42}$$

例 7.10 介绍了所有网络节点已知时的网络分析。在网络设计中,至少有一个节点是未知的。在这种情况下,算法 7.25～算法 7.28 描述了当其他节点和等效单节点 N_E 已知时,从图 7.30 推导出初始 FN 中未知节点的过程。在这种情况下,节点 N_E 由式(7.43)中的布尔矩阵方程给出:

$$N_E = (N_{11} + N_{21})^{PO} * (N_{12} + N_{22}) \tag{7.43}$$

算法 7.25

1. 定义 N_E、N_{21}、N_{12} 与 N_{22}。

2. 通过垂直合并 N_{12} 与 N_{22} 找到 $N_{12} + N_{22}$。

3. 如果可行,从式(7.43)推导出$(N_{11} + N_{21})^{PO}$。

4. 通过$(N_{11} + N_{21})^{PO}$输出置换的逆运算找到 $N_{11} + N_{21}$。

5. 如果可行,从 $N_{11} + N_{21}$ 推导出 N_{11}。

算法 7.26

1. 定义 N_E、N_{11}、N_{12} 与 N_{22}。

2. 通过垂直合并 N_{12} 与 N_{22} 找到 $N_{12} + N_{22}$。

3. 如果可行,从式(7.43)推导出$(N_{11} + N_{21})^{PO}$。

4. 通过$(N_{11} + N_{21})^{PO}$输出置换的逆运算找到 $N_{11} + N_{21}$。

5. 如果可行,从 $N_{11} + N_{21}$ 推导出 N_{21}。

算法 7.27

1. 定义 N_E、N_{11}、N_{21} 与 N_{22}。

2. 通过垂直合并 N_{11} 与 N_{21} 找到 $N_{11} + N_{21}$。

3. 通过输出置换 $N_{11} + N_{21}$ 找到$(N_{11} + N_{21})^{PO}$。

4. 如果可行,从式(7.43)推导出 $N_{12} + N_{22}$。

[①] 译者注:合成节点是指由多个节点合并而成的节点,如$(N_{11} + N_{21})^{PO}$ 或 $N_{12} + N_{22}$。

5. 如果可行,从 $N_{12} + N_{22}$ 推导出 N_{12}。

算法 7.28

1. 定义 N_E、N_{11}、N_{21} 与 N_{12}。

2. 通过垂直合并 N_{11} 与 N_{21} 找到 $N_{11} + N_{21}$。

3. 通过输出置换 $N_{11} + N_{21}$ 找到 $(N_{11} + N_{21})^{PO}$。

4. 如果可行,从式(7.43)推导出 $N_{12} + N_{22}$。

5. 如果可行,从 $N_{12} + N_{22}$ 推导出 N_{22}。

例 7.11

本例中的 FN 具有节点 N_{11}、N_{21}、N_{12} 和 N_{22},其中 x_{11} 是 N_{11} 的输入,x_{21} 是 N_{21} 的输入;y_{12} 是 N_{12} 的输出,y_{22} 是 N_{22} 的输出;$z_{11,22}^{1,1}$ 是从 N_{11} 的唯一输出到 N_{22} 的第一输入的连接,$z_{21,12}^{1,1}$ 是从 N_{21} 的第一输出到 N_{12} 的唯一输入的连接,$z_{21,22}^{2,2}$ 是从 N_{21} 的第二输出到 N_{22} 的第二输入的连接。此初始 FN 可通过图 7.34 和式(7.44)中的拓扑表达式来描述。可看出,顶部和中部的连接路径有交叉。

$$\{[N_{11}](x_{11} | z_{11,22}^{1,1}) + [N_{21}](x_{21} | z_{21,12}^{1,1}, z_{21,22}^{2,2})\} * \tag{7.44}$$
$$\{[N_{12}](z_{21,12}^{1,1} | y_{12}) + [N_{22}](z_{11,22}^{1,1}, z_{21,22}^{2,2} | y_{22})\}$$

初始 FN 的 4 个节点可两两成对垂直合并,即 N_{11} 与 N_{21} 及 N_{12} 与 N_{22}。该合并运算将该初始 FN 转换为具有节点 $N_{11} + N_{21}$ 和 $N_{12} + N_{22}$ 的第一过渡 FN,通过用 $N_{11} + N_{21}$ 替换 N_{11} 与 N_{21}、用 $N_{12} + N_{22}$ 替换 N_{12} 与 N_{22} 来反映节点的合并。第一过渡 FN 可通过图 7.35 和式(7.45)中的拓扑表达来描述。可看出,顶部和中部的连接路径仍然有交叉。

图 7.34　例 7.11 中的初始 FN　　　　　图 7.35　例 7.11 中的第一过渡 FN

$$[N_{11} + N_{21}](x_{11}, x_{21} | z_{11,22}^{1,1}, z_{21,12}^{1,1}, z_{21,22}^{2,2}) * \tag{7.45}$$
$$[N_{12} + N_{22}](z_{21,12}^{1,1}, z_{11,22}^{1,1}, z_{21,22}^{2,2} | y_{12}, y_{22})$$

为了水平合并第一过渡 FN 的节点 $N_{11} + N_{21}$ 与 $N_{12} + N_{22}$,需要消除连接路径的交叉。在节点 $N_{11} + N_{21}$ 的输出点置换连接 $z_{11,22}^{1,1}$ 与 $z_{21,12}^{1,1}$。该置换运算将第一过渡 FN 转换为具有节点 $(N_{11} + N_{21})^{PO}$ 与 $N_{12} + N_{22}$ 的第二过渡 FN,通过用 $(N_{11} + N_{21})^{PO}$ 替换 $N_{11} + N_{21}$ 来反映输出置换。第二过渡 FN 可通过图 7.36 和式(7.46)中的拓扑表达式来描述。可看出,所有连接路径都已并行。

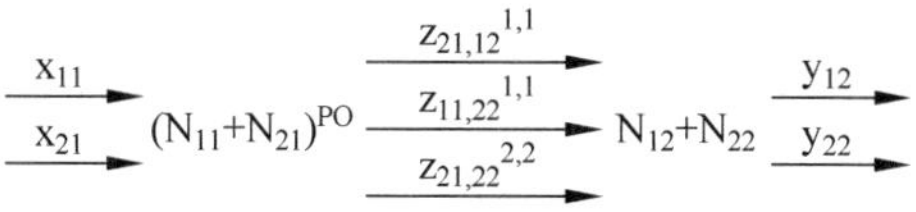

图 7.36　例 7.11 中的第二过渡 FN

$$[(N_{11} + N_{21})^{PO}] (x_{11}, x_{21} | z_{21,12}{}^{1,1}, z_{11,22}{}^{1,1}, z_{21,22}{}^{2,2}) * \tag{7.46}$$
$$[N_{12} + N_{22}] (z_{21,12}{}^{1,1}, z_{11,22}{}^{1,1}, z_{21,22}{}^{2,2} | y_{12}, y_{22})$$

由于连接路径已并行,因此第二过渡 FN 的节点$(N_{11} + N_{21})^{PO}$ 与 $N_{12} + N_{22}$ 可水平合并。该合并运算将第二过渡 FN 转换为具有等效单节点的最终 FN,用替代节点$(N_{11} + N_{21})^{PO} * (N_{12} + N_{22})$来反映节点$(N_{11} + N_{21})^{PO}$ 与 $N_{12} + N_{22}$ 的合并。该最终 FN 可通过图 7.33 和例 7.10 内式(7.42)中的拓扑表达式来描述。

例 7.11 介绍了所有网络节点已知时的网络分析。在网络设计中,至少有一个节点是未知的。在此情况下,例 7.10 中的算法 7.25～算法 7.28 描述了当其他节点和等效单节点 N_E 已知时,从图 7.34 中的初始 FN 推导出未知节点的过程。在这种情况下,节点 N_E 由来自例 7.10 内式(7.43)中的布尔矩阵方程给出。

例 7.12

本例中的 FN 具有节点 N_{11}、N_{21}、N_{12} 和 N_{22},其中 x_{11} 是 N_{11} 的输入;x_{21} 是 N_{21} 的输入;y_{12} 是 N_{12} 的输出,y_{22} 是 N_{22} 的输出;$z_{11,12}{}^{1,1}$ 是从 N_{11} 的唯一输出至 N_{12} 的第一输入的连接,$z_{21,12,22}{}^{1,2,1}$ 是 N_{21} 的唯一输出至 N_{12} 的第二输入及 N_{22} 的唯一输入的连接。此初始 FN 可用图 7.37 中的方框图和式(7.47)中的拓扑表达式来描述。可看出,顶部的连接 $z_{11,12}{}^{1,1}$ 是第二层节点的不常用输入。

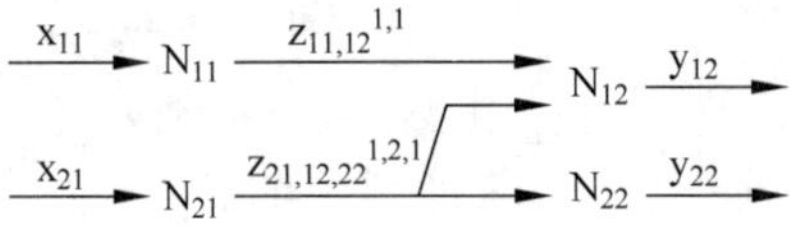

图 7.37　例 7.12 中的初始 FN

$$\{[N_{11}] (x_{11} | z_{11,12}{}^{1,1}) + [N_{21}] (x_{21} | z_{21,12,22}{}^{1,2,1})\} * \tag{7.47}$$
$$\{[N_{12}] (z_{11,12}{}^{1,1}, z_{21,12,22}{}^{1,2,1} | y_{12}) + [N_{22}] (z_{21,12,22}{}^{1,2,1} | y_{22})\}$$

为了合并初始 FN 节点 N_{12} 和 N_{22} 的输出,需要增加顶部连接 $z_{11,12}{}^{1,1}$,使得它成为这两个节点的公共输入。该扩充运算将初始 FN 转换为具有节点 N_{11}、N_{21}、N_{12} 和 $N_{22}{}^{AI}$ 的第一过渡 FN,通过用 $N_{22}{}^{AI}$ 替换 N_{22} 来反映输入的扩充。第一过渡 FN 可通过图 7.38 和式(7.48)中的拓扑表达式来描述。可看出,第二层节点的所有输入已共用。

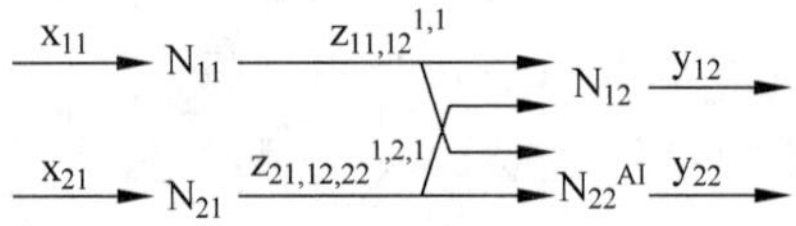

图 7.38　例 7.12 中的第一过渡 FN

$$\{[N_{11}] (x_{11} | z_{11,12}{}^{1,1}) + [N_{21}] (x_{21} | z_{21,12,22}{}^{1,2,1})\} * \tag{7.48}$$
$$\{[N_{12}] (z_{11,12}{}^{1,1}, z_{21,12,22}{}^{1,2,1} | y_{12}) + [N_{22}{}^{AI}] (z_{11,12}{}^{1,1}, z_{21,12,22}{}^{1,2,1} | y_{22})\}$$

第一过渡 FN 具有 4 个节点,其中 N_{11} 可与 N_{21} 垂直合并,N_{12} 可与 $N_{22}{}^{AI}$ 输出合并。这些合并运算将第一过渡 FN 转换为具有节点 $N_{11} + N_{21}$ 和 $N_{12}; N_{22}{}^{AI}$ 的第二过渡 FN,通过将 N_{11} 与 N_{21} 替换为 $N_{11} + N_{21}$、N_{12} 与 N_{22} 替换为 $N_{12}; N_{22}{}^{AI}$ 来反映节点合并。第二过渡 FN 可通过图 7.39 和式(7.49)中的拓扑表达式来描述,可看出,所有连接路径都已并行。

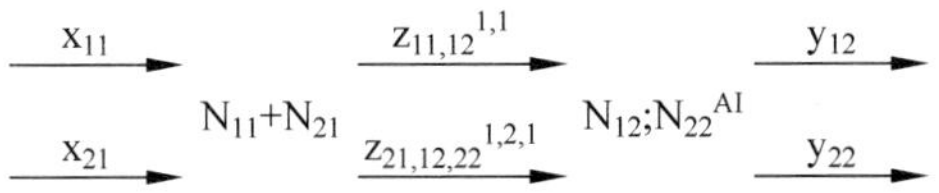

图 7.39　例 7.12 中的第二过渡 FN

$$[N_{11} + N_{21}] (x_{11}, x_{21} | z_{11,12}^{1,1}, z_{21,12,22}^{1,2,1}) * \tag{7.49}$$
$$[N_{12}; N_{22}^{AI}] (z_{11,12}^{1,1}, z_{21,12,22}^{1,2,1} | y_{12}, y_{22})$$

因节点 $N_{11} + N_{21}$ 与 $N_{12}; N_{22}^{AI}$ 的连接路径并行,因此第二过渡 FN 的 N_{22}^{AI} 可水平合并。该合并运算将第二过渡 FN 转换为具有等效单节点的最终 FN,用替代节点 $(N_{11} + N_{21}) * (N_{12}; N_{22}^{AI})$ 来反映节点 $N_{11} + N_{21}$ 与 $N_{12}; N_{22}^{AI}$ 的合并。该最终 FN 可通过图 7.40 和式(7.50)中的拓扑表达式来描述。可看出,两个合成节点隐含在等效单节点中,第二个合成节点的后半部分有输入扩充。

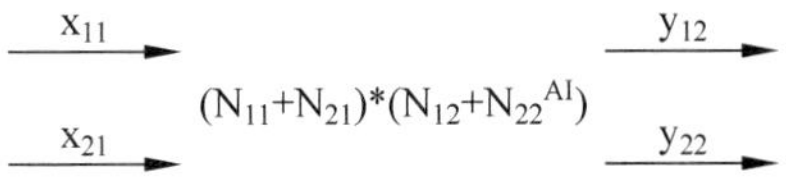

图 7.40　例 7.12 中的最终 FN

$$[(N_{11} + N_{21}) * (N_{12}; N_{22}^{AI})] (x_{11}, x_{21} | y_{12}, y_{22}) \tag{7.50}$$

例 7.12 介绍了所有网络节点已知时的网络分析。在网络设计中,至少有一个节点是未知的。在这种情况下,算法 7.29～算法 7.32 描述了当其他节点和等效单节点 N_E 已知时,从图 7.37 中推导出初始 FN 中未知节点的过程。在这种情况下,节点 N_E 由式(7.51)中的布尔矩阵方程给出。

$$N_E = (N_{11} + N_{21}) * (N_{12}; N_{22}^{AI}) \tag{7.51}$$

算法 7.29

1. 定义 N_E、N_{21}、N_{12} 与 N_{22}。

2. 通过 N_{22} 的输入扩充找到 N_{22}^{AI}。

3. 通过合并 N_{12} 与 N_{22}^{AI} 的输出找到 $N_{12}; N_{22}^{AI}$。

4. 如果可行,从式(7.51)推导出 $N_{11} + N_{21}$。

5. 如果可行,从 $N_{11} + N_{21}$ 推导出 N_{11}。

算法 7.30

1. 定义 N_E、N_{11}、N_{12} 与 N_{22}。

2. 通过 N_{22} 的输入扩充找到 N_{22}^{AI}。

3. 通过合并 N_{12} 与 N_{22}^{AI} 的输出找到 $N_{12}; N_{22}^{AI}$。

4. 如果可行,从式(7.51)推导出 $N_{11} + N_{21}$。

5. 如果可行,从 $N_{11} + N_{21}$ 推导出 N_{21}。

算法 7.31

1. 定义 N_E、N_{11}、N_{21} 与 N_{22}。

2. 通过 N_{11} 与 N_{21} 的垂直合并找到 $N_{11} + N_{21}$。

3. 如果可行，从式(7.51)推导出 N_{12}；$N_{22}{}^{AI}$。

4. 通过 N_{22} 的输入扩充找到 $N_{22}{}^{AI}$。

5. 如果可行，从 N_{12}；$N_{22}{}^{AI}$ 推导出 N_{12}。

算法 7.32

1. 定义 N_E、N_{11}、N_{21} 与 N_{12}。

2. 通过 N_{11} 与 N_{21} 的垂直合并找到 $N_{11} + N_{21}$。

3. 如果可行，从式(7.51)推导出 N_{12}；$N_{22}{}^{AI}$。

4. 如果可行，从 N_{12}；$N_{22}{}^{AI}$ 推导出 $N_{22}{}^{AI}$。

5. 通过 $N_{22}{}^{AI}$ 的输入扩充的逆运算找到 N_{22}。

例 7.13

本例中的 FN 具有节点 N_{11}、N_{21}、N_{12} 和 N_{22}，其中 x_{11} 是 N_{11} 的输入，x_{21} 是 N_{21} 的输入；y_{12} 是 N_{12} 的输出，y_{22} 是 N_{22} 的输出；$z_{11,12,22}{}^{1,1,1}$ 是从 N_{11} 的唯一输出到 N_{12} 的唯一输入及 N_{22} 第一输入的连接，$z_{21,22}{}^{1,2}$ 是从 N_{21} 的唯一输出到 N_{22} 的第二输入的连接。该初始 FN 可通过图 7.41 和式(7.52)中的拓扑表达式来描述。可看出，位于底部的连接是第二层节点的不常用输入。

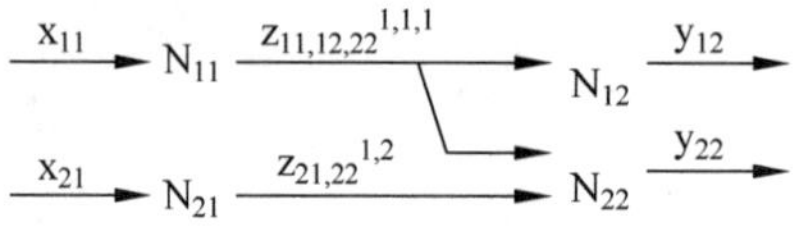

图 7.41　例 7.13 中的初始 FN

$$\{[N_{11}](x_{11}|z_{11,12,22}{}^{1,1,1}) + [N_{21}](x_{21}|z_{21,22}{}^{1,2})\} * \tag{7.52}$$
$$\{[N_{12}](z_{11,12,22}{}^{1,1,1}|y_{12}) + [N_{22}](z_{11,12,22}{}^{1,1,1}, z_{21,22}{}^{1,2}|y_{22})\}$$

为了合并初始 FN 的节点 N_{12} 与 N_{22} 的输出，需要扩充底部连接 $z_{21,22}{}^{1,2}$，使得它成为这两个节点的公共输入。该扩充运算将初始 FN 转换为具有节点 N_{11}、N_{21}、$N_{12}{}^{AI}$ 和 N_{22} 的第一过渡 FN，通过用 $N_{12}{}^{AI}$ 替换 N_{12} 来反映输入扩充。第一过渡 FN 可通过图 7.42 和式(7.53)中的拓扑表达式来描述。可看出，位于第二层的节点的所有输入已共用。

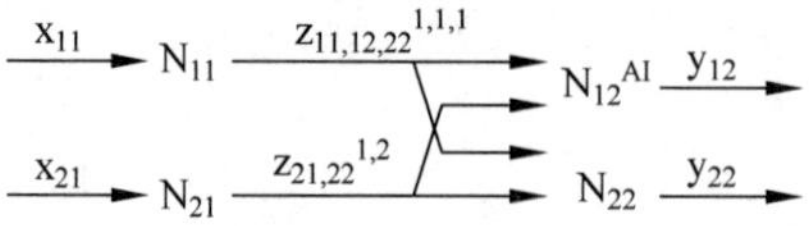

图 7.42　例 7.13 中的第一过渡 FN

$$\{[N_{11}](x_{11}|z_{11,12,22}{}^{1,1,1}) + [N_{21}](x_{21}|z_{21,22}{}^{1,2})\} * \tag{7.53}$$
$$\{[N_{12}{}^{AI}](z_{11,12,22}{}^{1,1,1}, z_{21,22}{}^{1,2}|y_{12}) + [N_{22}](z_{11,12,22}{}^{1,1,1}, z_{21,22}{}^{1,2}|y_{22})\}$$

第一过渡 FN 有 4 个节点，其中 N_{11} 可与 N_{21} 垂直合并，$N_{12}{}^{AI}$ 可与 N_{22} 输出合并。这些合并运算将第一过渡 FN 转换为具有节点 $N_{11} + N_{21}$ 和 $N_{12}{}^{AI}$；N_{22} 的第二过渡 FN；通

过用 $N_{11}+N_{21}$ 替换 N_{11} 与 N_{21}、用 $N_{12}{}^{AI}$；N_{22} 替换 $N_{12}{}^{AI}$ 与 N_{22} 来反映节点的合并。第二过渡 FN 可通过图 7.43 和式(7.54)中的拓扑表达式来描述。可看出,所有连接路径已并行。

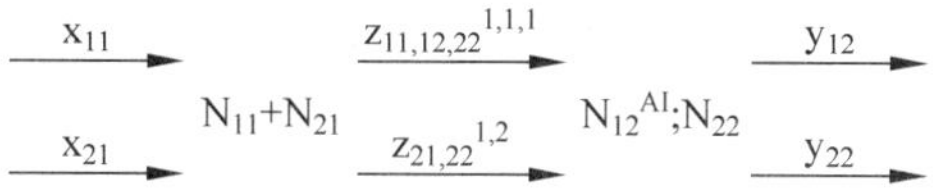

图 7.43 例 7.13 中的第二过渡 FN

$$[N_{11}+N_{21}] (x_{11}, x_{21}|z_{11,12,22}{}^{1,1,1}, z_{21,22}{}^{1,2}) * \tag{7.54}$$
$$[N_{12}{}^{AI}; N_{22}] (z_{11,12,22}{}^{1,1,1}, z_{21,22}{}^{1,2}|y_{12}, y_{22})$$

由于节点 $N_{11}+N_{21}$ 与 $N_{12}{}^{AI}$；N_{22} 连接路径已并行,因此第二过渡 FN 可水平合并。该合并运算将第二过渡 FN 转换为具有等效单节点的最终 FN,用替代节点 $(N_{11}+N_{21})*(N_{12}{}^{AI}; N_{22})$ 来反映节点 $N_{11}+N_{21}$ 与 $N_{12}{}^{AI}$；N_{22} 的合并。该最终 FN 可通过图 7.44 和式(7.55)中的拓扑表达式来描述。可看出,两个合成节点隐含在等效单节点中,第二合成节点的前半部分含输入扩充。

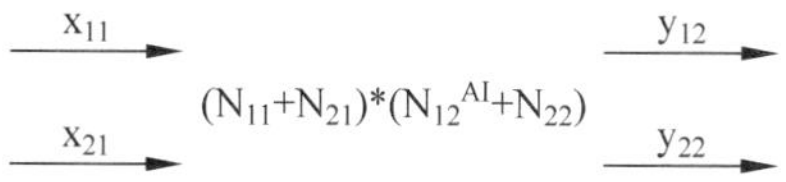

图 7.44 例 7.13 中的最终 FN

$$[(N_{11}+N_{21})*(N_{12}{}^{AI}; N_{22})] (x_{11}, x_{21}|y_{12}, y_{22}) \tag{7.55}$$

例 7.13 介绍了所有网络节点已知时的网络分析。在网络设计中,至少有一个节点是未知的。在这种情况下,算法 7.33～算法 7.36 描述了当其他节点和等效单节点 N_E 已知时,从图 7.41 推导出初始 FN 中未知节点的过程。在这种情况下,节点 N_E 由式(7.56)中的布尔矩阵方程给出。

$$N_E=(N_{11}+N_{21})*(N_{12}{}^{AI}; N_{22}) \tag{7.56}$$

算法 7.33

1. 定义 N_E、N_{21}、N_{12} 与 N_{22}。

2. 通过 N_{12} 的输入扩充找到 $N_{12}{}^{AI}$。

3. 通过合并 $N_{12}{}^{AI}$ 与 N_{22} 的输出找到 $N_{12}{}^{AI}$；N_{22}。

4. 如果可行,从式(7.56)推导出 $N_{11}+N_{21}$。

5. 如果可行,从 $N_{11}+N_{21}$ 推导出 N_{11}。

算法 7.34

1. 定义 N_E、N_{11}、N_{12} 与 N_{22}。

2. 通过 N_{12} 输入扩充找到 $N_{12}{}^{AI}$。

3. 通过合并 $N_{12}{}^{AI}$ 与 N_{22} 的输出找到 $N_{12}{}^{AI}$；$N_{22}{}^{AI}$。

4. 如果可行,从式(7.56)推导出 $N_{11}+N_{21}$。

5. 如果可行,从 $N_{11}+N_{21}$ 中推导出 N_{21}。

算法 7.35

1. 定义 N_E、N_{11}、N_{21} 与 N_{22}。

2. 通过垂直合并 N_{11} 与 N_{21} 找到 $N_{11} + N_{21}$。

3. 如果可行，从式(7.56)中推导出 $N_{12}{}^{AI}$；N_{22}。

4. 如果可行，从 $N_{12}{}^{AI}$；N_{22} 推导出 $N_{12}{}^{AI}$。

5. 通过 $N_{12}{}^{AI}$ 的输入扩充的逆运算找到 N_{12}。

算法 7.36

1. 定义 N_E、N_{11}、N_{21} 与 N_{12}。

2. 通过垂直合并 N_{11} 与 N_{21} 找到 $N_{11} + N_{21}$。

3. 如果可行，从式(7.56)中推导出 $N_{12}{}^{AI}$；N_{22}。

4. 通过 $N_{12}{}^{AI}$ 的输入扩充找到 N_{12}。

5. 如果可行，从 $N_{12}{}^{AI}$；N_{22} 推导出 N_{22}。

例 7.14

本例中的 FN 具有节点 N_{11}、N_{21}、N_{12} 和 N_{22}，其中 x_{11} 是 N_{11} 的输入，$x_{21,12}{}^{1,2}$ 是 N_{21} 的输入及 N_{12} 的第二输入；y_{12} 是 N_{12} 的输出，y_{22} 是 N_{22} 的输出；$z_{11,12}{}^{1,1}$ 是从 N_{11} 的唯一输出到 N_{12} 的第一输入的连接，$z_{21,22}{}^{1,1}$ 是从 N_{21} 的唯一输出到 N_{22} 的唯一输入的连接。该初始 FN 可通过图 7.45 和式(7.57)中的拓扑表达式来描述。可看出，位于底部的输入贯穿第一层。

$$\{[N_{11}] (x_{11} | z_{11,12}{}^{1,1}) ; [N_{21}] (x_{21,12}{}^{1,2} | z_{21,22}{}^{1,1})\} * \tag{7.57}$$
$$\{[N_{12}] (z_{11,12}{}^{1,1}, x_{21,12}{}^{1,2} | y_{12}) + [N_{22}] (z_{21,22}{}^{1,1} | y_{22})\}$$

$x_{21,12}{}^{1,2}$ 在第一级和第二级之间的虚拟层中通过 FN 的第一层传播。这种传播可通过插入隐式恒等节点 $I_{1.5,1}$ 来表示。初始 FN 被转换为具有节点 N_{11}、N_{21}、N_{12}、N_{22} 和 $I_{1.5,1}$ 的第一过渡 FN。该过渡 FN 可通过图 7.46 和式(7.58)中的拓扑表达式来描述。可看出，位于底部的输入通过恒等节点贯穿第一层。

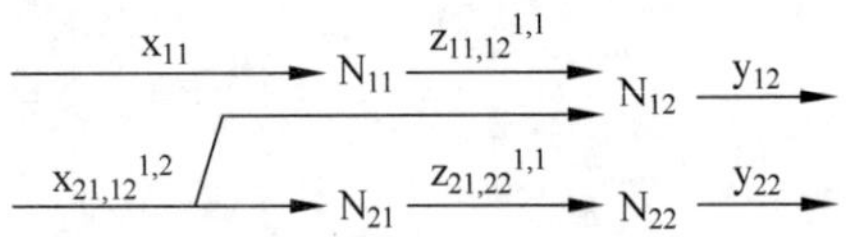

图 7.45 例 7.14 的初始 FN

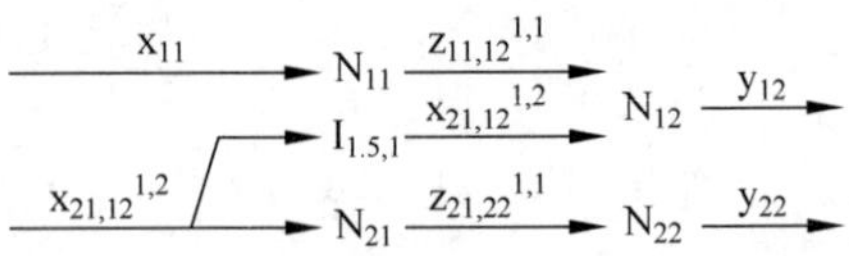

图 7.46 例 7.14 的第一过渡 FN

$$\{[N_{11}] (x_{11} | z_{11,12}{}^{1,1}) ; [I_{1.5,1}] (x_{21,12}{}^{1,2} | x_{21,12}{}^{1,2}) ; [N_{21}] (x_{21,12}{}^{1,2} | z_{21,22}{}^{1,1})\} *$$
$$\tag{7.58}$$
$$\{[N_{12}] (z_{11,12}{}^{1,1}, x_{21,12}{}^{1,2} | y_{12}) + [N_{22}] (z_{21,22}{}^{1,1} | y_{22})\}$$

为合并第一过渡 FN 的节点 N_{11}、$I_{1.5,1}$ 与 N_{21} 的输出，需扩充两个输入 x_{11} 与 $x_{21,12}{}^{1,2}$，使得它们成为这 3 个节点的公共输入。该扩充运算将第一过渡 FN 转换为具有节点 $N_{11}{}^{AI}$、

$I_{1.5,1}{}^{AI}$、$N_{21}{}^{AI}$、N_{12} 与 N_{22} 的第二过渡 FN，通过将 N_{11} 替换为 $N_{11}{}^{AI}$、$I_{1.5,1}$ 替换为 $I_{1.5,1}{}^{AI}$、N_{21} 替换为 $N_{21}{}^{AI}$ 来反映节点的合并。第二过渡 FN 可通过图 7.47 和式(7.59)中的拓扑表达式来描述。

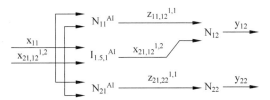

图 7.47　例 7.14 中的第二过渡 FN

$$\{[N_{11}{}^{AI}](x_{11}, x_{21,12}{}^{1,2}|z_{11,12}{}^{1,1}); [I_{1.5,1}{}^{AI}](x_{11}, x_{21,12}{}^{1,2}|x_{21,12}{}^{1,2}); \qquad (7.59)$$
$$[N_{21}{}^{AI}](x_{11}, x_{21,12}{}^{1,2}|z_{21,22}{}^{1,1})\} *$$
$$\{[N_{12}](z_{11,12}{}^{1,1}, x_{21,12}{}^{1,2}|y_{12}) + [N_{22}](z_{21,22}{}^{1,1}|y_{22})\}$$

第二过渡 FN 有 5 个节点。在这种情况下，$N_{11}{}^{AI}$ 可与 $I_{1.5,1}{}^{AI}$、$N_{21}{}^{AI}$ 进行输出合并，而 N_{12} 可与 N_{22} 垂直合并。这些合并运算将第二过渡 FN 转换为具有节点 $N_{11}{}^{AI}$；$I_{1.5,1}{}^{AI}$；$N_{21}{}^{AI}$ 和 $N_{12} + N_{22}$ 的第三过渡 FN，其中节点的合并通过用 $N_{11}{}^{AI}$；$I_{1.5,1}{}^{AI}$；$N_{21}{}^{AI}$ 替换 $N_{11}{}^{AI}$、$I_{1.5,1}{}^{AI}$ 与 $N_{21}{}^{AI}$，以及用 $N_{12} + N_{22}$ 替换 N_{12} 与 N_{22} 来反映。第三过渡 FN 可通过图 7.48 和式(7.60)中的拓扑表达式来描述。可看出，所有连接路径都已并行。

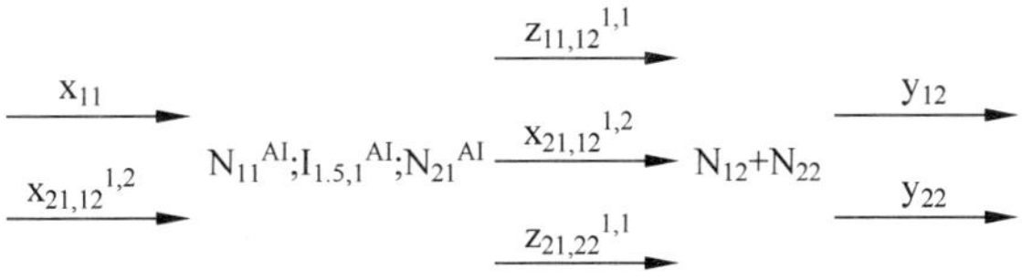

图 7.48　例 7.14 中的第三过渡 FN

$$[N_{11}{}^{AI}; I_{1.5,1}{}^{AI}; N_{21}{}^{AI}](x_{11}, x_{21,12}{}^{1,2}|z_{11,12}{}^{1,1}, x_{21,12}{}^{1,2}, z_{21,22}{}^{1,1}) * \qquad (7.60)$$
$$[N_{12} + N_{22}](z_{11,12}{}^{1,1}, x_{21,12}{}^{1,2}, z_{21,22}{}^{1,1}|y_{12}, y_{22})$$

由于连接路径并行，因此第三过渡 FN 的节点 $N_{11}{}^{AI}$；$I_{1.5,1}{}^{AI}$；$N_{21}{}^{AI}$ 与 $N_{12} + N_{22}$ 可水平合并。该合并运算将第三过渡 FN 转换为具有等效单节点的最终 FN，用替换节点 $(N_{11}{}^{AI}; I_{1.5,1}{}^{AI}; N_{21}{}^{AI}) * (N_{12} + N_{22})$ 来反映节点 $N_{11}{}^{AI}$；$I_{1.5,1}{}^{AI}$；$N_{21}{}^{AI}$ 与 $N_{12} + N_{22}$ 的合并。最终 FN 可通过图 7.49 和式(7.61)中的拓扑表达式来描述。可看出，两个合成节点隐含在等效单节点中，第一合成节点中的所有节点均含有扩充的输入。

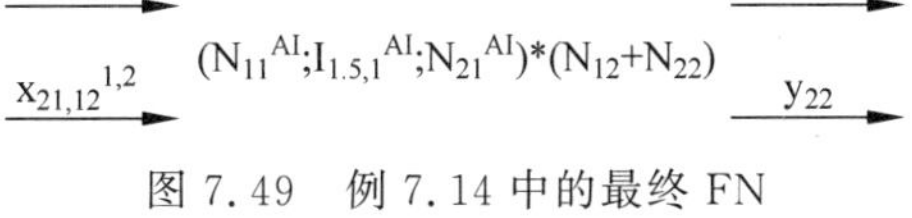

图 7.49　例 7.14 中的最终 FN

$$[(N_{11}{}^{AI}; I_{1.5,1}{}^{AI}; N_{21}{}^{AI}) * (N_{12} + N_{22})](x_{11}, x_{21,12}{}^{1,2}|y_{12}, y_{22}) \qquad (7.61)$$

例 7.14 介绍了所有网络节点已知时的网络分析。在网络设计中，至少有一个节点未知。在此情况下，算法 7.37～算法 7.40 描述了当其他节点、隐式恒等节点 $I_{1.5,1}{}^{AI}$ 和等效单节点 N_E 已知时，从图 7.45 中推导出初始 FN 中未知节点的过程。在这种情况下，节点 N_E 由式(7.62)中的布尔矩阵方程给出：

$$N_E = (N_{11}{}^{AI}; I_{1.5,1}{}^{AI}; N_{21}{}^{AI}) * (N_{12} + N_{22}) \tag{7.62}$$

算法 7.37

1. 定义 N_E、N_{21}、N_{12}、N_{22} 与 $I_{1.5,1}{}^{AI}$。

2. 通过 $I_{1.5,1}$ 的输入扩充找到 $I_{1.5,1}{}^{AI}$。

3. 通过 N_{21} 的输入扩充找到 $N_{21}{}^{AI}$。

4. 通过垂直合并 N_{12} 与 N_{22} 找到 $N_{12} + N_{22}$。

5. 如果可行，从式(7.62)中推导出 $N_{11}{}^{AI}$；$I_{1.5,1}{}^{AI}$；$N_{21}{}^{AI}$。

6. 如果可行，从 $N_{11}{}^{AI}$；$I_{1.5,1}{}^{AI}$；$N_{21}{}^{AI}$ 中推导出 $N_{11}{}^{AI}$。

7. 通过 $N_{11}{}^{AI}$ 的输入扩充的逆运算找到 N_{11}。

算法 7.38

1. 定义 N_E、N_{11}、N_{12}、N_{22} 与 $I_{1.5,1}{}^{AI}$。

2. 通过 $I_{1.5,1}$ 的输入扩充找到 $I_{1.5,1}{}^{AI}$。

3. 通过 N_{11} 的输入扩充找到 $N_{11}{}^{AI}$。

4. 通过垂直合并 N_{12} 与 N_{22} 找到 $N_{12} + N_{22}$。

5. 如果可行，式(7.62)中推导出 $N_{11}{}^{AI}$；$I_{1.5,1}{}^{AI}$；$N_{21}{}^{AI}$。

6. 如果可行，从 $N_{11}{}^{AI}$；$I_{1.5,1}{}^{AI}$；$N_{21}{}^{AI}$ 推导出 $N_{21}{}^{AI}$。

7. 通过 $N_{21}{}^{AI}$ 的输入扩充的逆运算找到 N_{21}。

算法 7.39

1. 定义 N_E、N_{11}、N_{21}、N_{22} 与 $I_{1.5,1}{}^{AI}$。

2. 通过 N_{11} 的输入扩充找到 $N_{11}{}^{AI}$。

3. 通过 $I_{1.5,1}$ 的输入扩充找到 $I_{1.5,1}{}^{AI}$。

4. 通过 N_{21} 的输入扩充找到 $N_{21}{}^{AI}$。

5. 通过输出合并 $N_{11}{}^{AI}$；$I_{1.5,1}{}^{AI}$ 与 $N_{21}{}^{AI}$ 找到 $N_{11}{}^{AI}$；$I_{1.5,1}{}^{AI}$；$N_{21}{}^{AI}$。

6. 如果可行，从式(7.62)中推导出 $N_{12} + N_{22}$。

7. 如果可行，从 $N_{12} + N_{22}$ 中推导出 N_{12}。

算法 7.40

1. 定义 N_E、N_{11}、N_{21}、N_{12} 与 $I_{1.5,1}{}^{AI}$。

2. 通过 N_{11} 的输入扩充找到 $N_{11}{}^{AI}$。

3. 通过 $I_{1.5,1}$ 的输入扩充找到 $I_{1.5,1}{}^{AI}$。

4. 通过 N_{21} 的输入扩充找到 $N_{21}{}^{AI}$。

5. 通过输出合并 $N_{11}{}^{AI}$；$I_{1.5,1}{}^{AI}$ 与 $N_{21}{}^{AI}$ 找到 $N_{11}{}^{AI}$；$I_{1.5,1}{}^{AI}$；$N_{21}{}^{AI}$。

6. 如果可行，从式(7.62)中推导出 $N_{12} + N_{22}$。

7. 如果可行，从 $N_{12} + N_{22}$ 中推导出 N_{22}。

例 7.15

本例中的 FN 具有节点 N_{11}、N_{21}、N_{12} 和 N_{22}，其中 $x_{11,22}{}^{1,1}$ 是 N_{11} 的输入及 N_{22} 的第一输入，x_{21} 是 N_{21} 的输入；y_{12} 是 N_{12} 的输出，y_{22} 是 N_{22} 的输出；$z_{11,12}{}^{1,1}$ 是从 N_{11} 的唯一输出到 N_{12} 的唯一输入的连接，$z_{21,22}{}^{1,2}$ 是从 N_{21} 的唯一输出到 N_{22} 的第二输入的连接。该初始 FN 可通过图 7.50 和式(7.63)中的拓扑表达式来描述。可看出，位于顶部的输入贯穿第一层。

$$\{[N_{11}]\,(x_{11,22}{}^{1,1}|z_{11,12}{}^{1,1})\,;\,[N_{21}]\,(x_{21}|z_{21,22}{}^{1,2})\}\,* \tag{7.63}$$
$$\{[N_{12}]\,(z_{11,12}{}^{1,1},\,x_{11,22}{}^{1,1}|y_{12})\,+\,[N_{22}]\,(z_{21,22}{}^{1,2}|y_{22})\}$$

$x_{11,22}{}^{1,1}$ 在位于第一级与第二级之间的虚拟层内贯穿 FN 的第一层。这种传播可通过插入隐式恒等节点 $I_{1.5,1}$ 来表示。初始 FN 被转换为具有节点 N_{11}、N_{21}、N_{12}、N_{22} 和 $I_{1.5,1}$ 的第一过渡 FN。该过渡 FN 可通过图 7.51 和式(7.64)中的拓扑表达式来描述。可看出，位于顶部的输入以恒等输入的方式贯穿第一层。

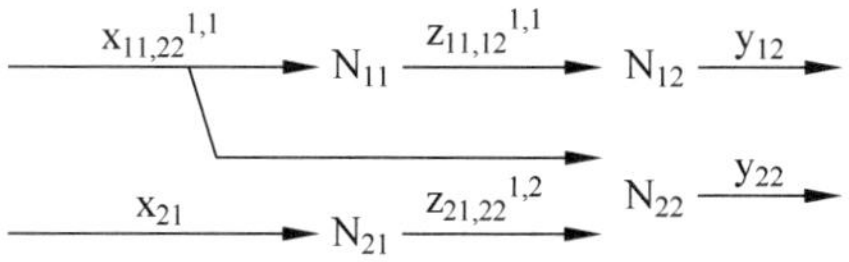

图 7.50 例 7.15 中的初始 FN 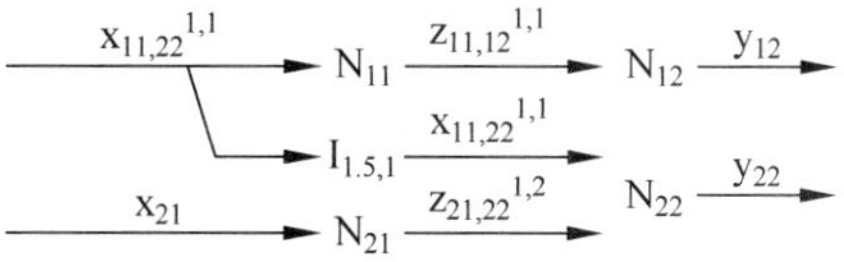　　　　图 7.51 例 7.15 中的第一过渡 FN

$$\{[N_{11}]\,(x_{11,22}{}^{1,1}|z_{11,12}{}^{1,1})\,;\,[I_{1.5,1}]\,(x_{11,22}{}^{1,1}|x_{11,22}{}^{1,1})\,;\,[N_{21}]\,(x_{21}|z_{21,22}{}^{1,2})\}\,* \tag{7.64}$$
$$\{[N_{12}]\,(z_{11,12}{}^{1,1}|y_{12})\,+\,[N_{22}]\,(x_{11,22}{}^{1,1},\,z_{21,22}{}^{1,2}|y_{22})\}$$

为了合并第一过渡 FN 的节点 N_{11}、$I_{1.5,1}$ 和 N_{21} 的输出，需要扩充输入 $x_{11,22}{}^{1,1}$ 和 x_{21}，使得它们成为这 3 个节点的公共输入。该扩充运算将第一过渡 FN 转换为具有节点 $N_{11}{}^{AI}$、$I_{1.5,1}{}^{AI}$、$N_{21}{}^{AI}$、N_{12} 与 N_{22} 的第二过渡 FN，通过将 N_{11} 替换为 $N_{11}{}^{AI}$、将 $I_{1.5,1}$ 替换为 $I_{1.5,1}{}^{AI}$、将 N_{21} 替换为 $N_{21}{}^{AI}$ 来反映节点的合并。第二过渡 FN 可通过图 7.52 和式(7.65)中的拓扑表达式来描述。

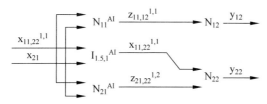

图 7.52 例 7.15 中的第二过渡 FN

$$\{[N_{11}{}^{AI}]\,(x_{11,22}{}^{1,1},\,x_{21}|z_{11,12}{}^{1,1})\,;\,[I_{1.5,1}{}^{AI}]\,(x_{11,22}{}^{1,1},\,x_{21}|x_{11,22}{}^{1,1})\,; \tag{7.65}$$
$$[N_{21}{}^{AI}]\,(x_{11,22}{}^{1,1},\,x_{21}|z_{21,22}{}^{1,2})\}\,*$$
$$\{[N_{12}]\,(z_{11,12}{}^{1,1}|y_{12})\,+\,[N_{22}]\,(x_{11,22}{}^{1,1},\,z_{21,22}{}^{1,2}|y_{22})\}$$

第二过渡 FN 有 5 个节点。在这种情况下，$N_{11}{}^{AI}$ 可与 $I_{1.5,1}{}^{AI}$ 及 $N_{21}{}^{AI}$ 进行输出合并，

而 N_{12} 可与 N_{22} 垂直合并。这些合并运算将第二过渡 FN 转换为具有节点 $N_{11}{}^{AI}$，$I_{1.5,1}{}^{AI}$，$N_{21}{}^{AI}$ 与 $N_{12}+N_{22}$ 的第三过渡 FN，通过用 $N_{11}{}^{AI}$；$I_{1.5,1}{}^{AI}$；$N_{21}{}^{AI}$ 替换 $N_{11}{}^{AI}$、$I_{1.5,1}{}^{AI}$ 与 $N_{21}{}^{AI}$、用 $N_{12}+N_{22}$ 替换 N_{12} 与 N_{22} 来反映节点的合并。第三过渡 FN 可通过图 7.53 和式(7.66)中的拓扑表达式来描述。可看出，所有连接路径都已并行。

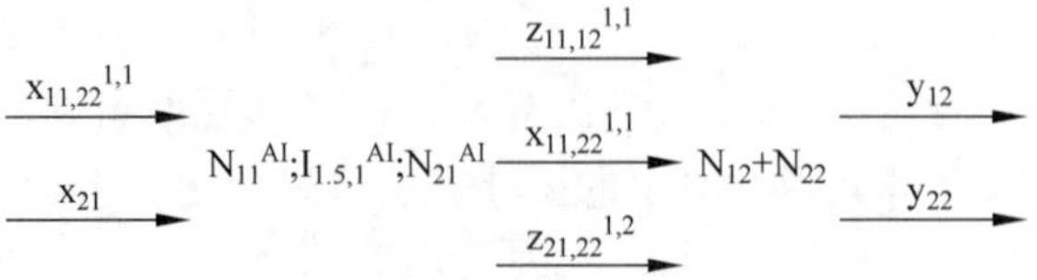

图 7.53　例 7.15 中的第三过渡 FN

$$[N_{11}{}^{AI}; I_{1.5,1}{}^{AI}; N_{21}{}^{AI}](x_{11,22}{}^{1,1}, x_{21} | z_{11,12}{}^{1,1}, x_{11,22}{}^{1,1}, z_{21,22}{}^{1,2}) * \qquad (7.66)$$
$$[N_{12}+N_{22}](z_{11,12}{}^{1,1}, x_{11,22}{}^{1,1}, z_{21,22}{}^{1,2} | y_{12}, y_{22})$$

由于连接路径并行，因此第三过渡 FN 的节点 $N_{11}{}^{AI}$；$I_{1.5,1}{}^{AI}$；$N_{21}{}^{AI}$ 与 $N_{12}+N_{22}$ 可水平合并。该合并运算将第三过渡 FN 转换为具有等效单节点的最终 FN，用替代节点 $(N_{11}{}^{AI}; I_{1.5,1}{}^{AI}; N_{21}{}^{AI})*(N_{12}+N_{22})$ 来反映节点 $N_{11}{}^{AI}$；$I_{1.5,1}{}^{AI}$；$N_{21}{}^{AI}$ 与 $N_{12}+N_{22}$ 的合并。最终 FN 可通过图 7.54 和式(7.67)中的拓扑表达式来描述。可看出，两个合成节点隐含在等效单节点中，第一合成节点中的所有节点均含有扩充的输入。

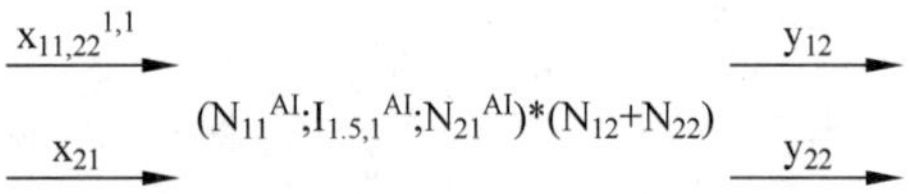

图 7.54　例 7.15 中的最终 FN

$$[(N_{11}{}^{AI}; I_{1.5,1}{}^{AI}; N_{21}{}^{AI}) * (N_{12}+N_{22})](x_{11,22}{}^{1,1}, x_{21} | y_{12}, y_{22}) \qquad (7.67)$$

例 7.15 介绍了所有网络节点已知时的网络分析。在网络设计中，至少有一个节点是未知的。在此情况下，例 7.14 中的算法 7.37～算法 7.40 描述了当其他节点、隐式恒等节点 $I_{1.5,1}{}^{AI}$ 和等效单节点 N_E 已知时，从图 7.50 中推导出初始 FN 中未知节点的过程。在这种情况下，节点 N_E 由来自例 7.14 的布尔矩阵方程(7.62)给出。

7.6　前馈型模糊网络小结

本章中的示例说明了基本运算和高级运算在前馈型 FN 中的应用。这些示例从理论上验证了本书所使用的语言合成方法。该方法尤其适用于多级多层 FN，这是最复杂的前馈型 FN。然而，其他两种复杂性稍低的前馈型 FN，即单级多层 FN 与多级单层 FN，也非常有用，因为它们通常是多级多层 FN 的组成部分。在此背景下，最简单的前馈型 FN，即单级单层 FN，仅作了简要讨论，因为它们与模糊系统相同。

不同类型的前馈型 FN 适用于不同类型的节点，如并行节点与顺序节点。此时，并行节点用于同时执行的任务，而顺序节点用于只能依次执行的任务。因此，FN 中任务的类型决定了所使用的 FN 类型。

不同类型 FN 和节点之间的关系如表 7.1 所示。

表 7.1　不同类型 FN 和节点之间的关系

前馈型 FN	是否存在并行节点	是否存在顺序节点
单级单层	否	否
单级多层	否	是
多级单层	是	否
多级多层	是	是

第 8 章介绍第 4～6 章中所介绍的理论在 FN 中更广泛的应用,特别是在几种基本类型的反馈型 FN 中的应用。

第 8 章

反馈型模糊网络

8.1 反馈型模糊网络概述

第 7 章仅对前馈型 FN 的基本运算与高级运算的应用进行了说明。这些示例阐明了上述运算及其特性在单层级 FN 或多层级 FN 中的应用。虽然这些网络可能结构复杂，但是也只假设它们含有前向连接。因此，需要根据连接方向扩展到更复杂的网络。

本章将介绍基本运算与高级运算在反馈型模糊网络（feedback fuzzy network）中的应用。反馈型 FN 中的一些连接是后向的，即从某个节点到同一层或前一层的节点。该反馈特性由相应 FN 图的左向箭头反映。此时，左向箭头表示将来自本节点的输出通过反馈节点（即反馈规则库）作为输入反馈给本节点或另一节点。

在分析和设计过程中，考虑了 4 种反馈型 FN。分析部分在前，设计部分在后。在分析过程中，所有的反馈与网络节点都是已知的，因此分析的目的是推导出单节点的公式来表示语言等效模糊系统。在设计过程中，其他反馈节点和所有网络节点已知，单个反馈节点未知。因此设计的目的是从已知的反馈节点、网络节点及等效单节点中推导出未知的反馈节点的算法。设计任务可很容易地扩展到具有多个未知反馈节点的情况。

4 种类型的反馈型 FN 表示 FN 的基础网格结构中单个（多个）局部（全局）反馈的网络拓扑。每种类型都用几个示例进行说明，这些示例主要以高度抽象的方框图和拓扑表达式呈现。FN 的这些形式模型是网络级的，它们都很容易在语言合成方法中执行高级运算。布尔矩阵仅在方框图、拓扑表达式及设计任务中隐式地用作形式模型。

虽然所有给出的示例仅针对节点数量较少的反馈型 FN，但可很容易地扩展到更高维度。这种扩展的唯一影响是，在分析中用于推导等效单节点的公式及在设计中用于推导未知反馈节点的算法复杂性会增加。

8.2 单个局部反馈网络

最简单的类型是具有单个局部反馈（single local feedback）的 FN。该网络只有一个节点，被只有一个反馈节点的反馈连接所包围。在这种情况下，反馈是单个的，因为它只出现一次。同时，反馈也是局部的，因为它只包围一个节点。当然，在该节点和其他节点之间、任何一对其他节点之间可存在任意数量的前馈连接。然而，由于存在反馈连接，因此任何前馈连接的存在都不会消除该型 FN 的反馈特性。

例 8.1

本例中的 FN 具有网络节点 N_{11}、N_{12} 和包围 N_{11} 的反馈节点 F_{11},其中 x_{11} 是 N_{11} 的输入,y_{12} 是 N_{12} 的输出,$z_{11,12}{}^{1,1}$ 是从 N_{11} 的第一输出到 N_{12} 的唯一输入的前馈连接,v_{11} 是到 F_{11} 的反馈连接部分,w_{11} 是来自 F_{11} 的反馈连接部分。该初始 FN 表示两个模糊系统构成的序列,可通过图 8.1 和式(8.1)中的拓扑表达式来描述。可看出,反馈连接包围第一层中的节点。

$$[N_{11}](x_{11},w_{11}|z_{11,12}{}^{1,1},v_{11}) * [N_{12}](z_{11,12}{}^{1,1}|y_{12}),[F_{11}](v_{11}|w_{11}) \tag{8.1}$$

反馈节点 F_{11} 为非恒等反馈连接。F_{11} 的输入和输出使用不同的变量名(即 v_{11} 和 w_{11})也暗示了这一点。为了将语言合成方法应用于 FN,需要在 FN 的基础网格结构的第二层中引入第二级,并将 F_{11} 移动到新网格单元中。

上述移动将初始 FN 转换为第一过渡 FN,将包围网络节点 N_{11} 的非恒等反馈连接表示为 N_{11} 和 F_{11} 之间的前馈连接 v_{11},以及包围 N_{11} 和 F_{11} 的恒等反馈连接 w_{11}。第一过渡 FN 可通过图 8.2 和式(8.2)中的拓扑表达式来描述。可看出,F_{11} 已经是与其他两个节点并列的前馈节点。

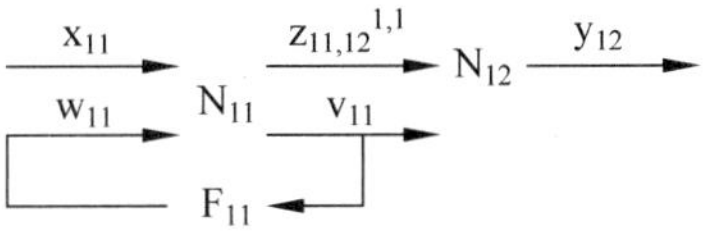

图 8.1　例 8.1 中的初始 FN 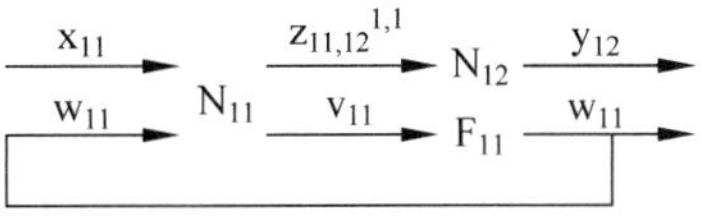　　　　图 8.2　例 8.1 中的第一过渡 FN

$$[N_{11}](x_{11},w_{11}|z_{11,12}{}^{1,1},v_{11}) * \{[N_{12}](z_{11,12}{}^{1,1}|y_{12}) + [F_{11}](v_{11}|w_{11})\} \tag{8.2}$$

第一过渡 FN 的节点 N_{12} 和 F_{11} 可垂直合并为临时节点 $N_{12}+F_{11}$。该临时节点可进一步与左侧节点 N_{11} 水平合并。以上合并运算将第一过渡 FN 转换为单节点形式的第二过渡 FN,通过替代节点 $N_{11}*(N_{12}+F_{11})$ 来反映节点 N_{11} 与 $N_{12}+F_{11}$ 的水平合并。第二过渡 FN 可通过图 8.3 和式(8.3)中的拓扑表达式来描述。可看出,恒等反馈连接包围该单节点。

$$[N_{11}*(N_{12}+F_{11})](x_{11},w_{11}|y_{12},w_{11}) \tag{8.3}$$

具有输入集$\{x_{11},w_{11}\}$和输出集$\{y_{12},w_{11}\}$的单节点 $N_{11}*(N_{12}+F_{11})$ 可进一步转换为具有等价反馈的单节点$(N_{11}*(N_{12}+F_{11}))^{EF}$,该节点具有输入集$\{x_{11},x^{EF}\}$和输出集$\{y_{12},y^{EF}\}$。该转换消除了恒等反馈,并使有反馈模糊系统等价于无反馈模糊系统。由此,第二过渡 FN 转换为最终 FN。该最终 FN 可通过图 8.4 和式(8.4)中的拓扑表达式来描述。可看出,节点不再被恒等反馈连接所包围。

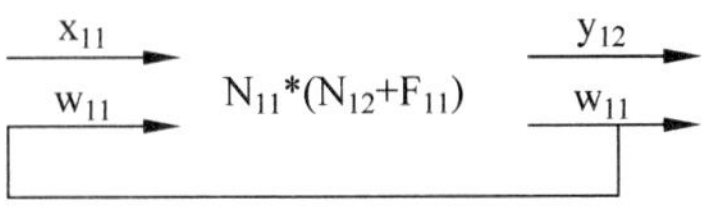

图 8.3　例 8.1 中的第二过渡 FN 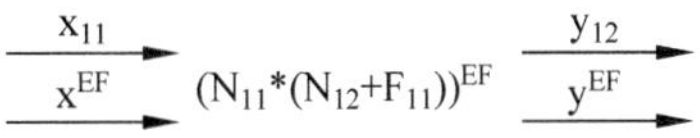　　　图 8.4　例 8.1 中的最终 FN

$$[(N_{11}*(N_{12}+F_{11}))^{EF}](x_{11},x^{EF}|y_{12},y^{EF}) \tag{8.4}$$

例 8.1 介绍了所有网络节点和反馈节点已知时的网络分析。在网络设计时,反馈节点是未知的。在这种情况下,算法 8.1 描述了当网络节点和等效单节点 N_E 已知时,依据图 8.1 推导出初始 FN 中未知反馈节点的过程。在这种情况下,节点 N_E 由式(8.5)中的布尔矩阵方程给出:

$$N_E = (N_{11} * (N_{12} + F_{11}))^{EF} \tag{8.5}$$

算法 8.1

1. 定义 N_E、N_{11} 与 N_{12}。
2. 如果可行,确认 N_E 满足反馈约束。
3. 令 N_E 等于式(8.5)中的 $N_{11} * (N_{12} + F_{11})$。
4. 如果可行,从式(8.5)中的 N_E 推导出 $N_{12} + F_{11}$。
5. 如果可行,从 $N_{12} + F_{11}$ 推导出 F_{11}。

例 8.2

本例中的 FN 具有网络节点 N_{11}、N_{12} 和包围 N_{12} 的反馈节点 F_{12},其中 x_{11} 是 N_{11} 的输入,y_{12} 是 N_{12} 的输出,$z_{11,12}^{1,1}$ 是从 N_{11} 的唯一输出到 N_{12} 的第一输入的前馈连接,v_{12} 是到 F_{12} 的部分反馈连接,w_{12} 是来自 F_{12} 的部分反馈连接。该初始 FN 表示两个模糊系统构成的序列,可通过图 8.5 和式(8.6)中的拓扑表达式来描述。可看出,第二层中的节点被反馈连接所包围。

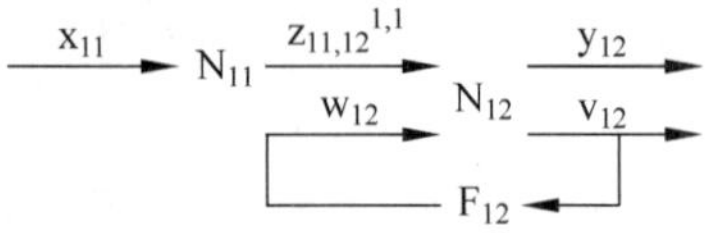

图 8.5 例 8.2 中的初始 FN

$$[N_{11}](x_{11} | z_{11,12}^{1,1}) * [N_{12}](z_{11,12}^{1,1}, w_{12} | y_{12}, v_{12}), [F_{12}](v_{12} | w_{12}) \tag{8.6}$$

反馈节点 F_{12} 为非恒等反馈连接。F_{12} 的输入和输出使用不同的变量名(即 v_{12} 与 w_{12})也暗示了这一点。为了将语言合成方法应用于初始 FN,需要在 FN 的基础网格结构的第三层中引入第二级,并将 F_{12} 移动到这个新的网格单元。还需要通过第三层向前传播 y_{12},并在第三层第一级中插入隐式恒节点 I_{13}。同样,需要通过第一层反向传播 w_{12},并在第一层第二级中插入隐式恒等节点 I_{21}。

上述移动和插入操作将初始 FN 转换为第一过渡 FN,将包含网络节点 N_{12} 的非恒等反馈连接表示为 N_{12} 与 F_{12} 之间的前馈连接 v_{12} 及包围 I_{21}、N_{12} 与 F_{12} 的恒等反馈连接 w_{12}。第一过渡 FN 可通过图 8.6 和式(8.7)中的拓扑表达式来描述。可看出,F_{12} 已经是与其他 4 个节点并列的前馈节点。

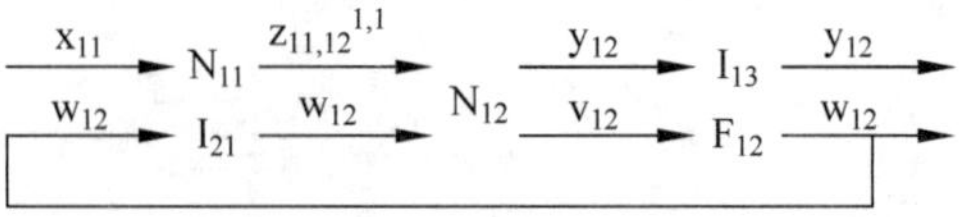

图 8.6 例 8.2 中的第一过渡 FN

$$\{[N_{11}](x_{11} | z_{11,12}{}^{1,1}) + [I_{21}](w_{12} | w_{12})\} * [N_{12}](z_{11,12}{}^{1,1}, w_{12} | y_{12}, v_{12}) * \quad (8.7)$$
$$\{[I_{13}](y_{12} | y_{12}) + [F_{12}](v_{12} | w_{12})\}$$

第一过渡 FN 的节点 N_{11} 和 I_{21} 可垂直合并为临时节点 $N_{11} + I_{21}$。类似地,第一过渡 FN 的节点 I_{13} 和 F_{12} 可垂直合并为另一临时节点 $I_{13} + F_{12}$。这两个临时节点可进一步水平合并,节点 N_{12} 位于中间。这些合并运算将第一过渡 FN 转换为单节点形式的第二过渡 FN,由此,用替代节点 $(N_{11} + I_{21}) * N_{12} * (I_{13} + F_{12})$ 来反映节点 $N_{11} + I_{21}$、N_{12} 与 $I_{13} + F_{12}$ 的水平合并。第二过渡 FN 可通过图 8.7 和式(8.8)中的拓扑表达式来描述。可看出,恒等反馈连接包围该单节点。

$$[(N_{11} + I_{21}) * N_{12} * (I_{13} + F_{12})](x_{11}, w_{12} | y_{12}, w_{12}) \quad (8.8)$$

具有输入集 $\{x_{11}, w_{12}\}$ 和输出集 $\{y_{12}, w_{12}\}$ 的单节点 $(N_{11} + I_{21}) * N_{12} * (I_{13} + F_{12})$ 可进一步转换为具有等价反馈的单节点 $((N_{11} + I_{21}) * N_{12} * (I_{13} + F_{12}))^{EF}$,该节点具有输入集 $\{x_{11}, x^{EF}\}$ 和输出集 $\{y_{12}, y^{EF}\}$。这种转换消除了恒等反馈,使有反馈模糊系统等价于无反馈模糊系统。至此,第二过渡 FN 转换为最终 FN。该最终 FN 可通过图 8.8 和式(8.9)中的拓扑表达式来描述。可看出,节点不再被恒等反馈连接所包围。

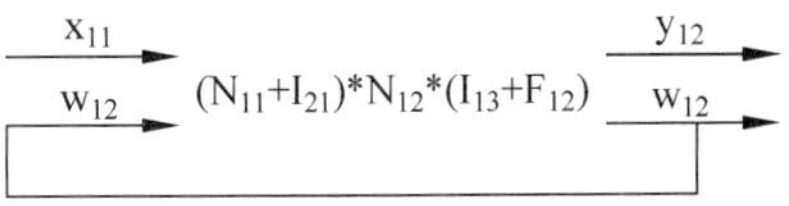

图 8.7 例 8.2 中的第二过渡 FN 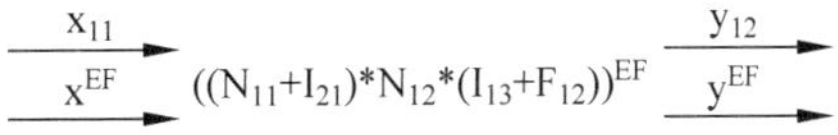   图 8.8 例 8.2 中的最终 FN

$$[((N_{11} + I_{21}) * N_{12} * (I_{13} + F_{12}))^{EF}](x_{11}, x^{EF} | y_{12}, y^{EF}) \quad (8.9)$$

例 8.2 介绍了所有网络节点和反馈节点已知时的网络分析。在网络设计中,反馈节点是未知的。在这种情况下,算法 8.2 描述了当网络节点和等效单节点 N_E 已知时,从图 8.5 中推导出初始 FN 中未知反馈节点的过程。在这种情况下,节点 N_E 由式(8.10)中的布尔矩阵方程给出:

$$N_E = ((N_{11} + I_{21}) * N_{12} * (I_{13} + F_{12}))^{EF} \quad (8.10)$$

算法 8.2

1. 定义 N_E、N_{11}、N_{12}、I_{21} 与 I_{13}。

2. 如果可行,确认 N_E 满足反馈约束。

3. 令 N_E 等于式(8.10)中的 $(N_{11} + I_{21}) * N_{12} * (I_{13} + F_{12})$。

4. 通过垂直合并 N_{11} 与 I_{21} 找到 $N_{11} + I_{21}$。

5. 通过水平合并 $N_{11} + I_{21}$ 与 N_{12} 找到 $(N_{11} + I_{21}) * N_{12}$。

6. 如果可行,从式(8.10)中的 N_E 推导出 $I_{13} + F_{12}$。

7. 如果可行,从 $I_{13} + F_{12}$ 推导出 F_{12}。

例 8.3

本例中的 FN 具有网络节点 N_{11}、N_{21} 及包围 N_{11} 的反馈节点 F_{11},其中 $x_{11,21}$ 是 N_{11} 和 N_{21} 的公共输入,y_{11} 是 N_{11} 的输出,y_{21} 是 N_{21} 的输出,v_{11} 是 F_{11} 的部分反馈连接,w_{11} 是 F_{11} 的部分反馈连接。该初始 FN 表示两个模糊系统构成的序列,可通过图 8.9 和式(8.11)

中的拓扑表达式来描述。可看出,反馈连接包围第一级的节点。

$$\lfloor N_{11} \rfloor (x_{11,21}, w_{11} \mid y_{11}, v_{11}) ; \lfloor N_{21} \rfloor (x_{11,21} \mid y_{21}), \lfloor F_{11} \rfloor (v_{11} \mid w_{11}) \qquad (8.11)$$

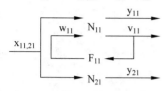

反馈节点 F_{11} 为非恒等反馈连接。F_{11} 的输入和输出使用不同的变量名(即 v_{11} 与 w_{11})也暗示了这一点。为了将语言合成方法应用于初始 FN,需要在 FN 的基础网格结构的第二层第一级中引入虚拟中间层,并将 F_{11} 移到这个新的网格单元中。还需通过第二层向前传播 y_{11},并在第二层第一级中插入隐式恒等节点 I_{12}。同样,需要通过第二层向前传

图 8.9　例 8.3 中的初始 FN

播 y_{21},并在第二层第二级中插入隐式恒等节点 I_{22}。

上述移动和插入操作将初始 FN 转换为第一过渡 FN,由此,包围网络节点 N_{11} 的非恒等反馈连接被表示成了 N_{11} 与 F_{11} 之间的前馈连接 v_{11} 及包围 N_{11} 与 F_{11} 的恒等反馈连接 w_{11}。第一过渡 FN 可通过图 8.10 和式(8.12)中的拓扑表达式来描述。可看出,F_{11} 已经是与其他 4 个节点并列的前馈节点。

$$\{\lfloor N_{11} \rfloor (x_{11,21}, w_{11} \mid y_{11}, v_{11}) * \{\lfloor I_{12} \rfloor (y_{11} \mid y_{11}) + \lfloor F_{11} \rfloor (v_{11} \mid w_{11})\}\} ; \qquad (8.12)$$
$$\{\lfloor N_{21} \rfloor (x_{11,21} \mid y_{21}) * \lfloor I_{22} \rfloor (y_{21} \mid y_{21})\}$$

第一过渡 FN 的节点 I_{12} 和 F_{11} 可垂直合并为临时节点 $I_{12}+F_{11}$。该临时节点可进一步与左侧节点 N_{11} 水平合并。同样,该 FN 的节点 N_{21} 和 I_{22} 可水平地合并为另一个临时节点 $N_{21}*I_{22}$。这些合并运算将第一过渡 FN 转换为具有两个节点的第二过渡 FN,用替代节点 $N_{11}*(I_{12}+F_{11})$ 来反映节点 N_{11} 与 $I_{12}+F_{11}$ 的水平合并。第二过渡 FN 可通过图 8.11 和式(8.13)中的拓扑表达式来描述。可看出,顶层节点被恒等反馈连接所包围。

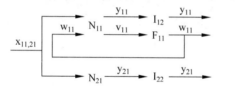

图 8.10　例 8.3 中的第一过渡 FN

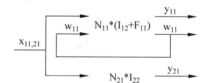

图 8.11　例 8.3 中的第二过渡 FN

$$\lfloor N_{11} * (I_{12} + F_{11}) \rfloor (x_{11,21}, w_{11} \mid y_{11}, w_{11}) ; \lfloor N_{21} * I_{22} \rfloor (x_{11,21} \mid y_{21}) \qquad (8.13)$$

具有输入集 $\{x_{11,21}, w_{11}\}$ 和输出集 $\{y_{11}, w_{11}\}$ 的顶部节点 $N_{11}*(I_{12}+F_{11})$ 可进一步转换为具有等价反馈的节点 $(N_{11}*(I_{12}+F_{11}))^{EF}$,该节点具有输入集 $\{x_{11,21}, x^{EF}\}$ 和输出集 $\{y_{11}, y^{EF}\}$。该转换消除了恒等反馈,使有反馈模糊子系统等价于无反馈模糊子系统。至此,第二过渡 FN 转换为第三过渡 FN。第三过渡 FN 可通过图 8.12 和式(8.14)中的拓扑表达式来描述。可看出,顶层节点不再被恒等反馈连接所包围。

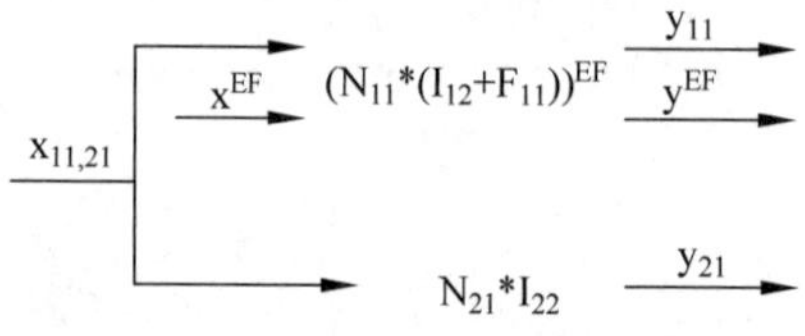

图 8.12　例 8.3 中的第三过渡 FN

$$\lfloor (N_{11} * (I_{12} + F_{11}))^{EF} \rfloor (x_{11,21}, x^{EF} \mid y_{11}, y^{EF}) ; \lfloor N_{21} * I_{22} \rfloor (x_{11,21} \mid y_{21}) \qquad (8.14)$$

为了合并第三过渡 FN 的节点$(N_{11} * (I_{12} + F_{11}))^{EF}$与$N_{21} * I_{22}$的输出,需要用输入$x^{EF}$扩充$N_{21} * I_{22}$的输入$x_{11,21}$。该扩充运算将第三过渡 FN 转换为两个节点全为公共输入的第四过渡 FN,第二节点$N_{21} * I_{22}$转换为具有输入集$\{x_{11,21}, x^{EF}\}$的节点$(N_{21} * I_{22})^{AI}$。第四过渡 FN 可通过图 8.13 和式(8.15)中的拓扑表达式来描述。可看出,底层节点含有扩充的输入。

$$[(N_{11} * (I_{12} + F_{11}))^{EF}](x_{11,21}, x^{EF} | y_{11}, y^{EF}) ; [(N_{21} * I_{22})^{AI}](x_{11,21}, x^{EF} | y_{21})$$

$$(8.15)$$

第四过渡 FN 的两个合成节点$(N_{11} * (I_{12} + F_{11}))^{EF}$和$(N_{21} * I_{22})^{AI}$可输出合并为等效单节点$(N_{11} * (I_{12} + F_{11}))^{EF}$;$(N_{21} * I_{22})^{AI}$。该合并运算后,第四过渡 FN 转换为最终 FN。该最终 FN 可通过图 8.14 和式(8.16)中的拓扑表达式描述。

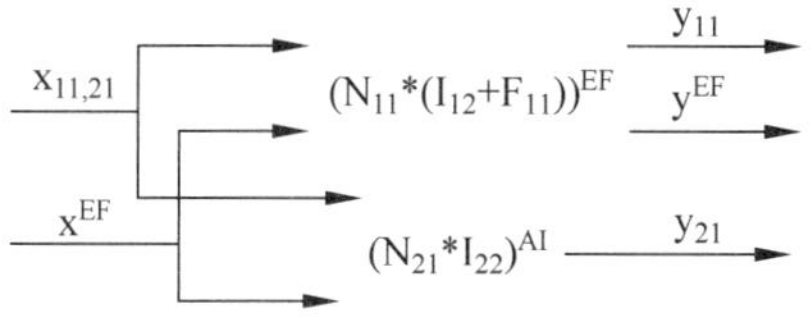

图 8.13　例 8.3 中的第四过渡 FN

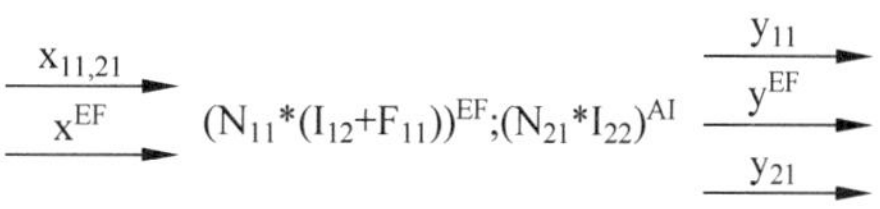

图 8.14　例 8.3 中的最终 FN

$$[(N_{11} * (I_{12} + F_{11}))^{EF} ; (N_{21} * I_{22})^{AI}](x_{11,21}, x^{EF} | y_{11}, y^{EF}, y_{21})$$

$$(8.16)$$

例 8.3 介绍了所有网络节点和反馈节点已知时的网络分析。在网络设计中,反馈节点是未知的。在这种情况下,算法 8.3 描述了当网络节点和等效单节点N_E已知时,依据图 8.9 推导出初始 FN 中未知反馈节点的过程。在这种情况下,节点N_E由式(8.17)中的布尔矩阵方程给出。

$$N_E = (N_{11} * (I_{12} + F_{11}))^{EF} ; (N_{21} * I_{22})^{AI}$$

$$(8.17)$$

算法 8.3

1. 定义N_E、N_{11}、N_{21}、I_{12}与I_{22}。

2. 通过垂直合并N_{21}与I_{22}找到$N_{21} * I_{22}$。

3. 通过输入扩充$N_{21} * I_{22}$找到$(N_{21} * I_{22})^{AI}$。

4. 如果可行,从式(8.17)中的N_E推导出$(N_{11} * (I_{12} + F_{11}))^{EF}$。

5. 如果可行,确认$(N_{11} * (I_{12} + F_{11}))^{EF}$满足反馈约束。

6. 用式(8.17)中的$N_{11} * (I_{12} + F_{11})$替换$(N_{11} * (I_{12} + F_{11}))^{EF}$。

7. 如果可行,从$N_{11} * (I_{12} + F_{11})$推导出$I_{12} + F_{11}$。

8. 如果可行,从$I_{12} + F_{11}$推导出F_{11}。

例 8.4

本例中的 FN 具有网络节点N_{11}、N_{21}及包围N_{21}的反馈节点F_{21},其中$x_{11,21}$是N_{11}与N_{21}的公共输入,y_{11}是N_{11}的输出,y_{21}是N_{21}的输出,v_{21}是到F_{21}的部分反馈连接,w_{21}是来自F_{21}的部分反馈连接。该初始 FN 表示两个模糊系统构成的序列,可通过图 8.15 和式(8.18)中的拓扑表达来描述。可看出,反馈连接包围第二级节点。

$$[N_{11}](x_{11,21}|y_{11}) * [N_{21}](x_{11,21}, w_{21}|y_{21}, v_{21}), [F_{21}](v_{21}|w_{21}) \tag{8.18}$$

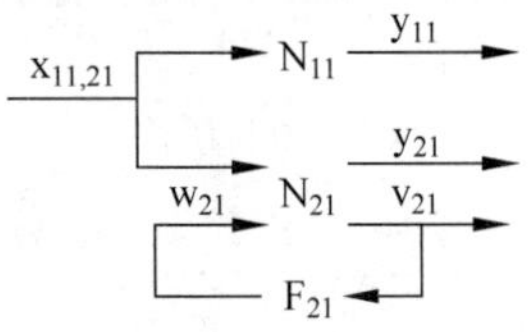

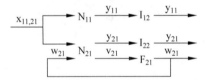

反馈节点 F_{21} 为非恒等反馈连接。F_{21} 的输入和输出使用不同的变量名（即 v_{21} 和 w_{21}）也暗示了这一点。为了将语言合成方法应用于初始 FN，需要在 FN 的基础网格结构的第二层第二级中引入虚拟中间级，并将 F_{21} 移动到这个新的网格单元。还

图 8.15　例 8.4 中的初始 FN

需要通过第二层向前传播 y_{11}，并在第二层第一级中插入隐式恒等节点 I_{12}。同样，需要通过第二层向前传播 y_{21}，并在第二层第二级中插入隐式恒等节点 I_{22}。

上述移动与插入操作将初始 FN 转换为第一过渡 FN，包围网络节点 N_{21} 的非恒等反馈连接被表示为 N_{21} 与 F_{21} 之间的前馈连接 v_{21} 及包围 N_{21} 与 F_{21} 的恒等反馈连接 w_{21}。第一过渡 FN 可通过图 8.16 和式(8.19)中的拓扑表达式来描述。可看出，F_{21} 已经是与其他 4 个节点并列的前馈节点。

$$\{[N_{11}](x_{11,21}|y_{11}) * [I_{12}](y_{11}|y_{11})\}; \tag{8.19}$$
$$\{[N_{21}](x_{11,21}, w_{21}|y_{21}, v_{21}) * \{[I_{22}](y_{21}|y_{21}) + [F_{21}](v_{21}|w_{21})\}\}$$

第一过渡 FN 的节点 I_{22} 与 F_{21} 可垂直合并为临时节点 $I_{22}+F_{21}$。该临时节点可进一步与左侧节点 N_{21} 水平合并。同样，该 FN 的节点 N_{11} 和 I_{12} 可水平地合并为临时节点 $N_{11}*I_{12}$。这些合并运算将第一过渡 FN 转换为具有两个节点的第二过渡 FN，用替代节点 $N_{21}*(I_{22}+F_{21})$ 来反映节点 N_{21} 与 $I_{22}+F_{21}$ 的水平合并。第二过渡 FN 可通过图 8.17 和式(8.20)中的拓扑表达式来描述。可看出，恒等反馈连接包围底层节点。

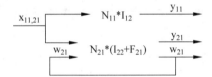

图 8.16　例 8.4 中的第一过渡 FN　　　　图 8.17　例 8.4 中的第二过渡 FN

$$[N_{11}*I_{12}](x_{11,21}|y_{11}); [N_{21}*(I_{22}+F_{21})](x_{11,21}, w_{21}|y_{21}, w_{21}) \tag{8.20}$$

具有输入集 $\{x_{11,21}, w_{21}\}$ 和输出集 $\{y_{21}, w_{21}\}$ 的底层节点 $N_{21}*(I_{22}+F_{21})$ 可进一步转换为具有等价反馈的节点 $(N_{21}*(I_{22}+F_{21}))^{EF}$，该节点具有输入集 $\{x_{11,21}, x^{EF}\}$ 和输出集 $\{y_{21}, y^{EF}\}$。该变换消除了恒等反馈，并使有反馈模糊子系统等价于无反馈模糊子系统。至此，第二过渡 FN 转换为第三过渡 FN。该第三过渡 FN 可通过图 8.18 和式(8.21)中的拓扑表达式来描述。可看出，恒等反馈连接不再包围底层节点。

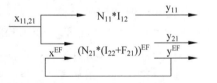

图 8.18　例 8.4 中的第三过渡 FN

$$[N_{11}*I_{12}](x_{11,21}|y_{11}); [(N_{21}*(I_{22}+F_{21}))^{EF}](x_{11,21}, x^{EF}|y_{21}, y^{EF}) \tag{8.21}$$

为了合并第三过渡 FN 的节点 $N_{11}*I_{12}$ 与 $(N_{21}*(I_{22}+F_{21}))^{EF}$ 的输出，需要用输入 x^{EF} 扩充 $N_{11}*I_{12}$ 的输入 $x_{11,21}$。该扩充运算将第三过渡 FN 转换为两个节点全为公共输入的第四过渡 FN，由此，第一节点 $N_{11}*I_{12}$ 转换为具有输入集 $\{x_{11,21}, x^{EF}\}$ 的节点 $(N_{11}*I_{12})^{AI}$。该第四过渡 FN 可通过图 8.19 和式(8.22)中的拓扑表达式来描述。可看出，顶层节点具有扩充的输入。

$$\left[(N_{11} * I_{12})^{AI}\right](x_{11,21}, x^{EF} | y_{11}) ; \left[(N_{21} * (I_{22} + F_{21}))^{EF}\right](x_{11,21}, x^{EF} | y_{21}, y^{EF})$$

$$(8.22)$$

第四过渡 FN 的两个节点 $(N_{11} * I_{12})^{AI}$ 与 $(N_{21} * (I_{22} + F_{21}))^{EF}$ 可输出合并为等效单节点 $(N_{11} * I_{12})^{AI}$；$(N_{21} * (I_{22} + F_{21}))^{EF}$。该合并运算后，第四过渡 FN 转换为最终 FN。最终 FN 可通过图 8.20 和式(8.23)中的拓扑表达式来描述。

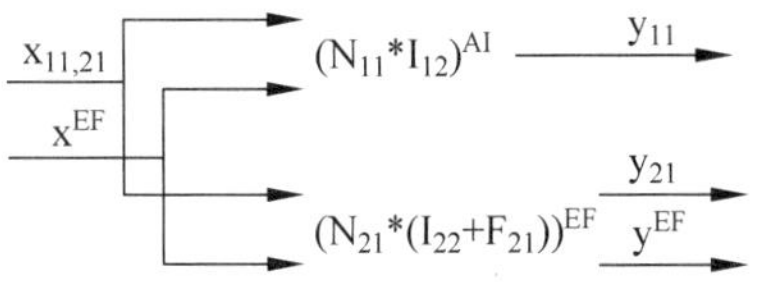

图 8.19 例 8.4 中的第四过渡 FN 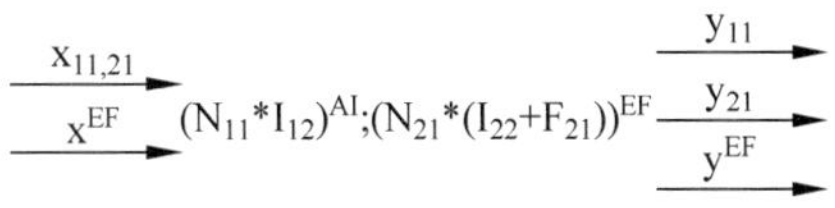   图 8.20 例 8.4 中的最终 FN

$$\left[(N_{11} * I_{12})^{AI} ; (N_{21} * (I_{22} + F_{21}))^{EF}\right](x_{11,21}, x^{EF} | y_{11}, y_{21}, y^{EF})$$

$$(8.23)$$

例 8.4 介绍了当所有网络节点和反馈节点已知时的网络分析。在网络设计中，反馈节点是未知的。在这种情况下，算法 8.4 描述了当网络节点和等效单节点 N_E 已知时，依据图 8.15 推导出初始 FN 中未知反馈节点的过程。在这种情况下，节点 N_E 由式(8.24)中的布尔矩阵方程给出：

$$N_E = (N_{11} * I_{12})^{AI} ; (N_{21} * (I_{22} + F_{21}))^{EF}$$

$$(8.24)$$

算法 8.4

1. 定义 N_E、N_{11}、N_{21}、I_{12} 与 I_{22}。

2. 通过垂直合并 N_{11} 与 I_{12} 找到 $N_{11} * I_{12}$。

3. 通过输入扩充 $N_{11} * I_{12}$ 找到 $(N_{11} * I_{12})^{AI}$。

4. 从式(8.24)中的 N_E 推导出 $(N_{21} * (I_{22} + F_{21}))^{EF}$。

5. 如果可行，确认 $(N_{21} * (I_{22} + F_{21}))^{EF}$ 满足反馈约束。

6. 用式(8.24)中的 $N_{21} * (I_{22} + F_{21})$ 替换 $(N_{21} * (I_{22} + F_{21}))^{EF}$。

7. 如果可行，从 $N_{21} * (I_{22} + F_{21})$ 推导出 $I_{22} + F_{21}$。

8. 如果可行，从 $I_{22} + F_{21}$ 推导出 F_{21}。

8.3 多重局部反馈网络

一种更复杂的 FN 类型是具有多重局部反馈(multiple local feedback)的 FN。该类型网络具有至少两个由独立的反馈连接所包围的节点，每个连接中均有反馈节点。在这种情况下，反馈是多重的，因为它出现了多次；同时它也是局部的，因为每个反馈连接只包围一个节点。在该节点和任何其他节点之间，以及任何一对其他节点之间可存在任意数量的前馈连接。由于存在反馈连接，因此任何前馈连接的存在都不会消除该类型 FN 的反馈特性。

例 8.5

本例中的 FN 具有网络节点 N_{11}、N_{12}、包围 N_{11} 的反馈节点 F_{11} 及包围 N_{12} 的反馈节

点 F_{12}，其中 x_{11} 是 N_{11} 的输入，y_{12} 是 N_{12} 的输出，$z_{11,12}{}^{1,1}$ 是从 N_{11} 的第一输出到 N_{12} 的第一输入的前馈连接，v_{11} 是到 F_{11} 的部分反馈连接，v_{12} 是 F_{12} 的部分反馈连接，w_{12} 是 F_{12} 的部分反馈连接。该初始 FN 表示由两个模糊系统构成的序列，可通过图 8.21 和式（8.25）中的拓扑表达式来描述。可看出，每层中的节点都被一个独立的反馈连接所包围。

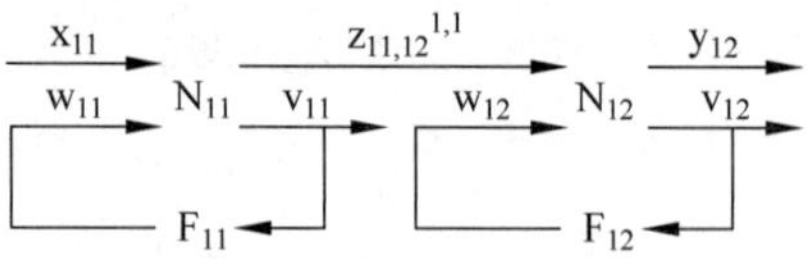

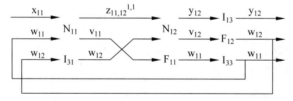

图 8.21　例 8.5 中的初始 FN

$$[N_{11}](x_{11}, w_{11} | z_{11,12}{}^{1,1}, v_{11}) * [N_{12}](z_{11,12}{}^{1,1}, w_{12} | y_{12}, v_{12}), \tag{8.25}$$
$$[F_{11}](v_{11} | w_{11}), [F_{12}](v_{12} | w_{12})$$

反馈节点 F_{11} 和 F_{12} 为非恒等反馈连接。F_{11} 和 F_{12} 的输入和输出（即 v_{11}、w_{11} 与 v_{12}、w_{12}）使用不同的变量名称也暗示了这一点。为了将语言合成方法应用于初始 FN，需要在 FN 的基础网格结构的第三层中引入第二级，并将 F_{12} 移动到这个新的网格单元。还需要通过第三层向前传播 y_{12}，并在第三层第一级中插入隐式恒等节点 I_{13}。此外，还需要在 FN 的基础网格结构的第二层中引入第三级，并将 F_{11} 移动到这个新的网格单元。还需要通过第三层向前传播 w_{11}，并在第三层第三级中插入隐式恒等节点 I_{33}。同样，需要通过第一层向后传播 w_{12}，并在第一层第三级中插入隐式恒等节点 I_{31}。

上述移动和插入操作将初始 FN 转换为第一过渡 FN，将包围网络节点 N_{11} 的非恒等反馈连接表示为 N_{11} 与 F_{11} 之间的前馈连接 v_{11} 及包围 N_{11}、F_{11} 与 I_{33} 的恒等反馈连接 w_{11}。此外，包围网络节点 N_{12} 的非恒等反馈连接被表示为 N_{12} 与 F_{12} 之间的前馈连接 v_{12} 及包围 I_{31}、N_{12} 与 F_{12} 的恒等反馈连接 w_{12}。

第一过渡 FN 可通过图 8.22 和式（8.6）中的拓扑表达式来描述。可看出，F_{11} 和 F_{12} 已经是与其他 5 个节点并列的前馈节点。

图 8.22　例 8.5 中的第一过渡 FN

$$\{[N_{11}](x_{11}, w_{11} | z_{11,12}{}^{1,1}, v_{11}) + [I_{31}](w_{12} | w_{12})\} * \tag{8.26}$$
$$\{[N_{12}](z_{11,12}{}^{1,1}, w_{12} | y_{12}, v_{12}) + [F_{11}](v_{11} | w_{11})\} *$$
$$\{[I_{13}](y_{12} | y_{12}) + [F_{12}](v_{12} | w_{12}) + [I_{33}](w_{11} | w_{11})\}$$

第一过渡 FN 的节点 N_{11} 和 I_{31} 可垂直合并为临时节点 $N_{11} + I_{31}$。类似地，该过渡 FN 的节点 N_{12} 和 F_{11} 可垂直合并为第二临时节点 $N_{12} + F_{11}$，而节点 I_{13}、F_{12} 与 I_{33} 可垂直合并为第三临时节点 $I_{13} + F_{12} + I_{33}$。第二过渡 FN 可通过图 8.23 和式（8.27）中的拓扑表达式来描述。可看出，3 个节点被同一反馈连接所包围，第一节点和第二节点之间的一些前馈连接有交叉。

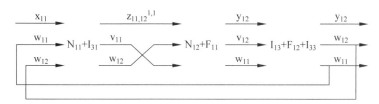

图 8.23 例 8.5 中的第二过渡 FN

$$[N_{11} + I_{31}] (x_{11}, w_{11}, w_{12} | z_{11,12}^{1,1}, v_{11}, w_{12}) * \tag{8.27}$$

$$[N_{12} + F_{11}] (z_{11,12}^{1,1}, w_{12}, v_{11} | y_{12}, v_{12}, w_{11}) *$$

$$[I_{13} + F_{12} + I_{33}] (y_{12}, v_{12}, w_{11} | y_{12}, w_{12}, w_{11})$$

为了水平合并第二过渡 FN 的节点 $N_{11} + I_{31}$ 与 $N_{12} + F_{11}$，需要对 $N_{11} + I_{31}$ 的输出 v_{11} 与 w_{12} 进行置换。该置换运算将第二过渡 FN 转换为第三过渡 FN，将第一节点 $N_{11} + I_{31}$ 转换为节点 $(N_{11} + I_{31})^{PO}$。该第三过渡 FN 可通过图 8.24 和式(8.28)中的拓扑表达式来描述。可看出，所有前馈连接都已并行。

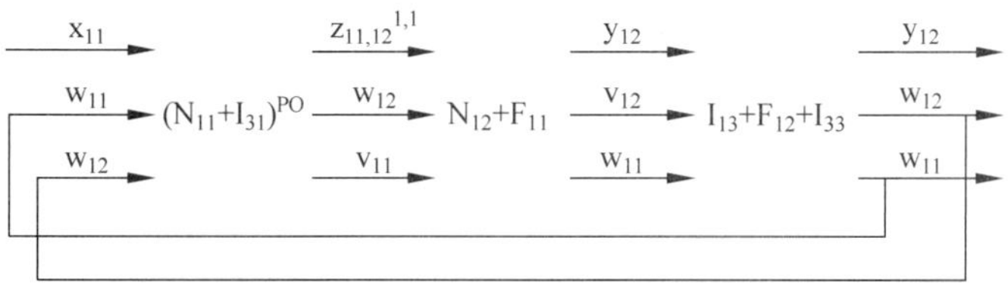

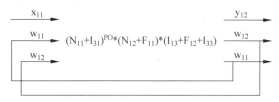

图 8.24 例 8.5 中的第三过渡 FN

$$[(N_{11} + I_{31})^{PO}] (x_{11}, w_{11}, w_{12} | z_{11,12}^{1,1}, w_{12}, v_{11}) * \tag{8.28}$$

$$[N_{12} + F_{11}] (z_{11,12}^{1,1}, w_{12}, v_{11} | y_{12}, v_{12}, w_{11}) *$$

$$[I_{13} + F_{12} + I_{33}] (y_{12}, v_{12}, w_{11} | y_{12}, w_{12}, w_{11})$$

第三过渡 FN 的 3 个合成节点 $(N_{11} + I_{31})^{PO}$、$N_{12} + F_{11}$ 与 $I_{13} + F_{12} + I_{33}$ 可水平合并为等效单节点 $(N_{11} + I_{31})^{PO} * (N_{12} + F_{11}) * (I_{13} + F_{12} + I_{33})$。经过该合并运算后，第三过渡 FN 转换为第四过渡 FN。该第四过渡 FN 可通过图 8.25 和式(8.29)中的拓扑表达式来描述。可看出，恒等反馈连接包围该等效单节点。

图 8.25 例 8.5 中的第四过渡 FN

$$[(N_{11} + I_{31})^{PO} * (N_{12} + F_{11}) * (I_{13} + F_{12} + I_{33})] (x_{11}, w_{11}, w_{12} | y_{12}, w_{12}, w_{11}) \tag{8.29}$$

具有输入集 $\{x_{11}, w_{11}, w_{12}\}$ 和输出集 $\{y_{12}, w_{12}, w_{11}\}$ 的节点 $(N_{11} + I_{31})^{PO} * (N_{12} + F_{11}) * (I_{13} + F_{12} + I_{33})$ 可进一步转换为具有等价反馈的节点 $((N_{11} + I_{31})^{PO} * (N_{12} + F_{11}) * (I_{13} + F_{12} + I_{33}))^{FE}$，其具有输入集 $\{x_{11}, x_1^{FE}, x_2^{FE}\}$ 和输出集 $\{y_{12}, y_2^{FE}, y_1^{FE}\}$。该转换消除了两个恒等反馈，使有反馈模糊系统等价于无反馈模糊子系统。至此，第四过渡 FN 转

换为最终 FN。该最终 FN 可通过图 8.26 和式(8.30)中的拓扑表达式来描述。可看出，该节点不再被恒等反馈连接所包围。

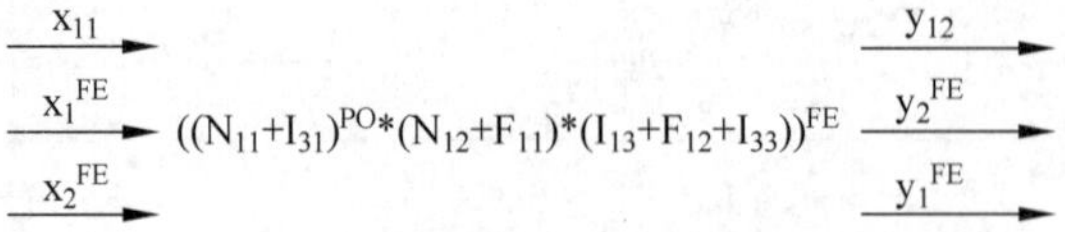

$$\xrightarrow{\ x_{11}\ }$$
$$\xrightarrow{\ x_1{}^{FE}\ }\quad ((N_{11}+I_{31})^{PO}*(N_{12}+F_{11})*(I_{13}+F_{12}+I_{33}))^{FE}\quad$$
$$\xrightarrow{\ x_2{}^{FE}\ }$$
$$\xrightarrow{\ y_{12}\ }$$
$$\xrightarrow{\ y_2{}^{FE}\ }$$
$$\xrightarrow{\ y_1{}^{FE}\ }$$

图 8.26   例 8.5 中的最终 FN

$$[((N_{11}+I_{31})^{PO}*(N_{12}+F_{11})*(I_{13}+F_{12}+I_{33}))^{FE}] \tag{8.30}$$
$$(x_{11},x_1{}^{FE},x_2{}^{FE}\,|\,y_{12},y_2{}^{FE},y_1{}^{FE})$$

例 8.5 介绍了当所有网络节点和反馈节点都已知时的网络分析。在网络设计中，至少有一个反馈节点是未知的。在这种背景下，算法 8.5 和算法 8.6 描述了当网络节点、一个反馈节点及等效单节点 N_E 已知时，依据图 8.21 推导出初始 FN 中未知反馈节点的过程。在这种情况下，节点 N_E 由式(8.31)中的布尔矩阵方程给出。

$$N_E=((N_{11}+I_{31})^{PO}*(N_{12}+F_{11})*(I_{13}+F_{12}+I_{33}))^{FE} \tag{8.31}$$

算法 8.5

1. 定义 N_E、N_{11}、N_{12}、I_{31}、I_{13}、I_{33} 与 F_{12}。

2. 如果可行，确认 N_E 满足反馈约束。

3. 令 N_E 等于式(8.31)中的 $(N_{11}+I_{31})^{PO}*(N_{12}+F_{11})*(I_{13}+F_{12}+I_{33})$。

4. 通过垂直合并 N_{11} 与 I_{31} 找到 $N_{11}+I_{31}$。

5. 通过输出置换 $N_{11}+I_{31}$ 找到 $(N_{11}+I_{31})^{PO}$。

6. 通过垂直合并 I_{13}、F_{12} 与 I_{33} 找到 $I_{13}+F_{12}+I_{33}$。

7. 如果可行，从式(8.31)中的 N_E 推导出 $N_{12}+F_{11}$。

8. 如果可行，从 $N_{12}+F_{11}$ 推导出 F_{11}。

算法 8.6

1. 定义 N_E、N_{11}、N_{12}、I_{31}、I_{13}、I_{33} 与 F_{11}。

2. 如果可行，确认 N_E 满足反馈约束。

3. 令 N_E 等于式(8.31)中的 $(N_{11}+I_{31})^{PO}*(N_{12}+F_{11})*(I_{13}+F_{12}+I_{33})$。

4. 通过垂直合并 N_{11} 与 I_{31} 找到 $N_{11}+I_{31}$。

5. 通过输出置换 $N_{11}+I_{31}$ 找到 $(N_{11}+I_{31})^{PO}$。

6. 通过垂直合并 N_{12} 与 F_{11} 找到 $N_{12}+F_{11}$。

7. 通过水平合并 $(N_{11}+I_{31})^{PO}$ 与 $(N_{12}+F_{11})$ 找到 $(N_{11}+I_{31})^{PO}*(N_{12}+F_{11})$。

8. 如果可行，从式(8.31)中的 N_E 推导出 $I_{13}+F_{12}+I_{33}$。

9. 如果可行，从 $I_{13}+F_{12}+I_{33}$ 推导出 F_{12}。

例 8.6

本例中的 FN 具有网络节点 N_{11}、N_{21}、包围 N_{11} 的反馈节点 F_{11} 及包围 N_{21} 的反馈节

点 F_{21}，其中 $x_{11,21}$ 是 N_{11} 与 N_{21} 的公共输入，y_{11} 是 N_{11} 的输出，y_{21} 是 N_{21} 的输出，v_{11} 是到 F_{11} 的部分反馈连接，w_{11} 是来自 F_{11} 的部分反馈连接；v_{21} 是到 F_{21} 的部分反馈连接，w_{21} 是来自 F_{21} 的部分反馈连接。该初始 FN 表示两个模糊系统构成的序列，可通过图 8.27 和式(8.32)中的拓扑表达式来描述。可看出，每级中的节点都被独立的反馈所包围。

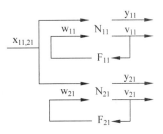

图 8.27 例 8.6 中的初始 FN

$$[N_{11}](x_{11,21},w_{11}|y_{11},v_{11})\,；\,[N_{21}](x_{11,21},w_{21}|y_{21},v_{21})，\tag{8.32}$$
$$[F_{11}](v_{11}|w_{11})，[F_{21}](v_{21}|w_{21})$$

反馈节点 F_{11} 和 F_{21} 为非恒等反馈连接。F_{11} 和 F_{21} 的输入和输出（即 v_{11}、w_{11} 和 v_{21}、w_{21}）使用不同的变量名也暗示了这一点。为了将语言合成方法应用于初始 FN，需要在 FN 的基础网格结构的第二层第一级中引入虚拟中间级，并将 F_{11} 移动到该新网格单元。除此之外，需要通过第二层向前传播 y_{11}，并在第二层第一级中插入隐式恒等节点 I_{12}；通过第二层向前传播 y_{21}，并在第二层第二级中插入隐式恒等节点 I_{22}。

上述移动和插入操作将初始 FN 转换为第一过渡 FN。在这种情况下，包围网络节点 N_{11} 的非恒等反馈连接被表示为 N_{11} 与 F_{11} 之间的前馈连接 v_{11} 及包围 N_{11} 与 F_{11} 的恒等反馈连接 w_{11}。而包围网络节点 N_{21} 的非恒等反馈连接被表示为 N_{21} 与 F_{21} 之间的前馈连接 v_{21} 及包围 N_{21} 与 F_{21} 的恒等反馈连接 w_{21}。第一过渡 FN 可通过图 8.28 和式(8.33)中的拓扑表达式来描述。可看出，F_{11} 和 F_{21} 已是与其他 4 个节点并列的前馈节点。

$$\{[N_{11}](x_{11,21},w_{11}|y_{11},v_{11})*\{[I_{12}](y_{11}|y_{11})+[F_{11}](v_{11}|w_{11})\}\}\,；\tag{8.33}$$
$$\{[N_{21}](x_{11,21},w_{21}|y_{21},v_{21})*\{[I_{22}](y_{21}|y_{21})+[F_{21}](v_{21}|w_{21})\}\}$$

第一过渡 FN 的节点 I_{12} 和 F_{11} 可垂直合并为临时节点 $I_{12}+F_{11}$。该临时节点可进一步与左侧节点 N_{11} 水平合并。同样，该 FN 的节点 I_{22} 和 F_{21} 可垂直合并为临时节点 $I_{22}+F_{21}$。该临时节点可进一步与左侧节点 N_{21} 水平合并。这些合并运算将第一过渡 FN 转换为具有两个节点的第二过渡 FN，用替代节点 $N_{11}*(I_{12}+F_{11})$ 来反映节点 N_{11} 与 $I_{12}+F_{11}$ 的水平合并，并用替代节点 $N_{21}*(I_{22}+F_{21})$ 来反映节点 N_{21} 与 $I_{22}+F_{21}$ 的水平合并。第二过渡 FN 可通过图 8.29 和式(8.34)中的拓扑表达式来描述。可看出，两个节点分别被独立的恒等反馈连接所包围。

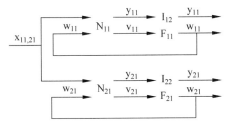

图 8.28 例 8.6 中的第一过渡 FN

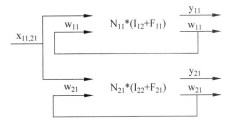

图 8.29 例 8.6 中的第二过渡 FN

$$[N_{11}*(I_{12}+F_{11})](x_{11,21},w_{11}|y_{11},w_{11})\,；\tag{8.34}$$
$$[N_{21}*(I_{22}+F_{21})](x_{11,21},w_{21}|y_{21},w_{21})$$

具有输入集 $\{x_{11,21},w_{11}\}$ 和输出集 $\{y_{11},w_{11}\}$ 的顶部节点 $N_{11}*(I_{12}+F_{11})$ 可进一步转

换为具有等价反馈的节点$(N_{11} * (I_{12} + F_{11}))^{EF}$,该节点具有输入集$\{x_{11,21}, x_1{}^{EF}\}$和输出集$\{y_{11}, y_1{}^{EF}\}$。类似地,具有输入集$\{x_{11,21}, w_{21}\}$和输出集$\{y_{21}, w_{21}\}$的底层节点$N_{21} * (I_{22} + F_{21})$可进一步转换为具有等价反馈的节点$(N_{21} * (I_{22} + F_{21}))^{EF}$,该节点具有输入集$\{x_{11,21}, x_2{}^{EF}\}$和输出集$\{y_{21}, y_2{}^{EF}\}$。这些变换消除了恒等反馈,使有反馈模糊子系统等价于无反馈模糊系统。至此,第二过渡 FN 转换为第三过渡 FN,第三过渡 FN 可通过图 8.30 和式(8.35)中的拓扑表达式来描述。可看出,两个节点不再被恒等反馈连接所包围。

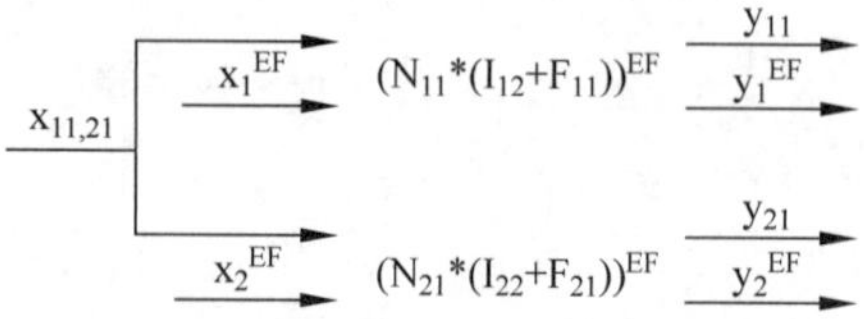

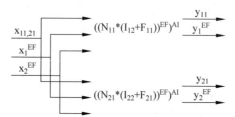

图 8.30　例 8.6 中的第三过渡 FN

$$\left[(N_{11} * (I_{12} + F_{11}))^{EF}\right] (x_{11,21}, x_1{}^{EF} | y_{11}, y_1{}^{EF}) ; \tag{8.35}$$
$$\left[(N_{21} * (I_{22} + F_{21}))^{EF}\right] (x_{11,21}, x_2{}^{EF} | y_{21}, y_2{}^{EF})$$

为了合并第三过渡 FN 的节点$((N_{11} * (I_{12} + F_{11}))^{EF}$与$(N_{21} * (I_{22} + F_{21}))^{EF}$的输出,需要用输入$x_1{}^{EF}$与$x_2{}^{EF}$扩充输入$x_{11,21}$。该扩充运算将第三过渡 FN 转换为具有两个节点均为公共输入的第四过渡 FN,将顶部节点$(N_{11} * (I_{12} + F_{11}))^{EF}$转换为具有输入集$\{x_{11,21}, x_1{}^{EF}, x_2{}^{EF}\}$的节点$((N_{11} * (I_{12} + F_{11}))^{EF})^{AI}$,将底部节点$(N_{21} * (I_{22} + F_{21}))^{EF}$转换为具有相同输入集的节点$((N_{21} * (I_{22} + F_{21}))^{EF})^{AI}$。第四过渡 FN 可通过图 8.31 和式(8.36)中的拓扑表达式来描述。可看出,两个节点具有扩充的输入。

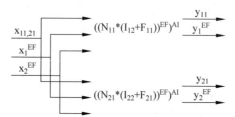

图 8.31　例 8.6 中的第四过渡 FN

$$\left[((N_{11} * (I_{12} + F_{11}))^{EF})^{AI}\right] (x_{11,21}, x_1{}^{EF}, x_2{}^{EF} | y_{11}, y_1{}^{EF}) ; \tag{8.36}$$
$$\left[((N_{21} * (I_{22} + F_{21}))^{EF})^{AI}\right] (x_{11,21}, x_1{}^{EF}, x_2{}^{EF} | y_{21}, y_2{}^{EF})$$

第四过渡 FN 的两个节点$((N_{11} * (I_{12} + F_{11}))^{EF})^{AI}$与$((N_{21} * (I_{22} + F_{21}))^{EF})^{AI}$可输出合并为等效单节点$((N_{11} * (I_{12} + F_{11}))^{EF})^{AI}$;$((N_{21} * (I_{22} + F_{21}))^{EF})^{AI}$。经该合并运算后,第四过渡 FN 转换为最终 FN。最终 FN 可通过图 8.32 和式(8.37)中的拓扑表达式来描述。

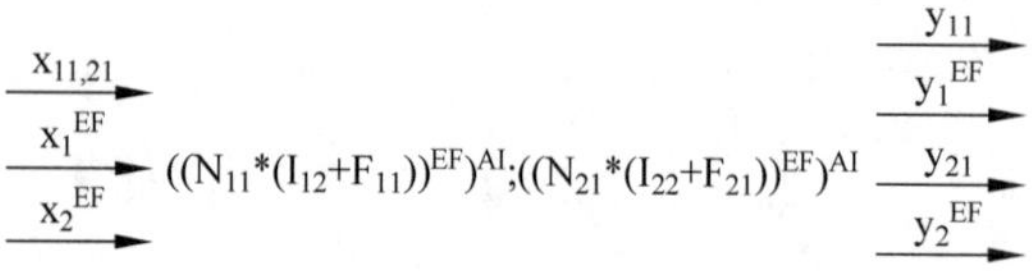

图 8.32　例 8.6 中的最终 FN

$$[((N_{11} * (I_{12} + F_{11}))^{EF})^{AI}; ((N_{21} * (I_{22} + F_{21}))^{EF})^{AI}] \qquad (8.37)$$

$$(x_{11,21}, x_1^{EF}, x_2^{EF} | y_{11}, y_1^{EF}, y_{21}, y_2^{EF})$$

例 8.6 介绍了当所有网络和反馈节点都已知时的网络分析。在网络设计中,至少有一个反馈节点是未知的。在这种情况下,算法 8.7~算法 8.8 描述了当网络节点、某个反馈节点和等效单节点 N_E 已知时,依据图 8.27 推导出初始 FN 中未知反馈节点的过程。在这种情况下,节点 N_E 由式(8.38)中的布尔矩阵方程给出。

$$N_E = ((N_{11} * (I_{12} + F_{11}))^{EF})^{AI}; ((N_{21} * (I_{22} + F_{21}))^{EF})^{AI} \qquad (8.38)$$

算法 8.7

1. 定义 N_E、N_{11}、N_{21}、I_{12}、I_{22} 与 F_{21}。

2. 通过垂直合并 I_{22} 与 F_{21} 找到 $I_{22} + F_{21}$。

3. 通过水平合并 N_{21} 与 $I_{22} + F_{21}$ 找到 $N_{21} * (I_{22} + F_{21})$。

4. 如果可行,确认 $(N_{21} * (I_{22} + F_{21}))^{EF}$ 满足反馈约束。

5. 用式(8.38)中的 $N_{21} * (I_{22} + F_{21})$ 替换 $(N_{21} * (I_{22} + F_{21}))^{EF}$。

6. 通过输入扩充 $N_{21} * (I_{22} + F_{21})$ 找到 $(N_{21} * (I_{22} + F_{21}))^{AI}$。

7. 如果可行,从式(8.38)中的 N_E 推导出 $((N_{11} * (I_{12} + F_{11}))^{EF})^{AI}$。

8. 通过 $((N_{11} * (I_{12} + F_{11}))^{EF})^{AI}$ 的输入扩充逆运算找到 $(N_{11} * (I_{12} + F_{11}))^{EF}$。

9. 如果可行,确认 $(N_{11} * (I_{12} + F_{11}))^{EF}$ 满足反馈约束。

10. 用式(8.38)中的 $N_{11} * (I_{12} + F_{11})$ 替换 $(N_{11} * (I_{12} + F_{11}))^{EF}$。

11. 如果可行,从 $N_{11} * (I_{12} + F_{11})$ 推导出 $I_{12} + F_{11}$。

12. 如果可行,从 $I_{12} + F_{11}$ 推导出 F_{11}。

算法 8.8

1. 定义 N_E、N_{11}、N_{21}、I_{12}、I_{22} 与 F_{11}。

2. 通过垂直合并 I_{12} 与 F_{11} 找到 $I_{12} + F_{11}$。

3. 通过水平合并 N_{11} 与 $I_{12} + F_{11}$ 找到 $N_{11} * (I_{12} + F_{11})$。

4. 如果可行,确认 $(N_{11} * (I_{12} + F_{11}))^{EF}$ 满足反馈约束。

5. 用式(8.38)中的 $N_{11} * (I_{12} + F_{11})$ 替换 $(N_{11} * (I_{12} + F_{11}))^{EF}$。

6. 通过输入扩充 $N_{11} * (I_{12} + F_{11})$ 找到 $(N_{11} * (I_{12} + F_{11}))^{AI}$。

7. 如果可行,从式(8.38)中的 N_E 推导出 $((N_{21} * (I_{22} + F_{21}))^{EF})^{AI}$。

8. 通过 $((N_{21} * (I_{22} + F_{21}))^{EF})^{AI}$ 的输入扩充逆运算找到 $(N_{21} * (I_{22} + F_{21}))^{EF}$。

9. 如果可行,确认 $(N_{21} * (I_{22} + F_{21}))^{EF}$ 满足反馈约束。

10. 用式(8.38)中的 $N_{21} * (I_{22} + F_{21})$ 替换 $(N_{21} * (I_{22} + F_{21}))^{EF}$。

11. 如果可行,从 $N_{21} * (I_{22} + F_{21})$ 推导出 $I_{22} + F_{21}$。

12. 如果可行,从 $I_{22} + F_{21}$ 推导出 F_{21}。

8.4　单个全局反馈网络

另一种相对简单的 FN 类型是具有单个全局反馈(single global feedback)的 FN。该网络的反馈连接至少包围两个节点,该连接具有单个反馈节点。在这种情况下,反馈是单一的,因为它只出现一次,但它具有全局性,因为包围多个节点。这些节点与任何其他节点之间及任何一对其他节点之间可存在任意数量的前馈连接。然而,由于存在反馈连接,任何前馈连接的存在都不会消除该类型 FN 的反馈特性。

例 8.7

本例中的 FN 具有网络节点 N_{11}、N_{12} 以及包围 N_{11} 与 N_{12} 的反馈节点 $F_{12,11}$,其中 x_{11} 是 N_{11} 的输入,y_{12} 是 N_{12} 的输出,$z_{11,12}{}^{1,1}$ 是从 N_{11} 的唯一输出到 N_{12} 的唯一输入的前馈连接,$v_{12,11}$ 是到 $F_{12,11}$ 的反馈连接,$w_{12,11}$ 是来自 $F_{12,11}$ 的部分反馈连接。该初始 FN 表示由两个模糊系统构成的序列,可通过图 8.33 和式(8.39)中的拓扑表达式来描述。可看出,反馈连接包围同一级中的两个节点。

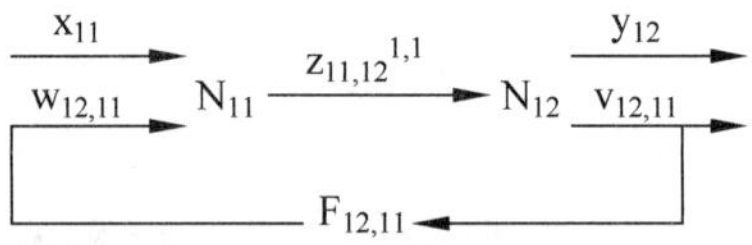

$$\xrightarrow{x_{11}}$$
$$\xrightarrow{w_{12,11}} N_{11} \xrightarrow{z_{11,12}{}^{1,1}} N_{12} \begin{array}{c} y_{12} \\ v_{12,11} \end{array}$$
$$\text{——————} F_{12,11} \text{——————}$$

图 8.33　例 8.7 中的初始 FN

$$[N_{11}](x_{11}, w_{12,11} | z_{11,12}{}^{1,1}) * [N_{12}](z_{11,12}{}^{1,1} | y_{12}, v_{12,11}), [F_{12,11}](v_{12,11} | w_{12,11}) \tag{8.39}$$

反馈节点 $F_{12,11}$ 为非恒等反馈连接。$F_{12,11}$ 的输入和输出(即 $v_{12,11}$ 与 $w_{12,11}$)使用了不同的变量名也暗示了这一点。为了将语言合成方法应用于初始 FN,需要在 FN 的基础网格结构的第三层中引入第二级,并将 $F_{12,11}$ 移动到这个新的网格单元。还需要通过第三层向前传播 y_{12},并在第三层第一级中插入隐式恒等节点 I_{13}。

上述移动和插入操作将初始 FN 转换为第一过渡 FN,将包围网络节点 N_{11} 与 N_{12} 的非恒等反馈连接表示为 N_{12} 与 $F_{12,11}$ 之间的前馈连接 $v_{12,11}$ 以及包围 N_{11}、N_{12} 与 $F_{12,11}$ 的恒等反馈连接 $w_{12,11}$。该第一过渡 FN 可通过图 8.34 和式(8.40)中的拓扑表达式来描述。可看出,$F_{12,11}$ 已经是与其他 3 个节点并列的前馈节点。

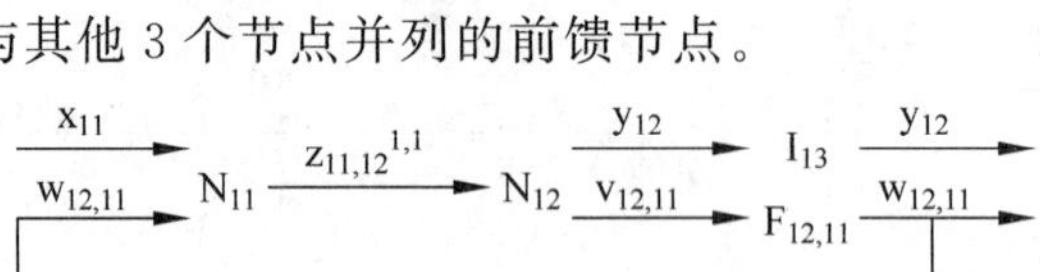

$$\xrightarrow{x_{11}}$$
$$\xrightarrow{w_{12,11}} N_{11} \xrightarrow{z_{11,12}{}^{1,1}} N_{12} \begin{array}{c} y_{12} \\ v_{12,11} \end{array} I_{13} \xrightarrow{y_{12}}$$
$$F_{12,11} \xrightarrow{w_{12,11}}$$

图 8.34　例 8.7 中的第一过渡 FN

$$[N_{11}](x_{11}, w_{12,11} | z_{11,12}{}^{1,1}) * [N_{12}](z_{11,12}{}^{1,1} | y_{12}, v_{12,11}) * \tag{8.40}$$
$$\{[I_{13}](y_{12} | y_{12}) + [F_{12,11}](v_{12,11} | w_{12,11})\}$$

第一过渡 FN 的节点 I_{13} 和 $F_{12,11}$ 可垂直合并为临时节点 $I_{13} + F_{12,11}$。该临时节点可进一步与左侧节点 N_{11}、N_{12} 水平合并。这些合并运算将第一过渡 FN 转换为具有等效单节点的第二过渡 FN,用替代节点 $N_{11} * N_{12} * (I_{13} + F_{12,11})$ 来反映节点 N_{11}、N_{12} 与 $I_{13} + F_{12,11}$

的水平合并。该第二过渡 FN 可通过图 8.35 和式(8.41)中的拓扑表达式来描述。可看出，恒等反馈连接包围等效单节点。

$$[N_{11} * N_{12} * (I_{13} + F_{12,11})] (x_{11}, w_{12,11} \mid y_{12}, w_{12,11}) \tag{8.41}$$

具有输入集 $\{x_{11}, w_{12,11}\}$ 和输出集 $\{y_{12}, w_{12,11}\}$ 的节点 $N_{11} * N_{12} * (I_{13} + F_{12,11})$ 可进一步转换为具有等价反馈的节点 $(N_{11} * N_{12} * (I_{13} + F_{12,11}))^{EF}$，该节点具有输入集 $\{x_{11}, x^{EF}\}$ 和输出集 $\{y_{12}, y^{EF}\}$。这种变换消除了恒等反馈，使有反馈模糊系统等价于无反馈模糊系统。至此，第二过渡 FN 转换为最终 FN，最终可用图 8.36 和式(8.42)中的拓扑表达式来描述。可看出，该反馈连接不再包围等效单节点。

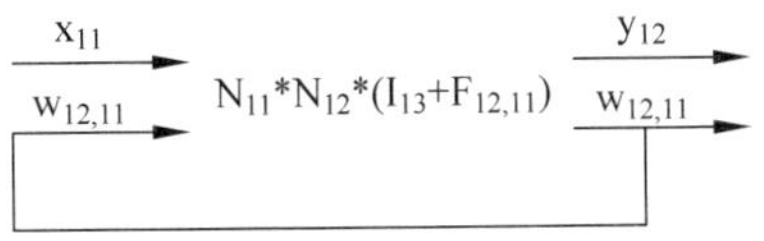

图 8.35 例 8.7 中的第二过渡 FN 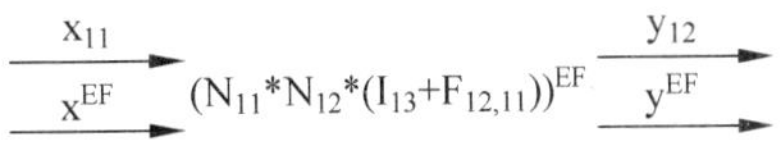　　　　图 8.36 例 8.7 中的最终 FN

$$[(N_{11} * N_{12} * (I_{13} + F_{12,11}))^{EF}] (x_{11}, x^{EF} \mid y_{12}, y^{EF}) \tag{8.42}$$

例 8.7 介绍了当所有网络节点和反馈节点已知时的网络分析。在网络设计中，反馈节点是未知的。在这种情况下，算法 8.9 描述了当网络节点和等效单节点 N_E 已知时，从图 8.33 的初始 FN 中推导出未知反馈节点的过程。在这种情况下，节点 N_E 由式(8.43)中的布尔矩阵方程给出。

$$N_E = (N_{11} * N_{12} * (I_{13} + F_{12,11}))^{EF} \tag{8.43}$$

算法 8.9

1. 定义 N_E、N_{11}、N_{12}、I_{13} 与 $F_{12,11}$。

2. 如果可行，确认 N_E 满足反馈约束。

3. 令 N_E 等于式(8.43)中的 $N_{11} * N_{12} * (I_{13} + F_{12,11})$。

4. 通过水平合并 N_{11} 与 N_{12} 找到 $N_{11} * N_{12}$。

5. 通过式(8.43)中的 N_E 推导出 $I_{13} + F_{12,11}$。

6. 如果可行，从 $I_{13} + F_{12,11}$ 推导出 $F_{12,11}$。

例 8.8

本例中的 FN 具有网络节点 N_{11}、N_{21} 及包围 N_{11} 与 N_{21} 的反馈节点 $F_{11,21}$，其中 $x_{11,21}$ 是 N_{11} 与 N_{21} 的公共输入，y_{11} 是 N_{11} 的输出，y_{21} 是 N_{21} 的输出，$v_{11,21}$ 是到 $F_{11,21}$ 的部分反馈连接，$w_{11,21}$ 是来自 F_{11} 的部分反馈连接。该初始 FN 表示由两个模糊系统构成的序列，可通过图 8.37 和式(8.44)中的拓扑表达式来描述。可看出，反馈的方向是从第一级往下到第二级。

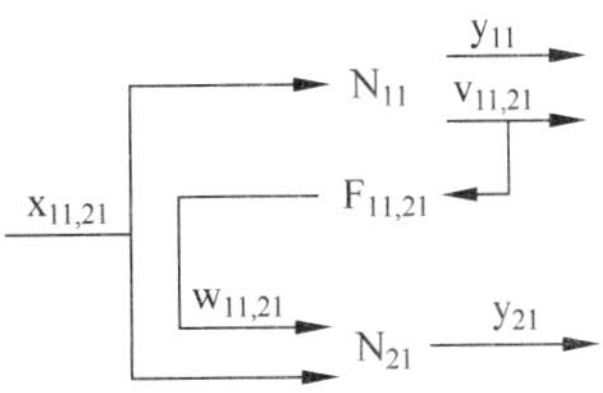

图 8.37 例 8.8 中的初始 FN

$$[N_{11}] (x_{11,21} \mid y_{11}, v_{11,21}) ; [N_{21}] (w_{11,21}, x_{11,21} \mid y_{21}), [F_{11,21}] (v_{11,21} \mid w_{11,21}) \tag{8.44}$$

反馈节点 $F_{11,21}$ 为非恒等反馈连接。$F_{11,21}$ 的输入和输出(即 $v_{11,21}$ 和 $w_{11,21}$)使用了不同的变量名也暗示了这一点。为了将语言合成方法应用于初始 FN,需要在 FN 的基础网格结构的第二层第二级中引入虚拟中间级,并将 $F_{11,21}$ 移动到这个新的网格单元。除此之外,需要通过第二层向前传播 y_{11} 并在第二层第一级中插入隐式恒等节点 I_{12},还需要通过第二层向前传播 y_{21} 并在第二层第三级中插入隐式恒等节点 I_{22}。

上述移动和插入操作将初始 FN 转换为第一过渡 FN。在这种情况下,包围网络节点 N_{11} 和 N_{21} 的非恒等反馈连接被表示为 N_{11} 与 $F_{11,21}$ 之间的前馈连接 $v_{11,21}$ 及从 $F_{11,21}$ 到 N_{21} 的恒等反馈连接 $w_{11,21}$。第一过渡 FN 可通过图 8.38 和式(8.45)中的拓扑表达式来描述。可看出,$F_{11,21}$ 已经是与其他 4 个节点并列的前馈节点。

$$\{[N_{11}](x_{11,21}|y_{11},v_{11,21}) * \{[I_{12}](y_{11}|y_{11}) + [F_{11,21}](v_{11,21}|w_{11,21})\}\} ; \quad (8.45)$$
$$\{[N_{21}](w_{11,21},x_{11,21}|y_{21}) * [I_{22}](y_{21}|y_{21})\}$$

第一过渡 FN 的节点 I_{12} 和 $F_{11,21}$ 可垂直合并为临时节点 $I_{12}+F_{11,21}$。该临时节点可进一步与左侧节点 N_{11} 水平合并。同样,该 FN 的节点 N_{21} 和 I_{22} 可水平合并为临时节点 $N_{21}+I_{22}$。这些合并运算将第一过渡 FN 转换为具有两个节点的第二过渡 FN,用替代节点 $N_{11} * (I_{12}+F_{11,21})$ 来反映节点 N_{11} 与 $I_{12}+F_{11,21}$ 的水平合并。该第二过渡 FN 可通过图 8.39 和式(8.46)中的拓扑表达式来描述。可看出,底层节点含有不常用的输入。

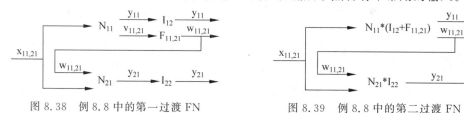

图 8.38　例 8.8 中的第一过渡 FN　　　　图 8.39　例 8.8 中的第二过渡 FN

$$[N_{11} * (I_{12}+F_{11,21})](x_{11,21}|y_{11},w_{11,21}) ; [N_{21} * I_{22}](w_{11,21},x_{11,21}|y_{21}) \quad (8.46)$$

为了合并第二过渡 FN 的节点 $N_{11} * (I_{12}+F_{11,21})$ 与 $N_{21} * I_{22}$ 的输出,需要用输入 $w_{11,21}$ 扩充 $N_{11} * (I_{12}+F_{11,21})$ 的输入 $x_{11,21}$。该扩充运算将第二过渡 FN 转换为两个节点均为公共输入的第三过渡 FN。至此,第一节点 $N_{11} * (I_{12}+F_{11,21})$ 转换为具有输入集 $\langle w_{11,21},x_{11,21}\rangle$ 的节点 $(N_{11} * (I_{12}+F_{11,21}))^{AI}$。该第三过渡 FN 可通过图 8.40 和式(8.47)中的拓扑表达式来描述。可看出,顶层节点含有扩充的输入。

$$[(N_{11} * (I_{12}+F_{11,21}))^{AI}](w_{11,21},x_{11,21}|y_{11},w_{11,21}) ; \quad (8.47)$$
$$[N_{21} * I_{22}](w_{11,21},x_{11,21}|y_{21})$$

第三过渡 FN 的两个节点 $(N_{11} * (I_{12}+F_{11,21}))^{AI}$ 与 $N_{21} * I_{22}$ 可输出合并为等效单节点 $(N_{11} * (I_{12}+F_{11,21}))^{AI} ; (N_{21} * I_{22})$。经该合并运算后,第三过渡 FN 转换为第四过渡 FN,第四过渡 FN 可通过图 8.41 和式(8.48)中的拓扑表达式来描述。可看出,恒等反馈连接包围等效单节点。

$$[(N_{11} * (I_{12}+F_{11,21}))^{AI} ; (N_{21} * I_{22})](w_{11,21},x_{11,21}|y_{11},w_{11,21},y_{21}) \quad (8.48)$$

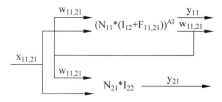

图 8.40 例 8.8 中的第三过渡 FN

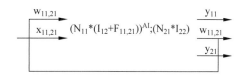

图 8.41 例 8.8 中的第四过渡 FN

具有输入集 $\{w_{11,21}, x_{11,21}\}$ 和输出集 $\{y_{11}, w_{11,21}, y_{21}\}$ 的节点 $(N_{11} * (I_{12} + F_{11,21}))^{AI}$; $(N_{21} * I_{22})$,可进一步转换为具有等价反馈的节点 $((N_{11} * (I_{12} + F_{11,21}))^{AI}; (N_{21} * I_{22}))^{EF}$,其输入集为 $\{x^{EF}, x_{11,21}\}$,输出集为 $\{y_{11}, y^{EF}, y_{21}\}$。该变换消除了恒等反馈,使有反馈模糊系统等价于无反馈模糊系统。因此,第四过渡 FN 转换为最终 FN,最终 FN 可通过图 8.42 和式(8.49)中的拓扑表达式来描述。可看出,恒等反馈连接不再包围等效单节点。

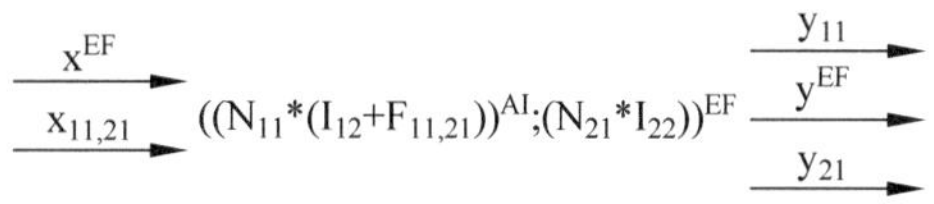

$$\frac{x^{EF}}{x_{11,21}} \quad ((N_{11} * (I_{12}+F_{11,21}))^{AI}; (N_{21}*I_{22}))^{EF} \quad \frac{y_{11}}{y^{EF}} \quad \frac{}{y_{21}}$$

图 8.42 例 8.8 中的最终 FN

$$[((N_{11} * (I_{12} + F_{11,21}))^{AI}; (N_{21} * I_{22}))^{EF}] (x^{EF}, x_{11,21} \mid y_{11}, y^{EF}, y_{21}) \tag{8.49}$$

例 8.8 介绍了当所有网络节点和反馈节点已知时的网络分析。在网络设计中,反馈节点是未知的。在这种情况下,算法 8.10 描述了当网络节点和等效单节点 N_E 已知时,依据图 8.37 推导初始 FN 中未知反馈节点的过程。在这种情况下,节点 N_E 由式(8.50)中的布尔矩阵方程给出:

$$N_E = ((N_{11} * (I_{12} + F_{11,21}))^{AI}; (N_{21} * I_{22}))^{EF} \tag{8.50}$$

算法 8.10

1. 定义 N_E、N_{11}、N_{21}、I_{12}、I_{22} 与 $F_{11,21}$。

2. 如果可行,确认 N_E 满足反馈约束。

3. 令 N_E 等于式(8.50)中的 $(N_{11} * (I_{12} + F_{11,21}))^{AI}$; $(N_{21} * I_{22})$。

4. 通过垂直合并 N_{21} 与 I_{22} 找到 $N_{21} * I_{22}$。

5. 如果可行,从式(8.50)中的 N_E 推导出 $(N_{11} * (I_{12} + F_{11,21}))^{AI}$。

6. 通过 $(N_{11} * (I_{12} + F_{11,21}))^{AI}$ 的输入扩充逆运算找到 $N_{11} * (I_{12} + F_{11,21})$。

7. 如果可行,从 $N_{11} * (I_{12} + F_{11,21})$ 推导出 $I_{12} + F_{11,21}$。

8. 如果可行,从 $I_{12} + F_{11,21}$ 推导出 $F_{11,21}$。

例 8.9

本例中的 FN 具有网络节点 N_{11}、N_{21} 以及包围 N_{21} 和 N_{11} 的反馈节点 $F_{21,11}$,其中 $x_{11,21}$ 是 N_{11} 与 N_{21} 的公共输入,y_{11} 是 N_{11} 的输出,y_{21} 是 N_{21} 的输出,$v_{21,11}$ 是到 $F_{21,11}$ 的部分反馈连接,$w_{21,11}$ 是来自 $F_{21,11}$ 的部分反馈连接。该初始 FN 表示由两个模糊系统构成的序列,可通过图 8.43 和式(8.51)中的拓扑表达式进行描述。从中可看出,反馈的方向是从第二级向上到第一级。

$$[N_{11}] (x_{11,21}, w_{21,11} | y_{11}) ; [N_{21}] (x_{11,21} | v_{21,11}, y_{21}), [F_{21,11}] (v_{21,11} | w_{21,11})$$

$$(8.51)$$

反馈节点 $F_{21,11}$ 为非恒等反馈连接。$F_{21,11}$ 的输入和输出（即 $v_{21,11}$ 和 $w_{21,11}$）使用了不同的变量名也暗示了这一点。为了将语言合成方法应用于初始 FN，需要在 FN 的基础网格结构的第二层中引入在第二级之上的虚拟中间层，并将 $F_{21,11}$ 移动到这个新的网格单元。除此之外，需要通过第二层向前传播 y_{11}，并在第二层第一级中插入隐式恒等节点 I_{12}，还需要通过第二层向前传播 y_{21} 并在第二层第二级中插入隐式识别节点 I_{22}。

上述移动和插入操作将初始 FN 转换为第一过渡 FN。在这种情况下，包围网络节点 N_{11} 与 N_{21} 的非恒等反馈连接被表示为 N_{21} 和 $F_{21,11}$ 之间的前馈连接 $v_{21,11}$ 及从 $F_{21,11}$ 到 N_{11} 的恒等反馈连接 $w_{21,11}$。该第一过渡 FN 可通过图 8.44 和式（8.52）中的拓扑表达式来描述。可看出，$F_{21,11}$ 已经是与其他 4 个节点并列的前馈节点。

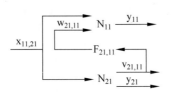

图 8.43　例 8.9 中的初始 FN

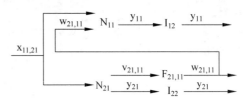

图 8.44　例 8.9 中的第一过渡 FN

$$\{[N_{11}] (x_{11,21}, w_{21,11} | y_{11}) * [I_{12}] (y_{11} | y_{11})\} ; \qquad (8.52)$$
$$\{[N_{21}] (x_{11,21} | v_{21,11}, y_{21}) * \{[F_{21,11}] (v_{21,11} | w_{21,11}) + [I_{22}] (y_{21} | y_{21})\}\}$$

第一过渡 FN 的节点 $F_{21,11}$ 与 I_{22} 可垂直合并为临时节点 $F_{21,11} + I_{22}$。该临时节点可进一步与左侧节点 N_{21} 水平合并。同样，该 FN 的节点 N_{11} 和 I_{12} 可水平合并为临时节点 $N_{11} + I_{12}$。这些合并运算将第一过渡 FN 转换为具有两个节点的第二过渡 FN，用替代节点 $N_{11} * I_{12}$ 来反映节点 N_{11} 与 I_{12} 的水平合并。第二过渡 FN 可通过图 8.45 和式（8.53）中的拓扑表达式来描述。可看出，顶部节点具有不常用的输入。

$$[N_{11} * I_{12}] (x_{11,21}, w_{21,11} | y_{11}) ; [N_{21} * (F_{21,11} + I_{22})] (x_{11,21} | w_{21,11}, y_{21}) \qquad (8.53)$$

为了合并第二过渡 FN 的节点 $N_{11} * I_{12}$ 与 $N_{21} * (F_{21,11} + I_{22})$ 的输出，需要用输入 $w_{21,11}$ 扩充 $N_{21} * (F_{21,11} + I_{22})$ 的输入 $x_{11,21}$。该扩充运算将第二过渡 FN 转换为两个节点均为公共输入的第三过渡 FN，由此将第二节点 $N_{21} * (F_{21,11} + I_{22})$ 转换为具有输入集 $\{x_{11,21}, w_{21,11}\}$ 的节点 $(N_{21} * (F_{21,11} + I_{22}))^{AI}$。该第三过渡 FN 可通过图 8.46 和式（8.54）中的拓扑表达式来描述。可看出，底层的节点具有扩充的输入。

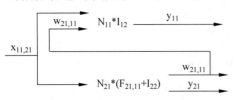

图 8.45　例 8.9 中的第二过渡 FN

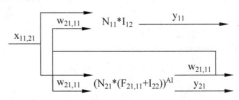

图 8.46　例 8.9 中的第三过渡 FN

$$[N_{11} * I_{12}](x_{11,21}, w_{21,11} | y_{11});$$ (8.54)

$$[(N_{21} * (F_{21,11} + I_{22}))^{AI}](x_{11,21}, w_{21,11} | w_{21,11}, y_{21})$$

第三过渡 FN 的两个节点 $N_{11} * I_{12}$ 与 $(N_{21} * (F_{21,11} + I_{22}))^{AI}$ 可输出合并为等效单节点 $(N_{11} * I_{12}); (N_{21} * (F_{21,11} + I_{22}))^{AI}$。该合并运算后,第三过渡 FN 转换为第四过渡 FN,第四过渡 FN 可通过图 8.47 和式(8.55)中的拓扑表达式来描述。可看出,恒等反馈连接包围等效单节点。

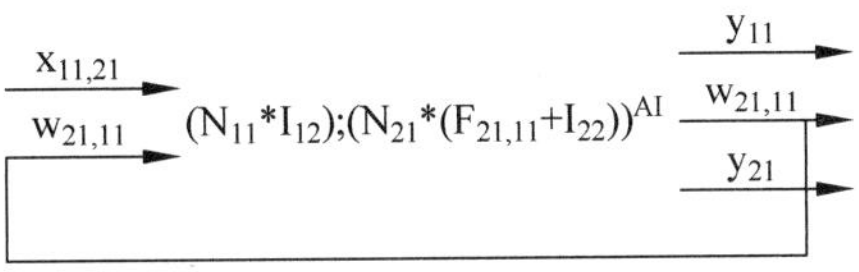

图 8.47 例 8.9 中的第四过渡 FN

$$[(N_{11} * I_{12}); (N_{21} * (F_{21,11} + I_{22}))^{AI}](x_{11,21}, w_{21,11} | y_{11}, w_{21,11}, y_{21})$$ (8.55)

节点 $(N_{11} * I_{12}); (N_{21} * (F_{21,11} + I_{22}))^{AI}$ 具有输入集 $\{x_{11,21}, w_{21,11}\}$ 和输出集 $\{y_{11}, w_{21,11}, y_{21}\}$,该节点可进一步转换为具有输入集 $\{x_{11,21}, x^{EF}\}$ 和输出集 $\{y_{11}, y^{EF}, y_{21}\}$ 的等价反馈节点 $((N_{11} * I_{12}); (N_{21} * (F_{21,11} + I_{22}))^{AI})^{EF}$。该变换消除了恒等反馈,并使有反馈模糊系统等价于无反馈模糊系统。至此,第四过渡 FN 转变为最终 FN,最终可用图 8.48 和式(8.56)中的拓扑表达式来描述。可看出,节点不再被恒等反馈连接所包围。

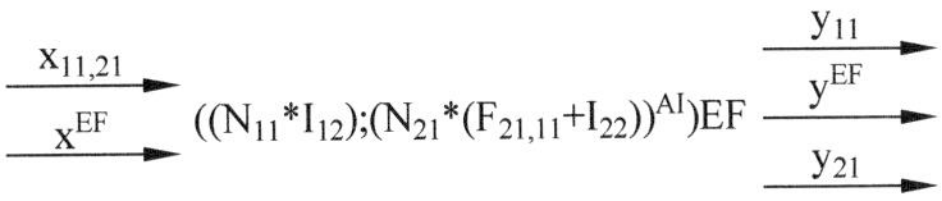

图 8.48 例 8.9 中的最终 FN

$$[((N_{11} * I_{12}); (N_{21} * (F_{21,11} + I_{22}))^{AI})^{EF}](x_{11,21}, x^{EF} | y_{11}, y^{EF}, y_{21})$$ (8.56)

例 8.9 介绍了当所有网络节点和反馈节点已知时的网络分析。在网络设计中,反馈节点是未知的。在这种情况下,算法 8.11 描述了当网络节点和等效单节点 N_E 已知时,依据图 8.43 推导初始 FN 中未知反馈节点的过程。在这种情况下,节点 N_E 由式(8.57)中的布尔矩阵方程给出。

$$N_E = ((N_{11} * I_{12}); (N_{21} * (F_{21,11} + I_{22}))^{AI})^{EF}$$ (8.57)

算法 8.11

1. 定义 N_E、N_{11}、N_{21}、I_{12}、I_{22} 与 $F_{21,11}$。

2. 如果可行,确认 N_E 满足反馈约束。

3. 令 N_E 等于式(8.57)中的 $(N_{11} * I_{12}); (N_{21} * (F_{21,11} + I_{22}))^{AI}$。

4. 通过垂直合并 N_{11} 与 I_{12} 找到 $N_{11} * I_{12}$。

5. 如果可行,从式(8.57)中的 N_E 推导出 $(N_{21} * (F_{21,11} + I_{22}))^{AI}$。

6. 通过 $(N_{21} * (F_{21,11} + I_{22}))^{AI}$ 的输入扩充逆运算找到 $N_{21} * (F_{21,11} + I_{22})$。

7. 如果可行,从 $N_{21} * (F_{21,11} + I_{22})$ 推导出 $F_{21,11} + I_{22}$。

8. 如果可行,从 $F_{21,11} + I_{22}$ 推导出 $F_{21,11}$。

8.5 多重全局反馈网络

最复杂的 FN 类型是具有多重全局反馈(multiple global feedback)的 FN。该网络至少具有两个节点序列,每个序列中至少有两个节点及一个反馈节点,且每个序列中的所有节点都由一个单独的反馈连接所包围。在这种情况下,反馈是多重的,因为它出现了多次,同时它也是全局的,因为它包围了序列中的多个节点。这些节点与其他节点之间及任何一对其他节点之间可存在任意数量的前馈连接。然而,由于存在反馈连接,因此任何前馈连接的存在都不会消除该类型 FN 的反馈特性。

例 8.10

本例中的 FN 具有网络节点 N_{11}、N_{12} 和 N_{13},反馈节点 $F_{12,11}$ 包围 N_{11} 和 N_{12},反馈节点 $F_{13,12}$ 包围 N_{12} 和 N_{13}。其中,x_{11} 是 N_{11} 的输入,y_{13} 是 N_{13} 的输出;$z_{11,12}{}^{1,1}$ 是从 N_{11} 的唯一输出到 N_{12} 的第一输入的前馈连接,$z_{12,13}{}^{1,1}$ 是 N_{12} 的第二输出到 N_{13} 的唯一输入的前馈连接;$v_{12,11}$ 是到 $F_{12,11}$ 的部分反馈连接,$w_{12,11}$ 是来自 $F_{12,11}$ 的部分反馈连接,$v_{13,12}$ 是到 $F_{13,12}$ 的部分反馈连接,$w_{13,12}$ 是来自 $F_{13,12}$ 的部分反馈连接。该初始 FN 表示由 3 个模糊系统构成的序列,可通过图 8.49 和式(8.58)中的拓扑表达式来描述。可看出,同一级的 3 个节点被两个部分重叠的反馈所包围。

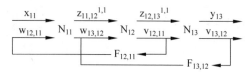

图 8.49　例 8.10 中的初始 FN

$$[N_{11}]\,(x_{11},\,w_{12,11}\,|\,z_{11,12}{}^{1,1}) * [N_{12}]\,(z_{11,12}{}^{1,1},\,w_{13,12}\,|\,z_{12,13}{}^{1,1},\,v_{12,11}) * \quad (8.58)$$
$$[N_{13}]\,(z_{12,13}{}^{1,1}\,|\,y_{13},\,v_{13,12}),\,[F_{12,11}]\,(v_{12,11}\,|\,w_{12,11}),\,[F_{13,12}]\,(v_{13,12}\,|\,w_{13,12})$$

反馈节点 $F_{12,11}$ 与 $F_{13,12}$ 为非恒等反馈连接。$F_{12,11}$ 与 $F_{13,12}$ 的输入和输出(即 $v_{12,11}$、$w_{12,11}$ 与 $v_{13,12}$、$w_{13,12}$)使用不同的变量名称也暗示了这一点。为了将语言合成方法应用于该初始 FN,需要在 FN 的基础网格结构的第四层引入第二级,并将 $F_{13,12}$ 移动到这个新的网格单元。还需要通过第四层向前传播 y_{13},并在第四层第一级中插入隐式恒等节点 I_{14}。此外,需要在 FN 的基础网格结构的第四层引入第三级,并将 $F_{12,11}$ 移动到这个新的网格单元。还需要通过第三层向前传播 $v_{12,11}$,并在第三层第三级中插入隐式标识节点 I_{33}。同样,需要通过第一层向后传播 $w_{13,12}$,并在第一层第三级中插入隐式恒等节点 I_{31}。

上述移动和插入操作将初始 FN 转换为第一过渡 FN,将包围网络节点 N_{11} 与 N_{12} 的非恒等反馈连接表示为 N_{12} 与 $F_{12,11}$ 之间的前馈连接 $v_{12,11}$ 及包围 N_{11}、N_{12}、I_{33} 与 $F_{12,11}$ 的恒等反馈连接 $w_{12,11}$。此外,包围网络节点 N_{12} 与 N_{13} 的非恒等反馈连接表示为 N_{13} 与 $F_{13,12}$ 之间的前馈连接 $v_{13,12}$ 及包围 I_{31}、N_{12}、N_{13} 与 $F_{13,12}$ 的恒等反馈连接 $w_{13,12}$。该第一过渡 FN 可通过图 8.50 和式(8.59)中的拓扑表达式来描述。可看出,$F_{12,11}$ 和 $F_{13,12}$ 已经是与其他 6 个节点并列的前馈节点。

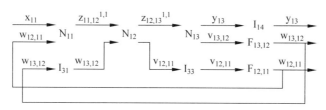

图 8.50 例 8.10 中的第一过渡 FN

$$\{[N_{11}] (x_{11}, w_{12,11}|z_{11,12}{}^{1,1}) + [I_{31}] (w_{13,12}|w_{13,12})\} * \tag{8.59}$$
$$[N_{12}] (z_{11,12}{}^{1,1}, w_{13,12}|z_{12,13}{}^{1,1}, v_{12,11}) *$$
$$\{[N_{13}] (z_{12,13}{}^{1,1}|y_{13}, v_{13,12}) + [I_{33}] (v_{12,11}|v_{12,11})\} *$$
$$\{[I_{14}] (y_{13}|y_{13}) + [F_{13,12}] (v_{13,12}|w_{13,12}) + [F_{12,11}] (v_{12,11}|w_{12,11})\}$$

第一过渡 FN 的节点 N_{11} 与 I_{31} 可垂直合并为临时节点 $N_{11}+I_{31}$。类似地,该过渡 FN 的节点 N_{13} 和 I_{33} 可垂直合并为第二临时节点 $N_{13}+I_{33}$。此外,节点 I_{14}、$F_{13,12}$ 与 $F_{12,11}$ 可垂直合并为第三临时节点 $I_{14}+F_{13,12}+F_{12,11}$。以上 3 个临时节点可进一步与位于第一临时节点及第二临时节点之间的节点 N_{12} 水平合并为等效单节点 $(N_{11}+I_{31})*N_{12}*(N_{13}+I_{33})*(I_{14}+F_{13,12}+F_{12,11})$。这些合并运算将第一过渡 FN 转换为单节点形式的第二过渡 FN,第二过渡 FN 可通过图 8.51 和式(8.60)中的拓扑表达式来描述。可看出,恒等反馈连接包围等效单节点。

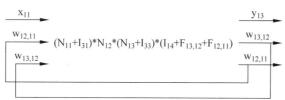

图 8.51 例 8.10 中的第二过渡 FN

$$[(N_{11}+I_{31})*N_{12}*(N_{13}+I_{13})*(I_{14}+F_{13,12}+F_{12,11})]$$
$$(x_{11}, w_{12,11}, w_{13,12}|y_{13}, w_{13,12}, w_{12,11}) \tag{8.60}$$

节点 $(N_{11}+I_{31})*N_{12}*(N_{13}+I_{33})*(I_{14}+F_{13,12}+F_{12,11})$ 具有输入集 $\{x_{11}, w_{12,11}, w_{13,12}\}$ 和输出集 $\{y_{13}, w_{13,12}, w_{12,11}\}$,可进一步转换为等价反馈节点 $((N_{11}+I_{31})*N_{12}*(N_{13}+I_{33})*(I_{14}+F_{13,12}+F_{12,11}))^{FE}$,并使有反馈模糊系统等价于无反馈模糊子系统。至此,第二过渡 FN 转换为最终 FN,最终 FN 可通过图 8.52 和式(8.61)中的拓扑表达式来描述。可看出,恒等反馈连接不再包围等效单节点。

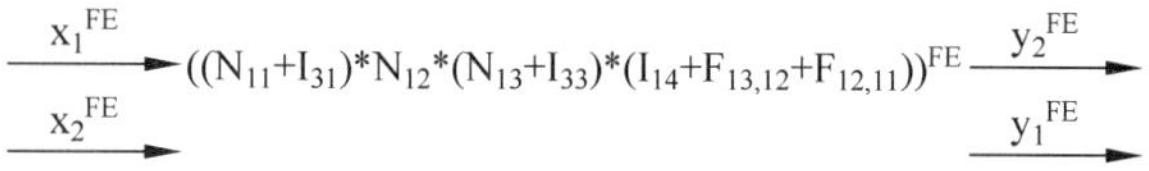

$$\xrightarrow{x_{11}} \qquad\qquad \xrightarrow{y_{13}}$$
$$\xrightarrow{x_1{}^{FE}} ((N_{11}+I_{31})*N_{12}*(N_{13}+I_{33})*(I_{14}+F_{13,12}+F_{12,11}))^{FE} \xrightarrow{y_2{}^{FE}}$$
$$\xrightarrow{x_2{}^{FE}} \qquad\qquad \xrightarrow{y_1{}^{FE}}$$

图 8.52 例 8.10 中的最终 FN

$$[((N_{11}+I_{31})*N_{12}*(N_{13}+I_{33})*(I_{14}+F_{13,12}+F_{12,11}))^{FE}] (x_{11}, x_1{}^{FE}, x_2{}^{FE}|y_{13}, y_2{}^{FE}, y_1{}^{FE}) \tag{8.61}$$

例 8.10 介绍了所有网络与反馈节点已知时的网络分析。在网络设计中,至少有一个反馈节点是未知的。在此情况下,算法 8.12 和算法 8.13 描述了当网络节点、某个反馈节点和

等效单节点 N_E 已知时,依据图 8.49 推导出初始 FN 中未知反馈节点的过程。在这种情况下,节点 N_E 由式(8.62)中的布尔矩阵方程给出。

$$N_E = ((N_{11} + I_{31}) * N_{12} * (N_{13} + I_{33}) * (I_{14} + F_{13,12} + F_{12,11}))^{FE} \qquad (8.62)$$

算法 8.12

1. 定义 N_E、N_{11}、N_{12}、N_{13}、I_{14}、I_{31}、I_{33} 与 $F_{13,12}$。

2. 如果可行,确认 N_E 满足反馈约束。

3. 令 N_E 等于式(8.62)中的 $(N_{11} + I_{31}) * N_{12} * (N_{13} + I_{33}) * (I_{14} + F_{13,12} + F_{12,11})$。

4. 通过垂直合并 N_{11} 与 I_{31} 找到 $N_{11} + I_{31}$。

5. 通过水平合并 $(N_{11} + I_{31})$ 与 N_{12} 找到 $(N_{11} + I_{31}) * N_{12}$。

6. 通过垂直合并 N_{13} 与 I_{33} 找到 $N_{13} + I_{33}$。

7. 通过垂直合并 $(N_{11} + I_{31}) * N_{12}$ 与 $(N_{13} + I_{33})$ 找到 $(N_{11} + I_{31}) * N_{12} * (N_{13} + I_{33})$。

8. 如果可行,从式(8.62)中的 N_E 推导出 $I_{14} + F_{13,12} + F_{12,11}$。

9. 通过垂直合并 I_{14} 与 $F_{13,12}$ 找到 $I_{14} + F_{13,12}$。

10. 如果可行,从 $I_{14} + F_{13,12} + F_{12,11}$ 推导出 $F_{12,11}$。

算法 8.13

1. 定义 N_E、N_{11}、N_{12}、N_{13}、I_{14}、I_{31}、I_{33} 与 $F_{11,12}$。

2. 如果可行,确认 N_E 满足反馈约束。

3. 令 N_E 等于式(8.62)中的 $(N_{11} + I_{31}) * N_{12} * (N_{13} + I_{33}) * (I_{14} + F_{13,12} + F_{12,11})$。

4. 通过垂直合并 N_{11} 与 I_{31} 找到 $N_{11} + I_{31}$。

5. 通过垂直合并 $(N_{11} + I_{31})$ 与 N_{12} 找到 $(N_{11} + I_{31}) * N_{12}$。

6. 通过垂直合并 N_{13} 与 I_{33} 找到 $N_{13} + I_{33}$。

7. 通过垂直合并 $(N_{11} + I_{31}) * N_{12}$ 与 $(N_{13} + I_{33})$ 找到 $(N_{11} + I_{31}) * N_{12} * (N_{13} + I_{33})$。

8. 如果可行,从式(8.62)中的 N_E 推导出 $I_{14} + F_{13,12} + F_{12,11}$。

9. 如果可行,从 $I_{14} + F_{13,12} + F_{12,11}$ 推导出 $F_{13,12}$。

例 8.11

本例中的 FN 具有网络节点 N_{11} 和 N_{21},反馈节点 $F_{11,21}$ 包围 N_{11} 和 N_{21},反馈节点 $F_{21,11}$ 包围 N_{21} 和 N_{11},$v_{21,11}$ 是到 $F_{21,11}$ 的部分反馈连接,而 $w_{21,11}$ 是来自 $F_{21,11}$ 的部分反馈连接。该初始 FN 表示由两个模糊系统构成的序列,可通过图 8.53 和式(8.63)中的拓扑表达式来描述。可看出,从第一级到第二级是双向反馈,反之亦然。

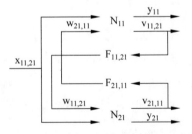

图 8.53　例 8.11 中的初始 FN

$$[N_{11}](x_{11,21}, w_{21,11}|y_{11}, v_{11,21}); [N_{21}](w_{11,21}, x_{11,21}|v_{21,11}, y_{21}), \tag{8.63}$$

$$[F_{11,21}](v_{11,21}|w_{11,21}), [F_{21,11}](v_{21,11}|w_{21,11})$$

反馈节点 $F_{11,21}$ 与 $F_{21,11}$ 为非恒等反馈连接。$F_{11,21}$ 与 $F_{21,11}$ 的输入和输出(即 $v_{11,21}$、$w_{11,21}$ 与 $v_{21,11}$、$w_{21,11}$)使用不同的变量名也暗示了这一点。为了将语言合成方法应用于初始 FN,需要在 FN 的基础网格结构的第二层第一级引入虚拟中间层,并将 $F_{11,21}$ 移动到这个新网格单元。此外,需要通过第二层向前传播 y_{11},并在第二层第一级中插入隐式恒等节点 I_{12}。还需要在第二层引入位于第二级之上的虚拟中间层,并将 $F_{21,11}$ 移动到该新网格单元中。

上述移动和插入操作将初始 FN 转换为第一过渡 FN。在这种情况下,包围网络节点 N_{11} 与 N_{21} 的非恒等反馈连接被表示为 N_{11} 与 $F_{11,21}$ 之间的前馈连接 $v_{11,21}$ 及从 $F_{11,21}$ 到 N_{21} 的恒等反馈连接 $w_{11,21}$。此外,包围网络节点 N_{21} 与 N_{11} 的非恒等反馈连接被表示为 N_{21} 与 $F_{21,11}$ 之间的前馈连接 $v_{21,11}$ 及从 $F_{21,11}$ 到 N_{11} 的恒等反馈连接 $w_{21,11}$。该第一过渡 FN 可通过图 8.54 和式(8.64)中的拓扑表达式来描述。可看出,$F_{11,21}$ 和 $F_{21,11}$ 已经是与其他 4 个节点并列的前馈节点。

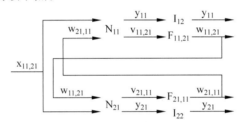

图 8.54　例 8.11 中的第一过渡 FN

$$\{[N_{11}](x_{11,21}, w_{21,11}|y_{11}, v_{11,21}) * \{[I_{12}](y_{11}|y_{11}) + [F_{11,21}](v_{11,21}|w_{11,21})\}\};$$

$$\tag{8.64}$$

$$\{[N_{21}](w_{11,21}, x_{11,21}|v_{21,11}, y_{21}) * \{[F_{21,11}](v_{21,11}|w_{21,11}) + [I_{22}](y_{21}|y_{21})\}\}$$

第二过渡 FN 的节点 I_{12} 和 $F_{11,21}$ 可垂直合并为临时节点 $I_{12} + F_{11,21}$。此外,节点 $F_{21,11}$ 和 I_{22} 可垂直合并为另一个临时节点 $F_{21,11} + I_{22}$,该临时节点可进一步与左侧节点 N_{21} 水平合并。这些合并运算将第一过渡 FN 转换为具有两个节点的第二过渡 FN,用替代节点 $N_{11} * (I_{12} + F_{11,21})$ 来反映节点 N_{11} 与 $I_{12} + F_{11,21}$ 的水平合并。第二过渡 FN 可通过图 8.55 和式(8.65)中的拓扑表达式来描述。可看出,两个节点都分别有一个不常用的输入。

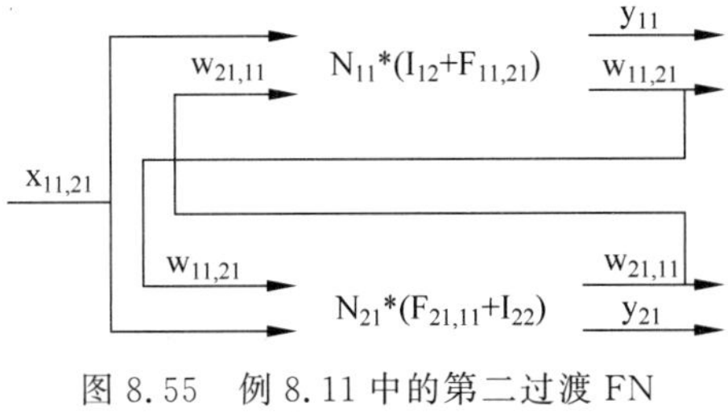

图 8.55　例 8.11 中的第二过渡 FN

$$[N_{11} * (I_{12} + F_{11,21})](x_{11,21}, w_{21,11}|y_{11}, w_{11,21}); [N_{21} * (F_{21,11} + I_{22})](w_{11,21},$$

$$x_{11,21}|w_{21,11}, y_{21}) \tag{8.65}$$

为了合并第二过渡 FN 的节点 $N_{11} * (I_{12} + F_{11,21})$ 与 $N_{21} * (F_{21,11} + I_{22})$ 的输出,需要用输入 $w_{11,21}$ 扩充 $N_{11} * (I_{12} + F_{11,21})$ 的公共输入 $x_{11,21}$。还需要用输入 $w_{21,11}$ 扩充 $N_{21} * (F_{21,11} + I_{22})$ 的公共输入。这些扩充运算将第二过渡 FN 转换为两个节点均为公共输入的第三过渡 FN。至此,第一节点 $N_{11} * (I_{12} + F_{11,21})$ 转换为具有输入集 $\{w_{11,21}, x_{11,21}, w_{21,11}\}$ 的节点 $(N_{11} * (I_{12} + F_{11,21}))^{AI}$,第二节点 $N_{21} * (F_{21,11} + I_{22})$ 转换为具有相同输入集的节点 $(N_{21} * (F_{21,11} + I_{22}))^{AI}$。该第三过渡 FN 可通过图 8.56 和式(8.66)中的拓扑表达式来描述。可看出,两个节点都含有扩充的输入。

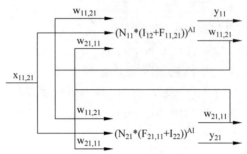

图 8.56　例 8.11 中的第三过渡 FN

$$[(N_{11} * (I_{12} + F_{11,21}))^{AI}] (w_{11,21}, x_{11,21}, w_{21,11} | y_{11}, w_{11,21}) ; \qquad (8.66)$$
$$[(N_{21} * (F_{21,11} + I_{22}))^{AI}] (w_{11,21}, x_{11,21}, w_{21,11} | w_{11,21}, y_{21})$$

第三过渡 FN 的节点 $(N_{11} * (I_{12} + F_{11,21}))^{AI}$ 与 $(N_{21} * (F_{21,11} + I_{22}))^{AI}$ 可输出合并为等效单节点 $(N_{11} * (I_{12} + F_{11,21}))^{AI}; (N_{21} * (F_{21,11} + I_{22}))^{AI}$。该合并运算后,第三过渡 FN 转换为第四过渡 FN。该第四过渡 FN 可通过图 8.57 和式(8.67)中的拓扑表达式来描述。可看出,恒等反馈连接包围等效单节点。

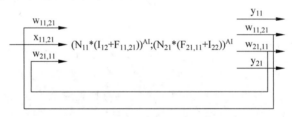

图 8.57　例 8.11 中的第四过渡 FN

$$[(N_{11} * (I_{12} + F_{11,21}))^{AI}; (N_{21} * (F_{21,11} + I_{22}))^{AI}] (w_{11,21}, x_{11,21}, w_{21,11} | y_{11}, w_{11,21}, w_{21,11}, y_{21}) \qquad (8.67)$$

具有输入集 $\{w_{11,21}, x_{11,21}, w_{21,11}\}$ 与输出集 $\{y_{11}, w_{11,21}, w_{21,11}, y_{21}\}$ 的节点 $(N_{11} * (I_{12} + F_{11,21}))^{AI}; (N_{21} * (F_{21,11} + I_{22}))^{AI}$ 可进一步转换为具有输入集 $\{x_1^{FE}, x_{11,21}, x_2^{FE}\}$ 与输出集 $\{y_{11}, y_1^{FE}, y_2^{FE}, y_{21}\}$ 的等价反馈节点 $((N_{11} * (I_{12} + F_{11,21}))^{AI}; (N_{21} * (F_{21,11} + I_{22}))^{AI})^{FE}$。该变换消除了两个恒等反馈,并使有反馈模糊系统等价于无反馈模糊子系统。至此,第四过渡 FN 转换为最终 FN,该最终 FN 可通过图 8.58 和式(8.68)中的拓扑表达式来描述。可看出,节点不再被恒等反馈连接所包围。

$$[((N_{11} * (I_{12} + F_{11,21}))^{AI}; (N_{21} * (F_{21,11} + I_{22}))^{AI})^{FE}] (x_1^{FE}, x_{11,21}, x_2^{FE} | y_{11}, y_1^{FE}, y_2^{FE}, y_{21}) \qquad (8.68)$$

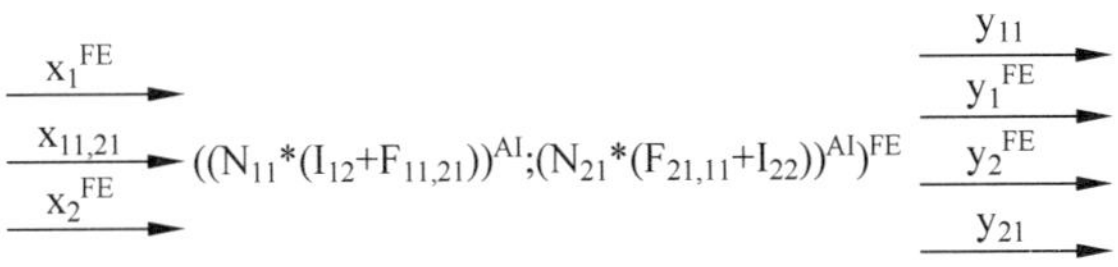

$$\xrightarrow{x_1{}^{FE}}$$
$$\xrightarrow{x_{11,21}}\ ((N_{11}*(I_{12}+F_{11,21}))^{AI};(N_{21}*(F_{21,11}+I_{22}))^{AI})^{FE}\ \xrightarrow{\quad}$$
$$\xrightarrow{x_2{}^{FE}}$$

图 8.58　例 8.11 中的最终 FN

　　例 8.11 介绍了所有网络和反馈节点已知时的网络分析。在网络设计中，至少有一个反馈节点是未知的。在此情况下，算法 8.14 和算法 8.15 描述了当网络节点、某个反馈节点及等效单节点 N_E 已知时，从图 8.53 中的初始 FN 中推导出未知反馈节点的过程。在这种情况下，节点 N_E 由式(8.69)中的布尔矩阵方程给出。

$$N_E=((N_{11}*(I_{12}+F_{11,21}))^{AI};(N_{21}*(F_{21,11}+I_{22}))^{AI})^{FE} \tag{8.69}$$

算法 8.14

1. 定义 N_E、N_{11}、N_{21}、I_{12}、I_{22} 与 $F_{21,11}$。

2. 如果可行，确认 N_E 满足反馈约束。

3. 令 N_E 等于式(8.69)中的 $(N_{11}*(I_{12}+F_{11,21}))^{AI}$; $(N_{21}*(F_{21,11}+I_{22}))^{AI}$。

4. 通过垂直合并 $F_{21,11}$ 与 I_{22} 找到 $F_{21,11}+I_{22}$。

5. 通过水平合并 N_{21} 与 $(F_{21,11}+I_{22})$ 找到 $N_{21}*(F_{21,11}+I_{22})$。

6. 通过输入扩充 $N_{21}*(F_{21,11}+I_{22})$ 找到 $(N_{21}*(F_{21,11}+I_{22}))^{AI}$。

7. 如果可行，从式(8.69)中的 N_E 推导出 $(N_{11}*(I_{12}+F_{11,21}))^{AI}$。

8. 通过 $(N_{11}*(I_{12}+F_{11,21}))^{AI}$ 的输入扩充逆运算找到 $N_{11}*(I_{12}+F_{11,21})$。

9. 如果可行，从 $N_{11}*(I_{12}+F_{11,21})$ 推导出 $I_{12}+F_{11,21}$。

10. 如果可行，从 $I_{12}+F_{11,21}$ 推导出 $F_{11,21}$。

算法 8.15

1. 定义 N_E、N_{11}、N_{21}、I_{12}、I_{22} 与 $F_{11,21}$。

2. 如果可行，确认 N_E 满足反馈约束。

3. 令 N_E 等于式(8.69)中的 $(N_{11}*(I_{12}+F_{11,21}))^{AI}$; $(N_{21}*(F_{21,11}+I_{22}))^{AI}$。

4. 通过垂直合并 I_{12} 与 $F_{11,21}$ 找到 $I_{12}+F_{11,21}$。

5. 通过垂直合并 N_{11} 与 $(I_{12}+F_{11,21})$ 找到 $N_{11}*(I_{12}+F_{11,21})$。

6. 通过输入扩充 $N_{11}*(I_{12}+F_{11,21})$ 找到 $(N_{11}*(I_{12}+F_{11,21}))^{AI}$。

7. 如果可行，从式(8.69)中的 N_E 推导出 $(N_{21}*(F_{21,11}+I_{22}))^{AI}$。

8. 通过 $(N_{21}*(F_{21,11}+I_{22}))^{AI}$ 的输入扩充逆运算找到 $N_{21}*(F_{21,11}+I_{22})$。

9. 如果可行，从 $N_{21}*(F_{21,11}+I_{22})$ 推导出 $F_{21,11}+I_{22}$。

10. 如果可行，从 $F_{21,11}+I_{22}$ 推导出 $F_{21,11}$。

8.6　反馈型模糊网络小结

　　本章中的示例说明了基本运算和高级运算在反馈型 FN 中的应用。这些示例从理论上验证了本书使用的语言合成方法尤其适用于多重局部反馈 FN 和多重全局反馈 FN,两者属于复杂类型的反馈型 FN。两种复杂度稍低的反馈型 FN(即单个局部反馈 FN 与单个全局反馈 FN)也非常有用,因为它们通常是多重局部反馈 FN 和多重全局反馈 FN 的一部分。

不同类型的反馈型 FN 表示不同类型的回归映射,如单变量、多变量、单步和多步等类型。具体来说,单反馈表示单变量回归,而多反馈表示多变量回归。此外,局部反馈反映单步回归,而全局反馈反映多步回归。因此,FN 中的回归类型决定了要使用的 FN 类型。

不同类型的 FN 和回归之间的关系如表 8.1 所示。

表 8.1　不同类型的 FN 和回归之间的关系

反馈型 FN	单变量回归	多元回归	单步回归	多步回归
单个局部	是	否	是	否
单个全局	是	否	否	是
多重局部	否	是	是	否
多重全局	否	是	否	是

第 9 章将进一步扩展和验证第 4~8 章中关于 FN 的结论,还涉及 FN 一些通用的理论性示例和应用案例。

第 9 章

模糊网络评估

9.1 模糊网络评估概述

第 7、8 章说明了抽象 FN 的基本运算与高级运算,介绍的示例展示了上述运算及其特性在这些网络的整体结构中的应用。尽管这些应用可能是 FN 基础理论的优秀应用案例,但它们仅反映了为前馈型 FN 和反馈型 FN 引入的主要网络拓扑类型。因此,需要将这些考虑因素扩展到更广泛的应用环境中,如一般性的示例和案例研究。

本章在对结构复杂性评估、HFS 合成(composition)、SFS 分解(decomposition)、模型的性能(model performance)指标和应用案例进行分析的过程中,评估了第 4～8 章中介绍的关于 FN 的理论成果。评估(evaluation)的理论基础之一为通用网络理论,因为 FN 可视为特定类型的网络。评估的理论基础之二为通用系统理论,因为 FN 代表由模糊系统所构成的序列。评估的理论基础还包括与 SFS 和 HFS 的对比,SFS 与 HFS 因作为模糊逻辑的应用而得到了广泛的运用。

可在分析和设计过程中对理论结果展开评估。在案例分析中,分析部分比设计部分的考虑更详细。这是因为基于 HFS 来分析 FN 通常比基于 SFS 来设计 FN 更容易。此外,从第 7、8 章的示例可看出,网络分析任务总是存在唯一解,而网络设计任务可能具有多个解或根本无解。

本章中的评估证明了 FN 在解决一些实际问题时无须详细说明即可应用。从这个意义上来说,所使用 FN 的形式模型主要体现在网络级,即方框图和拓扑表达式的形式,多数节点级的形式模型(如布尔矩阵和二元关系)都隐式嵌入方框图和拓扑表达式中。

所有案例中的 FN 都只有较少的输入与单输出。然而,它们可轻松地扩展到更高维度的案例分析。扩展带来的唯一变化是,多输入 FN 的结构更复杂,多输出的 FN 往往使用等效单节点。

9.2 结构复杂性评估

结构复杂性(structural complexity)是任何通用网络的属性。该属性可通过不同的度量指标进行评估,通常与重要特性(如鲁棒性)相关联。鲁棒性显示网络在链路、节点甚至整个集群(cluster)受损时保持某些性能的能力。

在这种情况下，还可开展 FN 结构复杂性的评估。这种评估不仅可用于分析现有 FN 的鲁棒性，还可用于设计具有鲁棒性的新型 FN 以应对不同的损伤类型。

FN 结构复杂性的一个基本度量是非恒等节点数，包括前馈节点与反馈节点的数量。恒等节点被排除在外，因为它们不影响既有的复杂性。具体来说，前馈恒等节点仅用于执行在基础网格结构中传播的前馈恒等映射。就反馈恒等节点而言，它们仅用于表示反馈恒等映射，这些映射最终会从网络的基础网格结构中移除。

FN 结构复杂性的另一个基本度量指标是非恒等连接的数量，包括前馈连接数和反馈连接数。恒等连接被排除在外，因为它们也不会影响既有的复杂性。从这个意义上说，前馈恒等连接与反馈恒等连接仅分别用作前馈恒等节点与反馈恒等节点的输入与输出。

FN 结构复杂性的更具体度量指标是网格结构中的单元总数，可通过将水平层数乘以垂直级数来计算。恒等节点要纳入考虑，因为它们可能会影响网格数，例如，新引入的恒等节点可能会导致基础网格结构中出现新的网格。该度量指标适用于前馈恒等节点和反馈恒等节点。

FN 结构复杂性的另一个更具体的度量是网格结构中填充单元的数量，该数量可通过枚举所有非空单元格来获得。恒等节点也包括在其中，因为它们可能影响填充的网格数，例如，新引入的恒等节点可能被移动到基础网格结构中新的非空网格中。该度量指标也适用于前馈恒等节点和反馈恒等节点。

FN 结构复杂性的更一般的度量指标是平均宽度，即从网格结构中的第一层节点到最后一层节点的平均路径长度。首先，对任意一对节点之间的链路数求和，第一个节点在第一层中，最后一个节点在最后一层中。然后，将每对的链路数之和相加并除以对数。该度量指标反映了时间意义上 FN 从左至右的宽度，因为网格结构中的层表示时间上的层次关系。

FN 结构复杂性的另一个更一般的度量指标是平均深度，即网格结构中从第一级节点到最后一级节点的平均路径长度。首先，对任意一对节点之间的链路数求和，第一个节点处于第一级，而最后一个节点处于最后一级。然后，将每对的链路数之和相加并除以对数。该度量指标反映了空间上 FN 从上至下的深度，因为网格结构中的级别表示空间上的层次关系。

9.3　层级式模糊系统的合成

最常见的具有多规则库的模糊系统是 HFS。这类模糊系统在第 2 章中已经介绍过了，它有两种主要形式——前向与后向。在前向 HFS 中，输入以递增的顺序依次添加到后续层的规则库中，即从第一个输入开始到最后一个输入结束。在后向 HFS 中，输入以递减的顺序依次添加到后续层的规则库中，即按最后一个输入到第一个输入的顺序。

HFS 可转换为初始 FN，然后被合成为最终 FN。最终 FN 类似于具有单规则库的 SFS，这也在第 2 章中介绍过了。下面的两个示例分别考虑了前向 HFS 与后向 HFS 的转换与合成。这两个示例都与网络分析有关，并以通用的形式呈现。

例 9.1

本例中前向形式的初始 HFS,具有 m 个输入$\{x_1, x_2, \cdots, x_m\}$、(m-1)个节点$\{N_{11},$ $N_{12}, \cdots, N_{1,m-1}\}$、(m-2)个连接$\{z^1, z^2, \cdots, z^{m-2}\}$及一个输出 y。每个连接表示输出的当前迭代,连接数等于迭代数。该初始 HFS 可通过图 9.1 和式(9.1)中的拓扑表达式来描述。可看出,每个网络节点有两个输入与一个输出。

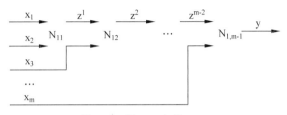

图 9.1　例 9.1 中的 HFS

$$[N_{11}](x_1, x_2 | z^1) * [N_{12}](z^1, x_3 | z^2) * \cdots * [N_{1,m-1}](z^{m-2}, x_m | y) \tag{9.1}$$

通过用恒等节点集$\{I_{21}\}, \cdots, \{I_{m-1,1}, I_{m-1,2}, \cdots\}$表示在网格结构中任意层传播的所有恒等映射,可将初始 HFS 转换为初始 FN,初始 FN 可通过图 9.2 和式(9.2)中的拓扑表达式来描述。可看出,每个网络节点有两个输入与一个输出,而每个恒等节点只有一个输入与一个输出。

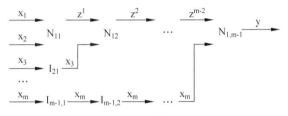

图 9.2　例 9.1 中的初始 FN

$$\{[N_{11}](x_1, x_2 | z^1) + [I_{21}](x_3 | x_3) + \cdots + [I_{m-1,1}](x_m | x_m)\} * \tag{9.2}$$

$$\{[N_{12}](z^1, x_3 | z^2) + \cdots + [I_{m-1,2}](x_m | x_m)\} *$$

$$\cdots\cdots\cdots\cdots\cdots\cdots *$$

$$[N_{1,m-1}](z^{m-2}, x_m | y)$$

通过将所有网络节点和恒等节点先垂直合并再水平合并为等效单节点$*_{p=1}^{m-1}(N_{1p} + +_{q=p+1}^{m-1}I_{qp})$,可将初始 FN 合并为最终 FN,最终 FN 可通过图 9.3 和式(9.3)中的拓扑表达式来描述。可看出,等效单节点具有 m 个输入和一个输出。

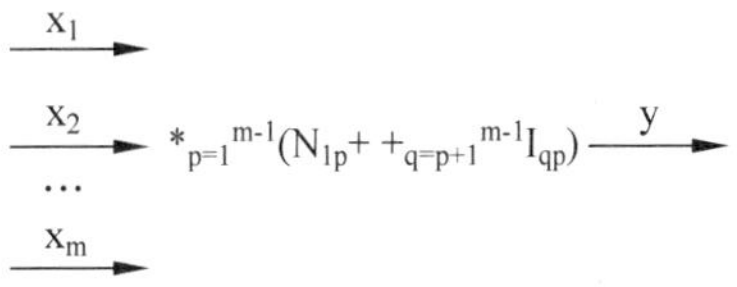

图 9.3　例 9.1 中的最终 FN

$$\left[*_{p=1}^{m-1}(N_{1p} + +_{q=p+1}^{m-1}I_{qp})\right](x_1, x_2, \cdots, x_m | y) \tag{9.3}$$

如果例 9.1 的 HFS 具有 n 个输出$\{y_1, y_2, \cdots, y_n\}$,那么它必须作为 n 个独立的 HFS 呈现。在这种情况下,对每个 HFS 及其输出重复上述两步。

例 9.2

本例中的后向形式的 HFS,具有 m 个输入$\{x_1, x_2, \cdots, x_m\}$、"m-1"个节点$\{N_{m-1,1},$

$N_{m-1,2}$, $\cdots$, $N_{m-1,m-1}$}、"m-2"个连接{z^1, z^2, $\cdots$, z^{m-2}}和一个输出 y。每个连接表示输出的当前迭代,连接数等于迭代数。该 HFS 可通过图 9.4 和式(9.4)中的拓扑表达式来描述。可看出,每个网络节点有两个输入和一个输出。

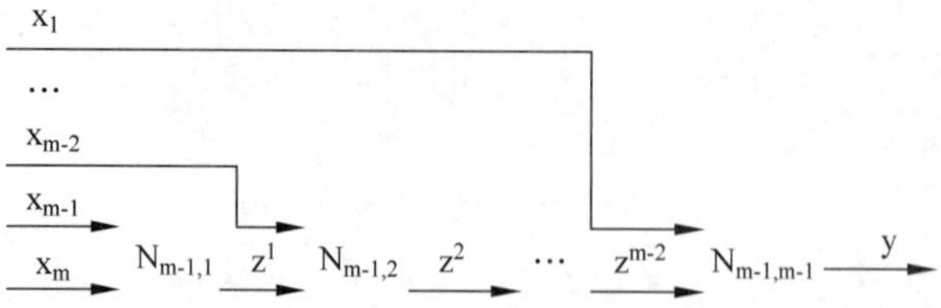

图 9.4 例 9.2 中的 HFS

$$[N_{m-1,1}](x_{m-1}, x_m | z^1) * [N_{m-1,2}](x_{m-2}, z^1 | z^2) * \cdots * [N_{m-1,m-1}](x_1, z^{m-2} | y)$$

$$(9.4)$$

通过用恒等节点集{I_{11}, I_{12}, $\cdots$}, $\cdots$, {$I_{m-2,1}$}表示在网格结构中任何层传播的所有恒等映射,可将 HFS 转换为初始 FN,初始 FN 可通过图 9.5 和式(9.5)中的拓扑表达式来描述。可看出,每个网络节点有两个输入和一个输出,而每个恒等节点只有一个输入和一个输出。

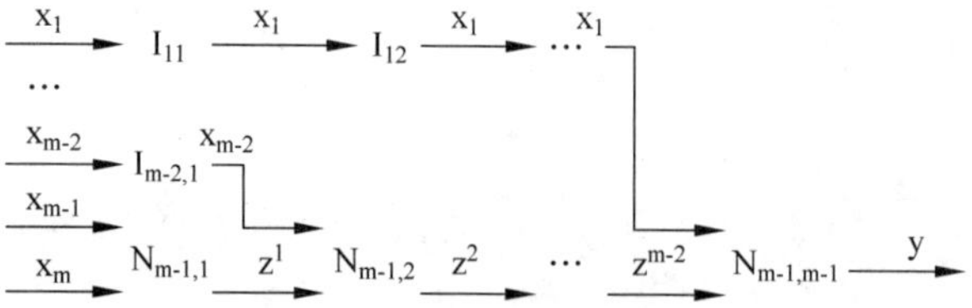

图 9.5 例 9.2 中的初始 FN

$$\{[I_{11}](x_1 | x_1) + \cdots + [I_{m-2,1}](x_{m-2} | x_{m-2}) + [N_{m-1,1}](x_{m-1}, x_m | z^1)\} * \quad (9.5)$$

$$\cdots\cdots\cdots\cdots\cdots\cdots *$$

$$\{[I_{12}](x_1 | x_1) + \cdots + [N_{m-1,2}](x_{m-2}, z^1 | z^2)\} *$$

$$[N_{m-1,m-1}](x_1, z^{m-2} | y)$$

通过将所有网络和恒等节点垂直合并后再水平合并为等效单节点 $*_{p=1}^{m-1}(+_{q=1}^{m-1-p} I_{qp} + N_{m-1,p})$,初始 FN 可以组合成最终 FN,最终 FN 可通过图 9.6 和式(9.6)中的拓扑表达式来描述。可看出,等效单节点具有 m 个输入和一个输出。

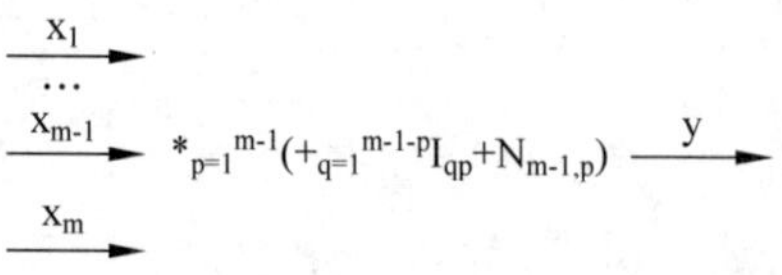

图 9.6 例 9.2 中的最终 FN

$$[*_{p=1}^{m-1}(+_{q=1}^{m-1-p} I_{qp} + N_{m-1,p})](x_1, \cdots, x_{m-1}, x_m | y)$$

$$(9.6)$$

如果例 9.2 中的 HFS 具有 n 个输出{y_1, y_2, $\cdots$, y_n},那么它必须作为 n 个独立的 HFS 呈现。在这种情况下,对每个 HFS 及其输出重复上述两步。

9.4 标准模糊系统的分解

最常见的模糊系统类型是 SFS。SFS 可分解为初始 FN,然后将初始 FN 转换为最终 FN。最终 FN 类似于具有多规则库的 HFS。接下来介绍的两种算法,采用上述两个分解步骤,分别转换前向 HFS 和后向 HFS。这两种算法都与网络设计有关,它们以通用形式呈现。

使用 FN 将 SFS 分解转换为 HFS 的过程,是使用 FN 将 HFS 转换合成为 SFS 过程的逆像(inverse image)。在任何一种情况下,初始 FN 和最终 FN 都充当了 SFS 与 HFS 之间的桥梁。

算法 9.1 来源于例 9.1。图 9.1~图 9.3 和式(9.1)~式(9.3)可用于此算法,只是图和式的顺序需要颠倒。在这种情况下,$N_{E,k}$ 是模糊子网络的等效单节点,具有 SFS 所有 m 个输入中的前 k 个输入。该等效单节点由作为式(9.3)特例的式(9.7)给出。

$$N_{E,k} = {}_{*p=1}^{k-1}(N_{1p} + {}_{+q=p+1}^{k-1}I_{qp}) \tag{9.7}$$

算法 9.1

1. 从前两个输入及输出中找到 N_{11}。
2. 如果 m=2,跳转到步骤 9。
3. 令 k=3。
4. 当 k≤m 时,执行步骤 5~7。
5. 从前 k 个输入及输出中找到 $N_{E,k}$。
6. 如果可行,从式(9.7)中的 $N_{1,k-1}$ 推导出 $N_{E,k}$。
7. 令 k=k+1。
8. 结束 while 循环。
9. 结束本算法。

算法 9.2 来源于例 9.2。图 9.4~图 9.6 和式(9.4)~式(9.6)可用于本算法,只是图和式的顺序需要颠倒。在这种情况下,$N_{E,k}$ 是模糊子网络的等效单节点,具有 SFS 所有 m 个输入中的最后 k 个输入。该等效单节点由作为式(9.6)特例的式(9.8)给出。

$$N_{E,k} = {}_{*p=1}^{k-1}({}_{+q=1}^{k-1-p}I_{qp} + N_{k-1,p}) \tag{9.8}$$

算法 9.2

1. 从最后两个输入及输出中找到 $N_{m-1,1}$。
2. 如果 m=2,跳转到步骤 9。
3. 令 k=3。
4. 当 k≤m 时,执行步骤 5~7。
5. 从最后 k 个输入及输出中找到 $N_{E,k}$。
6. 如果可行,从 $N_{E,k}$ 的公式中推导出 $N_{m-1,k-1}$。
7. 令 k=k+1。
8. 结束 while 循环。
9. 结束本算法。

9.5　模型的性能指标

SFS、HFS 和 FN 可用于不同的建模过程。这些模型基于数据或专家知识来构建。有不同的性能指标用来量化模型的性能。为此，本节将进一步讨论 4 种模型性能指标，包括可行性指标（Feasibility Index，FI）、准确性指标（Accuracy Index，AI）、效率指标（Efficiency Indicator，EI）和透明度指标（transparency index，TI）。其中部分指标与模糊系统类似，有些指标则为 FN 特有。

第一个性能指标是 FI。该指标是近似值，因为它只是初步给出了建立模型的可行性。FI 由公式（9.9）给出。

$$FI = (sum_{i=1}^{n} p_i)/n \tag{9.9}$$

式（9.9）中的符号含义如下：n 是非恒等节点数，p_i 是第 i 个非恒等节点的输入数，sum 是算术求和符号。这里假定，模型中节点的平均输入数更少时模型更容易构建。此外，恒等节点是用于将 HFS 转换为 FN 的虚拟节点，因为它们不影响可行性，所以被排除在该指标之外。从式（9.9）可明显看出，低 FI 意味着模型可行性好。

第二个性能指标是 AI。该指标为精确值，因为它给出了模型输出值和实际值之间的平均绝对误差，即建模误差。AI 由式（9.10）给出。

$$AI = sum_{i=1}^{nl} sum_{j=1}^{qil} sum_{k=1}^{vji} (|y_{ji}^{k} - d_{ji}^{k}| / v_{ij}) \tag{9.10}$$

式（9.10）中的符号含义如下：nl 是最后一层中的节点数，qil 是最后一层中第 i 个节点的输出数，v_{ji} 是最后一层第 i 个节点的第 j 个输出的离散值的数量，y_{ji}^{k} 是最后一层中第 i 个节点的第 j 个模型输出值的第 k 个离散值，d_{ji}^{k} 是最后一层中第 j 个节点的实际输出值的第 k 个离散值，sum 是算术求和符号，|　| 是绝对值符号。在这种情况下，恒等节点与最后一层中的其他节点一起包含在该指标中，因为恒等节点的输出也必须要与实际值进行比较。从式（9.10）中可明显看出，低 AI 值意味着模型精度高。

第三个性能指标是 EI。该指标为精确值，因为它给出了模型中规则总数的具体值。EI 由式（9.11）给出。

$$EI = sum_{i=1}^{n} (q_i^{FID} \cdot r_i^{FID}) \tag{9.11}$$

式（9.11）中的符号含义如下：n 是非恒等网络节点的数量，q_i^{FID} 是相关 FID 序列的第 i 个非恒等节点的输出数，r_i 是关联 FID 序列第一个非恒等网络的规则数，sum 是算术求和符号。在这种情况下，规则总数小则模型更有效，因为规则总数与参与计算的总数成正比。此外，恒等节点被排除在该指标之外，因为它们是用于将 HFS 转换为 FN 的虚拟节点，不影响效率。从式（9.11）可明显看出，低 EI 值意味着模型效率高。

最后一个性能指标是 TI。该指标是近似值，它表示的是从内部检查模型的难易程度，即可看作"白盒"而不是"黑盒"的程度。TI 由式（9.12）给出。

$$TI = (p + q)/(n + m) \tag{9.12}$$

式（9.12）中的符号含义如下：p 是输入的总数量，q 是输出的总数量；n 是非恒等节点的数量，m 是非恒等连接的数量，sum 是算术求和的符号。这里假定，模型的输入和输出数量较少，子模型数量多且子模型之间的交互多的情况下，更容易从内部检查模型。此外，恒等节点被排除在该指标之外，因为它们是用于将 HFS 转换为 FN 的虚拟节点，不影响透明度。从式(9.12)可明显看出,低 TI 值意味着模型透明度好。

9.6 应用案例

本节有两个案例,应用了第 4～8 章中的理论及本章前几节中的评估方法。案例 9.1 为基于银行业专家知识的抵押贷款评估(mortgage assessment)[110]。案例 9.2 为基于零售业统计数据的产品定价(product pricing)[55,122]。

案例 9.1

本案例介绍的是用于核定抵押贷款申请的决策支持系统,需要对申请人和其房产分别展开核定。核定申请人时的输入因素为个人资产与收入。在核定房产时的输入因素为价格与位置。这两个评估阶段的输出分别为申请人状态和房产状态。这两个输出连同抵押贷款利息与申请人的收入,作为第三个评估阶段(即核定申请人的授信金额)的输入因素,该阶段的输出是信用状况。

上述决策支持系统可由初始 FN 表示,初始 FN 可通过图 9.7 和式(9.13)中的拓扑表达式所描述。符号含义如下: N_{11} 是核定申请人的规则库, N_{21} 是核定房产的规则库, N_{12} 是核定信用的规则库; $x_{11,12}{}^{1,3}$ 是申请人收入, $x_{11}{}^2$ 是申请人资产, $x_{12}{}^2$ 是抵押贷款利息, $x_{21}{}^1$ 是房产位置, $x_{21}{}^2$ 是房产价格; $z_{11,12}{}^{1,1}$ 是申请人状态, $z_{21,12}{}^{1,4}$ 是房产状态, y_{12} 是信用状态。

$$\{[N_{11}](x_{11,12}{}^{1,3}, x_{11}{}^2 | z_{11,12}{}^{1,1}) + [N_{21}](x_{21}{}^1, x_{21}{}^2 | z_{21,12}{}^{1,4})\} * \tag{9.13}$$
$$[N_{12}](z_{11,12}{}^{1,1}, x_{12}{}^2, x_{11,12}{}^{1,3}, z_{21,12}{}^{1,4} | y_{12})$$

恒等映射 $x_{11,12}{}^{1,3}$ 与 $x_{12}{}^2$ 分别由恒等节点 I_{01} 和 $I_{1.5,1}$ 表示,通过初始 FN 的基础网格结构的第一层传播。由此,初始 FN 可转换为第一过渡 FN,通过图 9.8 和式(9.14)中的拓扑表达式描述。

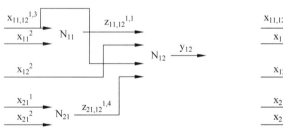

图 9.7 案例 9.1 中的初始 FN   图 9.8 案例 9.1 中的第一过渡 FN

$$\{\{[I_{01}](x_{11,12}{}^{1,3} | x_{11,12}{}^{1,3}); [N_{11}](x_{11,12}{}^{1,3}, x_{11}{}^2 | z_{11,12}{}^{1,1})\} + \tag{9.14}$$
$$[I_{1.5,1}](x_{12}{}^2 | x_{12}{}^2) + [N_{21}](x_{21}{}^1, x_{21}{}^2 | z_{21,12}{}^{1,4})\} *$$
$$[N_{12}](z_{11,12}{}^{1,1}, x_{12}{}^2, x_{11,12}{}^{1,3}, z_{21,12}{}^{1,4} | y_{12})$$

用输入 $x_{11}{}^2$ 将 I_{01} 扩充为 $I_{01}{}^{AI}$ 后,可合并第一过渡 FN 中节点 I_{01} 和 N_{11} 的输出 $x_{11,12}{}^{1,3}$ 与 $z_{11,12}{}^{1,1}$。该扩充运算将第一过渡 FN 转换为第二过渡 FN,第二过渡 FN 可通过图 9.9 和式(9.15)中的拓扑表达式描述。

$$\{\{[I_{01}{}^{AI}](x_{11,12}{}^{1,3},\ x_{11}{}^{2}|x_{11,12}{}^{1,3});\ [N_{11}](x_{11,12}{}^{1,3},\ x_{11}{}^{2}|z_{11,12}{}^{1,1})\}+ \tag{9.15}$$
$$[I_{1.5,1}](x_{12}{}^{2}|x_{12}{}^{2})+[N_{21}](x_{21}{}^{1},\ x_{21}{}^{2}|z_{21,12}{}^{1,4})\}*$$
$$[N_{12}](z_{11,12}{}^{1,1},\ x_{12}{}^{2},\ x_{11,12}{}^{1,3},\ z_{21,12}{}^{1,4}|y_{12})$$

因具有相同的公共输入 $x_{11,12}{}^{1,3}$ 与 $x_{11}{}^{2}$，所以可合并第二过渡 FN 中节点 $I_{01}{}^{AI}$ 与 N_{11} 的输出 $x_{11,12}{}^{1,3}$ 与 $z_{11,12}{}^{1,1}$。该合并运算将第二过渡 FN 转换为第三过渡 FN，通过图 9.10 和式(9.16)中的拓扑表达式描述。

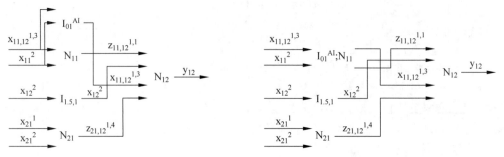

图 9.9 案例 9.1 中的第二过渡 FN   图 9.10 案例 9.1 中的第三过渡 FN

$$\{[I_{01}{}^{AI};\ N_{11}](x_{11,12}{}^{1,3},\ x_{11}{}^{2}|x_{11,12}{}^{1,3},\ z_{11,12}{}^{1,1})+[I_{1.5,1}](x_{12}{}^{2}|x_{2}{}^{2})+ \tag{9.16}$$
$$[N_{21}](x_{21}{}^{1},\ x_{21}{}^{2}|z_{21,12}{}^{1,4})\}*[N_{12}](z_{11,12}{}^{1,1},\ x_{12}{}^{2},\ x_{11,12}{}^{1,3},\ z_{21,12}{}^{1,4}|y_{12})$$

垂直合并第三过渡 FN 中的 3 个节点 $I_{01}{}^{AI}$；N_{11}、$I_{1.5,1}$ 与 N_{21}。该合并运算将第三过渡 FN 转换为第四过渡 FN，通过图 9.11 和式(9.17)中的拓扑表达式描述。

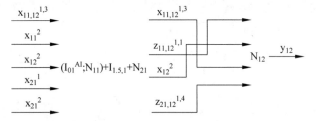

图 9.11 案例 9.1 中的第四过渡 FN

$$[(I_{01}{}^{AI};\ N_{11})+I_{1.5,1}+N_{21}] \tag{9.17}$$
$$(x_{11,12}{}^{1,3},\ x_{11}{}^{2},\ x_{12}{}^{2},\ x_{21}{}^{1},\ x_{21}{}^{2}|x_{11,12}{}^{1,3},\ z_{11,12}{}^{1,1},\ x_{12}{}^{2},\ z_{21,12}{}^{1,4})*$$
$$[N_{12}](z_{11,12}{}^{1,1},\ x_{12}{}^{2},\ x_{11,12}{}^{1,3},\ z_{21,12}{}^{1,4}|y_{12})$$

置换第四过渡 FN 中节点$(I_{01}{}^{AI};\ N_{11})+I_{1.5,1}+N_{21}$的前 3 个输出，使得第一输出变为第三输出、第二输出变为第一输出、第三输出变为第二输出。该置换运算将第四过渡 FN 转换为第五过渡 FN，通过图 9.12 和式(9.18)中的拓扑表达式描述。

$$[((I_{01}{}^{AI};\ N_{11})+I_{1.5,1}+N_{21})^{PO}] \tag{9.18}$$
$$(x_{11,12}{}^{1,3},\ x_{11}{}^{2},\ x_{12}{}^{12},\ x_{21}{}^{1},\ x_{21}{}^{2}|z_{11,12}{}^{1,1},\ x_{12}{}^{2},\ x_{11,12}{}^{1,3},\ z_{21,12}{}^{1,4})*$$
$$[N_{12}](z_{11,12}{}^{1,1},\ x_{12}{}^{2},\ x_{11,12}{}^{1,3},\ z_{21,12}{}^{1,4}|y_{12})$$

水平合并第五过渡 FN 中的节点$((I_{01}{}^{AI};\ N_{11})+I_{1.5,1}+N_{21})^{PO}$ 与 N_{21}。该合并运算将第五过渡 FN 转换为最终 FN，通过图 9.13 和式(9.19)中的拓扑表达式描述。

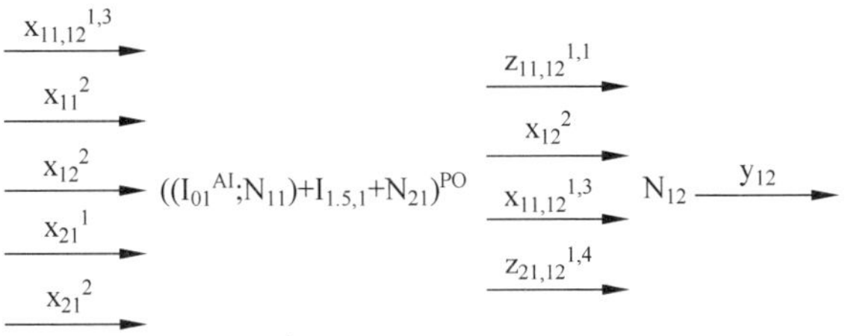

图 9.12　案例 9.1 中的第五过渡 FN

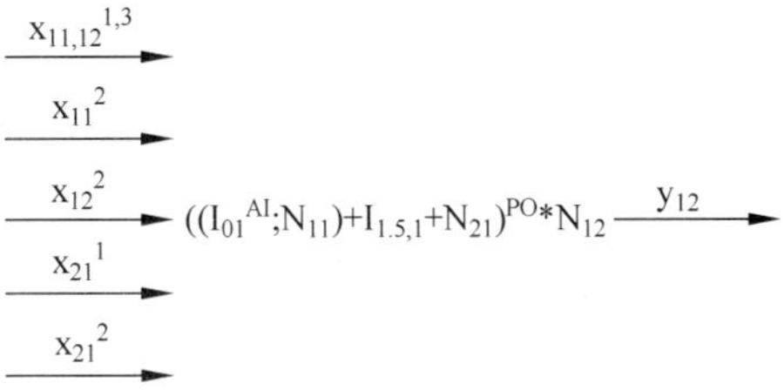

图 9.13　案例 9.1 中的最终 FN

$$[((I_{01}^{AI};N_{11})+I_{1.5,1}+N_{21})^{PO}*N_{12}](x_{11,12}^{1,3}, x_{11}^{2}, x_{12}^{2}, x_{21}^{1}, x_{21}^{2}|y_{12}) \tag{9.19}$$

本案例中 FN 的结构复杂性可使用 9.2 节中介绍的方法进行评估。从图 9.7 中的初始 FN 可看出，非恒等节点的数量为 3，非恒等连接的数量为 2。可从第一过渡 FN 中找到 FN 结构复杂性的其他度量指标，包括：单元总数为 8，填充单元数为 5，平均宽度为 1，平均深度为 0。

案例 9.2

本案例介绍的是用于确定产品价格的决策支持系统，协助零售商确定向制造商或贸易商支付的产品最高单价。确定价格时考虑的输入因素是产品的预期售价、利润(即产品价格与成本之间的相对差)和预期销量(即产品预期销售的数量)。该过程的输出是产品的最高单价。

上述决策支持系统可由 SFS 表示，如图 9.14 所示。符号含义如下：N 是 SFS 的规则库，x_1 是预期售价，x_2 是利润，x_3 是预期销量，y 是最高单价。

此外，上述系统可由 HFS 表示，如图 9.15 所示。符号定义如下：N_{11} 是 HFS 第一规则库，N_{12} 是 HFS 第二规则库，x_1、x_2、x_3 及 y 与 SFS 的相同，z 是产品临时最高单价。

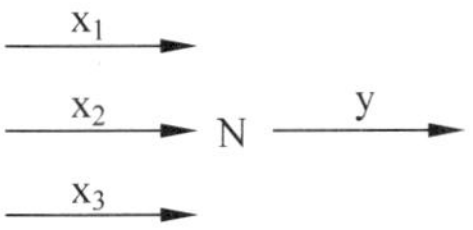

图 9.14　案例 9.2 中的 SFS

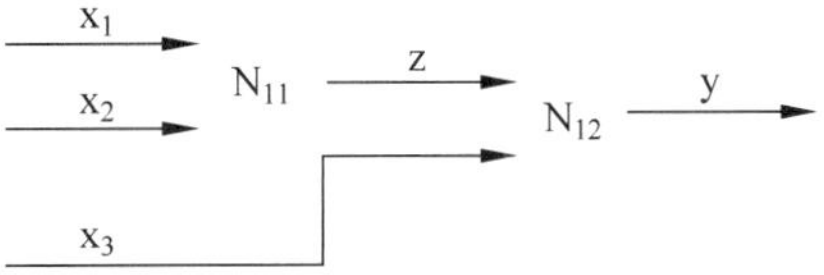

图 9.15　案例 9.2 中的 HFS

最后，上述决策支持系统可由两层两级初始 FN 表示，如图 9.16 所示，其中大多数符号与 HFS 的相同。唯一的新符号是恒等规则库 I_{21}，表示恒等映射 x_3 通过第一层传播。此处，N_{11} 与 N_{12} 是网络化规则库。

初始 FN 可转换为具有等效单规则库的最终 FN，如图 9.17 所示，其中多数符号与图 9.14 的 SFS 相同。唯一的区别是 SFS 的规则库 N 被 FN 的等效单规则库$(N_{11}+I_{21})*N_1$ 所替代。

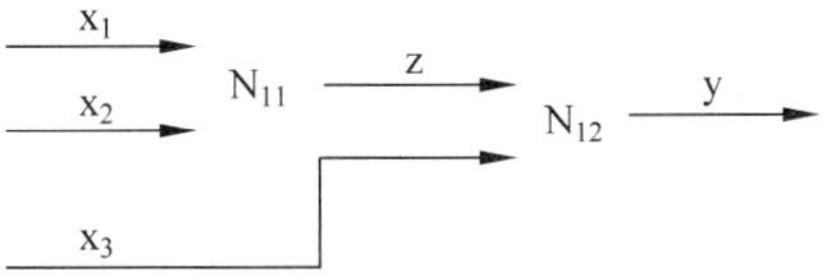

图 9.16　案例 9.2 中的初始 FN

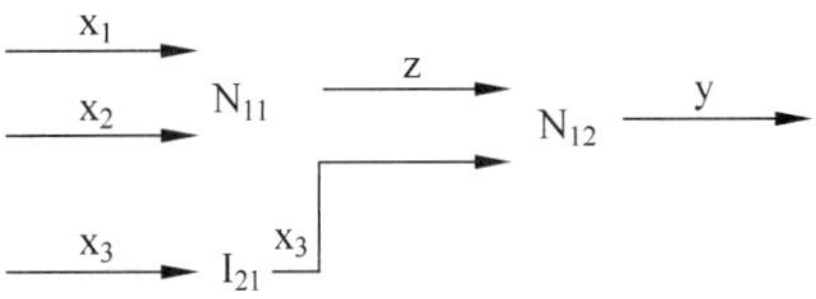

图 9.17　案例 9.2 中的最终 FN

如图 9.18～图 9.20 所示，输入 x_1、x_2、x_3 分别由 5 个语言术语表示，即{very low, low, average, high, very high}。这些术语表示均匀覆盖整个输入变量取值范围的三角模糊隶属函数。为了一致性，所有变量范围均标准化为 $0 \sim 100$。

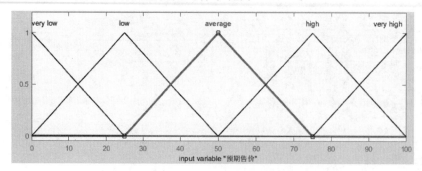

图 9.18 案例 9.2 中的第一输入的语言术语

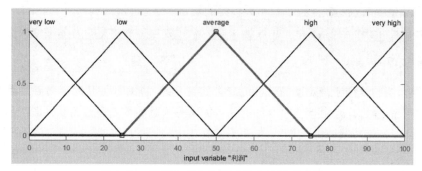

图 9.19 案例 9.2 中的第二输入的语言术语

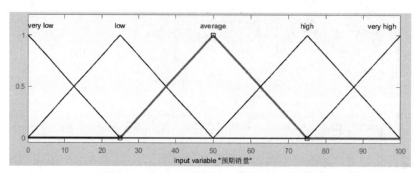

图 9.20 案例 9.2 中的第三输入的语言术语

输出 y 和连接 z 分别由图 9.21 和图 9.22 所示的 11 个语言术语表示。这些术语表示三角模糊隶属函数，它们均匀覆盖输出与连接的变量范围。类似地，所有变量范围都标准化为 $0 \sim 100$。

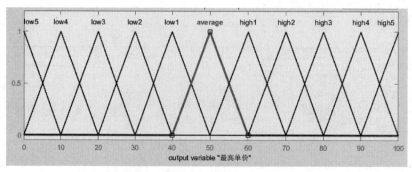

图 9.21 案例 9.2 中输出 y 的语言术语

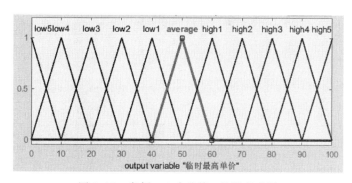

图 9.22　案例 9.2 中连接 z 的语言术语

　　SFS 的规则库如表 9.1 和表 9.2 所示。此规则库由产品定价过程的统计数据推导而来。具体的推导过程使用了聚类方法,聚类所得的规则表示数据集中输入-输出数据对的近似值。

表 9.1　案例 9.2 中的规则库一

x_1	x_2	x_3	y	x_1	x_2	x_3	y	x_1	x_2	x_3	y
1	1	1	1	2	1	1	1	3	1	1	1
1	1	2	1	2	1	2	2	3	1	2	4
1	1	3	1	2	1	3	4	3	1	3	6
1	1	4	1	2	1	4	5	3	1	4	9
1	1	5	1	2	1	5	6	3	1	5	11
1	2	1	1	2	2	1	1	3	2	1	1
1	2	2	1	2	2	2	2	3	2	2	3
1	2	3	1	2	2	3	3	3	2	3	5
1	2	4	1	2	2	4	4	3	2	4	7
1	2	5	1	2	2	5	5	3	2	5	9
1	3	1	1	2	3	1	1	3	3	1	1
1	3	2	1	2	3	2	2	3	3	2	2
1	3	3	1	2	3	3	2	3	3	3	4
1	3	4	1	2	3	4	3	3	3	4	5
1	3	5	1	2	3	5	4	3	3	5	6
1	4	1	1	2	4	1	1	3	4	1	1
1	4	2	1	2	4	2	1	3	4	2	2
1	4	3	1	2	4	3	2	3	4	3	2
1	4	4	1	2	4	4	2	3	4	4	3
1	4	5	1	2	4	5	2	3	4	5	4
1	5	1	1	2	5	1	1	3	5	1	1
1	5	2	1	2	5	2	1	3	5	2	1
1	5	3	1	2	5	3	1	3	5	3	1
1	5	4	1	2	5	4	1	3	5	4	1
1	5	5	1	2	5	5	1	3	5	5	1

表 9.2　案例 9.2 中的规则库二

x_1	x_2	x_3	y	x_1	x_2	x_3	y	x_1	x_2	x_3	y
4	1	1	1	4	5	1	1	5	4	1	1
4	1	2	5	4	5	2	1	5	4	2	2
4	1	3	9	4	5	3	1	5	4	3	4
4	1	4	11	4	5	4	1	5	4	4	5
4	1	5	11	4	5	5	1	5	4	5	6
4	2	1	1	5	1	1	1	5	5	1	1
4	2	2	4	5	1	2	6	5	5	2	1
4	2	3	7	5	1	3	11	5	5	3	1
4	2	4	9	5	1	4	11	5	5	4	1
4	2	5	11	5	1	5	11	5	5	5	1
4	3	1	1	5	2	1	1				
4	3	2	3	5	2	2	5				
4	3	3	5	5	2	3	9				
4	3	4	7	5	2	4	11				
4	3	5	9	5	2	5	11				
4	4	1	1	5	3	1	1				
4	4	2	2	5	3	2	4				
4	4	3	3	5	3	3	6				
4	4	4	4	5	3	4	9				
4	4	5	5	5	3	5	11				

　　HFS 的两个规则库如表 9.3 和表 9.4 所示。这些规则库由产品定价过程中的统计数据推导而来。具体的推导过程依然使用聚类方法,聚类所得的规则表示子流程数据集的输入-输出数据对的近似值。

表 9.3　案例 9.2 中 HFS 的规则库一

x_1	x_2	z	x_1	x_2	z	x_1	x_2	z	x_1	x_2	z
1	1	1	2	3	2	3	5	1	5	2	9
1	2	1	2	4	2	4	1	9	5	3	6
1	3	1	2	5	1	4	2	7	5	4	4
1	4	1	3	1	6	4	3	5	5	5	1
1	5	1	3	2	5	4	4	3	—	—	—
2	1	4	3	3	4	4	5	1	—	—	—
2	2	3	3	4	2	5	1	11	—	—	—

表 9.4 案例 9.2 中 HFS 的规则库二

z	x_3	y	z	x_3	y	z	x_3	y	z	x_3	y
1	1	1	3	5	5	6	4	9	9	3	9
1	2	1	4	1	1	6	5	11	9	4	11
1	3	1	4	2	3	7	1	1	9	5	11
1	4	1	4	3	4	7	2	4	10	1	1
1	5	1	4	4	6	7	3	7	10	2	6
2	1	1	4	5	7	7	4	10	10	3	10
2	2	2	5	1	1	7	5	11	10	4	11
2	3	2	5	2	3	8	1	1	10	5	11
2	4	3	5	3	5	8	2	5	11	1	1
2	5	3	5	4	7	8	3	8	11	2	6
3	1	1	5	5	9	8	4	11	11	3	11
3	2	2	6	1	1	8	5	11	11	4	11
3	3	3	6	2	4	9	1	1	11	5	11
3	4	4	6	3	6	9	2	5	—	—	—

FN 的规则库如表 9.5 和表 9.6 所示,可通过 HFS 与相关恒等节点的合并运算推导而来。

表 9.5 案例 9.2 中 FN 的规则库一

x_1	x_2	x_3	y	x_1	x_2	x_3	y	x_1	x_2	x_3	y
1	1	1	1	1	4	4	1	2	3	2	2
1	1	2	1	1	4	5	1	2	3	3	2
1	1	3	1	1	5	1	1	2	3	4	3
1	1	4	1	1	5	2	1	2	3	5	3
1	1	5	1	1	5	3	1	2	4	1	1
1	2	1	1	1	5	4	1	2	4	2	2
1	2	2	1	1	5	5	1	2	4	3	2
1	2	3	1	2	1	1	1	2	4	4	3
1	2	4	1	2	1	2	3	2	4	5	3
1	2	5	1	2	1	3	4	2	5	1	1
1	3	1	1	2	1	4	6	2	5	2	1
1	3	2	1	2	1	5	7	2	5	3	1
1	3	3	1	2	2	1	1	2	5	4	1
1	3	4	1	2	2	2	2	2	5	5	1
1	3	5	1	2	2	3	3	3	1	1	1
1	4	1	1	2	2	4	4	3	1	2	4
1	4	2	1	2	2	5	5	3	1	3	6
1	4	3	1	2	3	1	1	3	1	4	9

x_1	x_2	x_3	y	x_1	x_2	x_3	y	x_1	x_2	x_3	y
3	1	5	11	3	3	2	3	3	4	4	3
3	2	1	1	3	3	3	4	3	4	5	3
3	2	2	3	3	3	4	6	3	5	1	1
3	2	3	5	3	3	5	7	3	5	2	1
3	2	4	7	3	4	1	1	3	5	3	1
3	2	5	9	3	4	2	2	3	5	4	1
3	3	1	1	3	4	3	2	3	5	5	1

表 9.6 案例 9.2 中 FN 的规则库二

x_1	x_2	x_3	y	x_1	x_2	x_3	y	x_1	x_2	x_3	y
4	1	1	1	4	5	1	1	5	4	1	1
4	1	2	5	4	5	2	1	5	4	2	3
4	1	3	9	4	5	3	1	5	4	3	4
4	1	4	11	4	5	4	1	5	4	4	6
4	1	5	11	4	5	5	1	5	4	5	7
4	2	1	1	5	1	1	1	5	5	1	1
4	2	2	4	5	1	2	6	5	5	2	1
4	2	3	7	5	1	3	11	5	5	3	1
4	2	4	10	5	1	4	11	5	5	4	1
4	2	5	11	5	1	5	11	5	5	5	1
4	3	1	1	5	2	1	1				
4	3	2	3	5	2	2	5				
4	3	3	5	5	2	3	9				
4	3	4	7	5	2	4	11				
4	3	5	9	5	2	5	11				
4	4	1	1	5	3	1	1				
4	4	2	2	5	3	2	4				
4	4	3	3	5	3	3	6				
4	4	4	4	5	3	4	9				
4	4	5	5	5	3	5	11				

SFS、HFS 和 FN 的输出曲面如图 9.23~图 9.26 所示。在这种情况下，单个曲面表示 HFS 的两个规则库之一。SFS 和 FN 的规则库由一个曲面表示，此时，SFS 和 FN 的第三个输入固定为中间值 50。

SFS、HFS 和 FN 的模拟结果如图 9.27~图 9.29 所示，其中原始数据与模型输出值分别用蓝色与绿色显示。在这种情况下，将 0、25、50、75、100 的所有 125 种排列，输入 3 个模型中分别进行模拟。

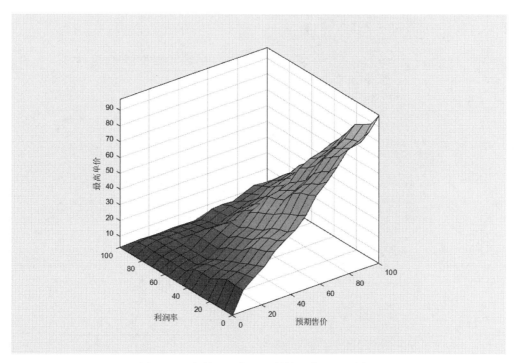

图 9.23　案例 9.2 中 SFS 的输出曲面(见彩插)

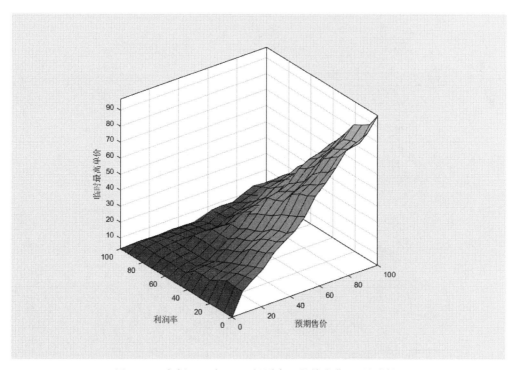

图 9.24　案例 9.2 中 HFS 规则库一的输出曲面(见彩插)

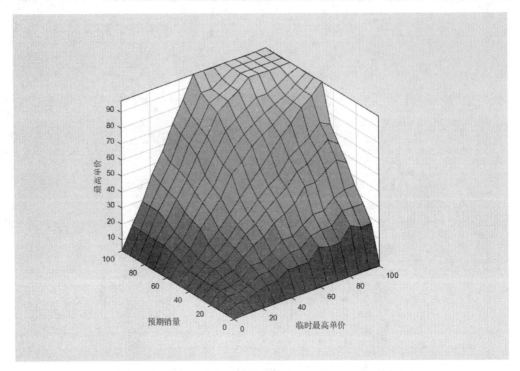

图 9.25　案例 9.2 中 HFS 规则库二的输出曲面（见彩插）

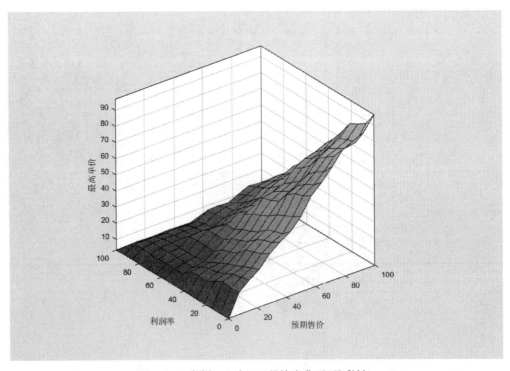

图 9.26　案例 9.2 中 FN 的输出曲面（见彩插）

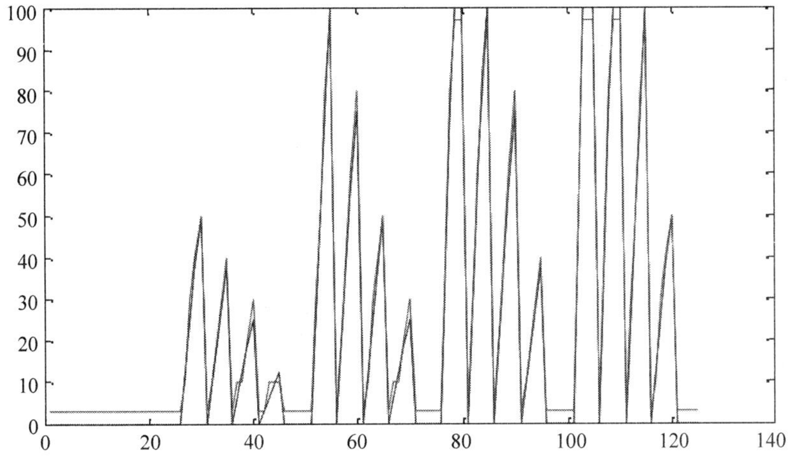

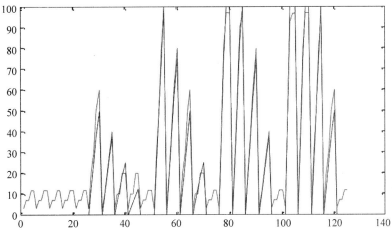

图 9.27 案例 9.2 中 SFS 的模拟结果(见彩插)

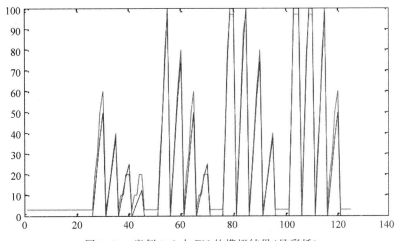

图 9.28 案例 9.2 中 HFS 的模拟结果(见彩插)

图 9.29 案例 9.2 中 FN 的模拟结果(见彩插)

使用式(9.9)～式(9.12)所示的性能指标来评估 SFS、HFS 和 FN,评估值对比情况如表 9.7 所示。

表 9.7　案例 9.2 中 SFS、HFS 和 FN 的评估值对比

性 能 指 标	SFS	HFS	FN
可行性	3	2	2
准确性	2.86	5.57	3.64
效率	125	80	125
透明度	4	1.33	1.33

表 9.7 显示,FN 的可行性优于 SFS,等同于 HFS;FN 的准确性低于 SFS,但优于 HFS;FN 的效率等同 SFS,但低于 HFS;最后,FN 的透明度优于 SFS,等同于 HFS。

通过对 FN 的部分节点进行水平合并运算,FN 的准确性可进一步提高。在该运算中,可改变连接的语言术语数,保留 FN 等效单节点的规则总数,从而减少节点在语言合成中的近似误差。

图 9.30 显示了当连接的语言术语值从 0 到 50 变化时 FN 准确性的变化情况。该表以对数尺度显示了建模误差,其中,连接的语言术语值为 17 时首次获得了 FN 的最佳准确度——2.86。改进后的 FN 的准确度等于 SFS。此外,在之后的变化过程中,FN 的准确度在最优值 2.86 以上小范围波动。

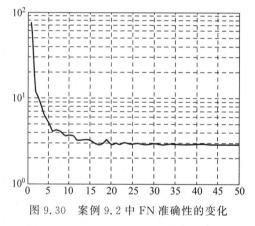

图 9.30　案例 9.2 中 FN 准确性的变化

图 9.30 中的结果可在 HFS 合成为 SFS 的情况下进行解释。在该合成过程中,由于最终 SFS 的规则数增加,当效率损失一定时,准确性会最大化。同时,由于 FN 与初始 HFS 直接相关,因此可行性和透明度保持不变。

类似地,图 9.30 中的结果可在 SFS 分解为 HFS 的情况下进行扩展。在该分解过程中,通过固定速度来提高效率,同时最小化准确性损失。可通过在水平合并中使用多种节点识别运算方案来实现以上目标。此时,对于初始 SFS 误差最小的解决方案,最终 HFS 中的规则数减少了。同时,由于 FN 与初始 SFS 直接相关,因此可行性和透明度保持不变。

9.7　本章小结

本章阐述了 FN 的评估方法及其应用。所有方法仅在基于度量的环境中呈现,即在无

基准方法时以量化方式呈现。这些方法包括基于结构复杂性评估、HFS 合成、SFS 分解和模型性能指标。然而,这些方法在案例中的应用是在有比较基准的背景下提出的,即把 SFS 与 HFS 作为比较基准。

此外,评估方法及其应用是在既有方法基础上的扩展,而其他的两种方法则相当新颖。具体来说,基于结构复杂性的评估、模型性能指标和应用案例的方法属于扩展,而基于 HFS 合成和 SFS 分解的方法是新颖的。

FN 的不同类型评估方法如表 9.8 所示。

表 9.8　FN 评估方法的类别

评估方法	基于度量	基于比较	扩　展	新　颖
结构复杂性评估	是	否	是	否
HFS 合成	是	否	否	是
SFS 分解	是	否	否	是
模糊性能指标	是	否	是	否
案例应用	是	是	是	否

第 10 章对前面所有章节中的结论进行概括性总结,特别强调了其理论意义、方法影响和应用领域。

第10章

结　论

10.1　模糊网络的理论意义

本书的首要目标是介绍 FN 这种新型模糊系统的理论框架。在此背景下,第 3～6 章通过形式模型、基本运算、结构特性和 FN 高级运算为该理论框架打下了坚实基础。

该理论框架是离散数学和系统理论的新应用。特别是,该框架使用布尔矩阵和二元关系的概念来对 FN 进行形式化建模。这些概念广泛应用于离散数学(discrete mathematics)及其应用中,如图论(graph theory)与网络理论(network theory)。同时,该框架使用了系统理论(system theory)中的一些概念,如串联的顺序子系统及并联的并行子系统。子系统(subsystem)的概念广泛应用于系统理论及其应用中,如控制论(cybernetics)和连接论(connectionism)。

本书还采用了大量示例来阐述该理论框架。这些示例有助于对框架的理解,以及功能多样性的展示,为将其扩展到更复杂的拓扑结构打下了基础。

10.2　模糊网络的方法影响

本书的第二个目标是介绍 FN 理论框架的应用方法。在此背景下,第 7～8 章通过前馈型 FN 与反馈型 FN 为该方法打下了坚实基础。

本书所描述的应用方法是 SFS 与 HFS 的一种扩展。具体来说,该方法将 FN 视为 HFS 的紧凑表示方式,从而在合成过程中控制结构复杂性,以提高作为系统特性(system property)之一的准确性。同时,该方法将 FN 视为 SFS 的详细表示方式,从而在分解过程中控制维度复杂性,以提高作为系统特性之一的效率。

在上述背景下,FN 以同于 SFS 及 HFS 的方式将非线性和不确定性视为复杂性属性(complexity attribute)。在合成和分解过程中,系统的可行性和透明度不受影响。具体来说,在合成 HFS 之后通过 FN 将 HFS 纳入 SFS,可以为 SFS 保留 HFS 的可行性和透明度。同样地,通过 FN 将 SFS 分解为 HFS 后,SFS 的可行性和透明度不会因 HFS 而改变。

另外,该方法还充当了 SFS 与 HFS 之间的桥梁,通过 FN 将 HFS 组合成 SFS 或将 SFS 分解成 HFS,以其他性能指标为合理代价,可显著提高准确性与效率。这种桥梁能力提高了模糊系统作为模型的灵活性,这取决于对模型的偏好和要求。

本书还采用了大量示例来阐述应用 FN 的方法。这些示例有助于对方法的理解,以及通用性的证明,为将其扩展到更复杂拓扑结构打下了基础。

10.3 模糊网络的应用领域

本书的第三个目标是介绍 FN 在具体领域中的使用方法。在此背景下,第 9 章列举了两个案例,为这些主要应用领域的扩展打下了基础。

书中案例涉及的主要领域为银行业和零售业。当然,FN 还可应用于更多其他领域,只需要将这些领域的知识或数据以模块化的方式提供给待建模的流程,即通过单个规则库提供给每个交互子流程。这种模块化过程(modular process)常见于诸多领域,如决策、制造、通信、运输和金融等[3,8,14,40,84,120,125,131,132,133,147,150,158,159,165,168]。在这种情况下,交互模块为决策单元、制造单元、通信节点、交通路口或金融机构。

尽管本书中的结论主要针对的是基于模糊规则的系统,但多数结论也可应用于其他领域,如基于确定性和概率性规则的系统。从这个意义上来说,本书所提出的方法可扩展到任何类型的基于规则的系统(rule based system)及基于规则的网络(rule based network)[47,99,114]。

10.4 本书内容的哲学思考

本书聚焦于 FN 的科学性概念。严格来说,该概念也有一些哲学方面的考虑。

首先,FN 是模糊系统的推广,是一个由多个子系统构成的大系统。因此,FN 具有比模糊系统更高的抽象级别,这就像一组集合,其上层集合中的每个元素不是单个对象,而是由来自下层集合构成的集合。正如一组集合有助于创建更复杂的数据结构一样,该大系统也有助于生成更复杂的信息结构。在此背景下,这些结构化信息实际上可用于人工智能(artificial intelligence)和知识工程(knowledge engineering)的结构化知识[10,17,31,89,103,104]。

其次,FN 是模糊系统的扩展。正如二元集是一种所有元素隶属度为 0 或 1 的特殊模糊集,模糊系统是具有单个节点且没有连接的特殊 FN。类似地,FN 是子系统被明确说明的模糊系统的一般情况,正如模糊集是给二元集的元素赋隶属度后的一般情况。

最后,FN 也可用于世界上最复杂的自然系统——宇宙的建模。在此背景下,FN 提供了一种将宇宙视为星系集合的方式,而不是将其视为单个实体。尽管这种方法在宇宙学中已经存在相当长的时间,并且为宇宙的理解做出了重大贡献,但是在模糊逻辑学中仍然处于初级阶段。因此,作者希望本书能打开你的视野,促进你在模糊建模背景下加深对复杂过程的认识与理解。

参 考 文 献

本书参考文献请扫描下方二维码阅读。

翻译中摘录的术语①

原著术语	中文表述	章节序号	备 注
vagueness	含糊性	1.2	
ambiguity	歧义性	1.2	
approximate	逼近	1.2	
linguistic term	语言术语	1.2	
amended image	修正映像	2.1	
interaction	交互	2.3	
underlying grid structure	基础网格结构	2.4	
mathematical formalism	数学形式体系	2.5	
simplified image	简化映像	4.2	见例 4.1 的脚注
cardinality	基数	4.3	见 4.3 节的脚注
complexified image	复杂化映像	4.3	
union	并集	4.4	
concatenate	连接	4.4	见 4.4 节的脚注
deconcatenate	分离	4.5	见例 4.7 的脚注
row-block	行块	4.6	
atomic operation	原子运算	4.8	见 4.8 节的脚注
inverse effect	逆向效应	5.1	
vertical composition	垂直组合	5.4	
zero Boolean row	零布尔行	5.6	见例 5.9 的脚注
duplet	对偶	5.8	
block of pair	对块	6.6	
block row	块行	6.6	
a stack of	一叠	7.4	见 7.4 节的脚注
composite node	合成节点	7.5	见例 7.10 的脚注
inverse image	逆像	9.4	

---

① 译者注：此附录为翻译过程中摘录下来的没有出现在原著术语表中的术语。

索 引①

原著术语	中文表述	章节序号	原著术语	中文表述	章节序号
accuracy	准确性	2.2	conjunctive	合取	2.1
accuracy index	准确性指标	9.5	connectionism	连接论	10.1
adjacency matrices	邻接矩阵	3.5	connection	连接	3.1
advanced operations	高级运算	6.1	consequent	后件	2.1
aggregation	聚合	2.1	control	控制	1.1
antecedent	前件	2.1	cybernetics	控制论	10.1
artificial intelligence	人工智能	10.4	decomposition	分解	9.1
application	应用	2.1	defuzzification	解模糊	2.1
associativity	结合性	5.2	dimensionality	维度	1.1
basic operation	基本运算	4.1	discrete mathematics	离散数学	10.1
binary relation	二元关系	3.3	disjunctive	析取	2.1
black-box	黑盒	2.2	efficiency	效率	2.2
block scheme	方框图	3.6	efficiency index	效率指标	9.5
Boolean equation	布尔方程	6.5	evaluation	评估	9.1
Boolean matrices	布尔矩阵	3.3	feasibility	可行性	2.2
chained fuzzy system	链式模糊系统	2.3	feasibility index	可行性指标	9.5
combined operation	组合运算	4.8	feedback equivalence	等价反馈	6.4
complexity	复杂性	1.1	feedback fuzzy network	反馈型模糊网络	8.1
complexity attribute	复杂性属性	10.2	feedforward fuzzy network	前馈型模糊网络	7.1
composition	合成	9.1	firing strength	触发强度	2.1

---

① 译者注：此索引为原著最后一部分内容,按英文字母顺序将原著中的重要术语进行了排序。因为翻译后的页码有变化,译著中删除了页码一列,添加了术语所在章节序号。

续表

续表

原著术语	中文表述	章节序号	原著术语	中文表述	章节序号
transparency	透明度	2.2	vertical merging	垂直合并	4.4
transparency index	透明度指标	9.5	vertical splitting	垂直拆分	4.5
uncertainty	不确定性	1.1	white-box	白盒	2.3
variability	可变性	5.3			